JN301259

コンサイス
木材百科

木材のよりよい使い方を知るための143のヒント

秋田県立大学 木材高度加工研究所 編

森林の恵み

写真1　樹齢200年を超えるスギ
　　　　（秋田県田沢湖町）

写真2　新緑のブナ林
　　　　（秋田県田沢湖町）

写真3　天然秋田スギの丸太

写真4　天然秋田スギの木取り

写真5　天然秋田スギの製材

木材の組織

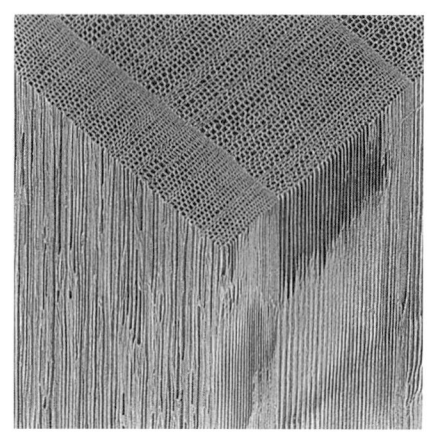

写真6 ヒノキの電子顕微鏡写真
(早・晩材の移行が緩やかな針葉樹)
（大谷 諄氏提供）

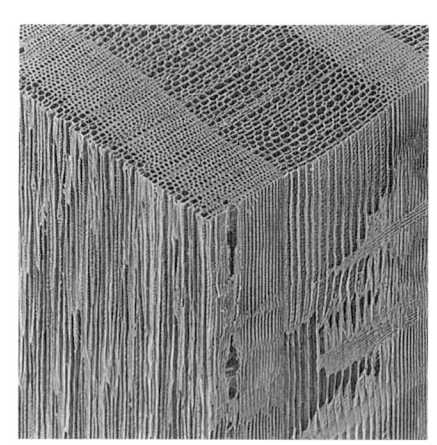

写真7 カラマツの電子顕微鏡写真
(早・晩材の移行が急な針葉樹)
（大谷 諄氏提供）

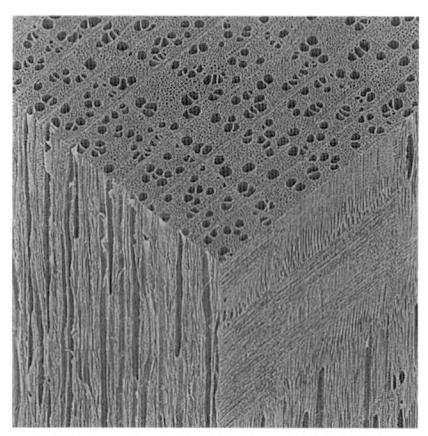

写真8 シウリザクラの電子顕微鏡写真(散孔材) （大谷 諄氏提供）

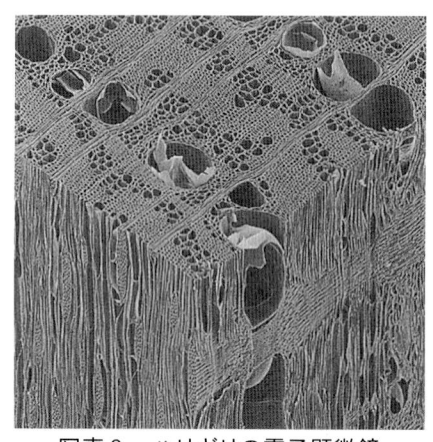

写真9 ハリギリの電子顕微鏡写真(環孔材)（大谷 諄氏提供）

写真10　スギの赤心材と黒心材
　　　（平川泰彦氏提供）

写真11　スギの白線帯

写真12　心持ち材の木口面

写真13　心去り材の木口面

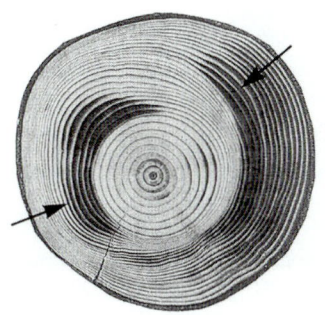

写真14　針葉樹のあて材
　　　（平川泰彦氏提供）

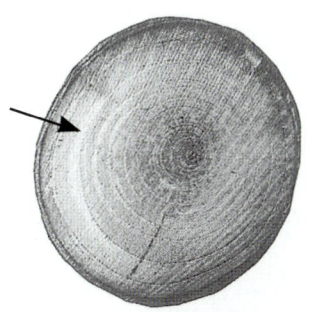

写真15　広葉樹のあて材
　　　（平川泰彦氏提供）

木質材料

写真16　ツインバンドソーによる秋田スギ製材

写真17.18　バックアップロール駆動型レースによる間伐カラマツ材単板化
（田之内鉄工(株)提供）

写真19　大断面湾曲集成材

写真20　通直集成材のプレス工程

写真21　大断面集成材の曲げ強度試験
（秋田木高研）

写真22　OSBとパーティクルボード

写真23　各種繊維板（左からインシュレーションボード・MDF・ハードボード）

写真26　伝統的仕口による円筒LVLと横架材の接合

写真24.25　円筒LVLの製造（(有)ヘリクス提供）

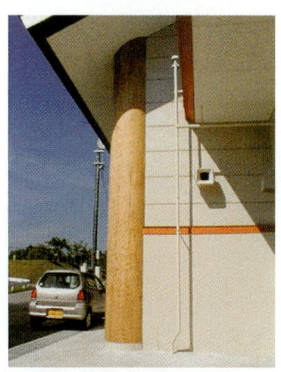

写真27　円筒LVLの大規模構造物への利用

木材廃棄物とその有効利用

写真28 ボード用原料としてのスギ樹皮

写真29 リサイクルのために集積された住宅解体材

写真30 スギ樹皮を利用した床暖房基材

写真31 木質廃棄物から調整した液化木材とこれを原料としたポリウレタンフィルム

写真32 コーリャンの茎を利用した厚さ100mmのボード

木材乾燥

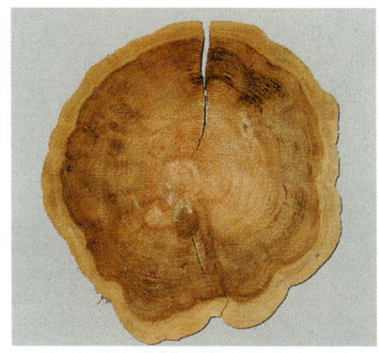

写真33 周囲から髄に向かって割れが生じたスギ円盤

写真34 スギ板材の天然乾燥

写真35 人工乾燥用に桟積みされた板材

写真36 製材工場で稼働中の熱気乾燥装置

写真37 乾燥状態と強度等級が記載された製材

写真38 熱気乾燥装置の内部

シロアリ被害と木材腐朽

写真39 暴露試験のために採集したヤマトシロアリ

写真40 モルタル壁の内側で発生したヤマトシロアリの被害（高橋旨象氏提供）

写真41 イエシロアリによって早材部が選択的に被害を受けた木材

写真42 阪神・淡路大震災での被災宅でみられたヤマトシロアリの被害（兵庫県西宮市）

写真43 住宅床下につくられたイエシロアリの蟻道（アリの通るトンネル）

写真44 外構施設に発生したシイサルノコシカケ

写真45 浴室入口で成長したナミダタケ

写真46 スギ倒木に寄生したコゲイロカイガラタケ(中央部・褐色腐朽菌)とカワラタケ(下部・白色腐朽菌)

写真47 キノコによる樹皮の脱色 —左が未処理、右がキノコで処理

写真48 樹皮粉でのヒラタケ(シメジ)の培養

木材の接合

写真49 伝統的な接合方法 目違い大鎌継ぎ

写真50 伝統的な接合方法 金輪継ぎ

写真51 曲がり材を利用した伝統型民家の小屋組（富山県八尾町）

写真52 伝統的仕口を応用したかんざし工法（青森県青森市）

写真53 木ダボによるたて継ぎ

写真54 鋼板挿入ボルト接合

写真55 ギャングネイルプレート接合

写真56 鋼板挿入ドリフトピン接合

写真57 鋼板挿入ボルト接合

写真58 ボールジョイント

木質構造

写真 59 枠組み壁工法による建築中の住宅

写真 60 丸太組構法住宅の耐力壁交差部分

写真 61&62 集成材構造で建築中の秋田県大館樹海ドーム

写真 63&64 集成材構造で建築中のJR高知駅舎
（写真 63は内藤廣建築設計事務所提供）

写真65 アーチトラス構造のJR二条駅

写真68 ニツ割スギ筋交い入り耐力壁の破壊試験

写真66 江戸中期に建てられた豪農の住宅・秋田市の旧奈良家

写真67 伝統構法に則った建築中の住宅の小屋組(富山県八尾町)

写真69 構造用合板耐力壁の破壊試験

近代木橋

写真70 奥ものべ紅香橋(高知県物部村)——方丈トラス橋(車道橋) —— 橋長29.0m

木ダボ接合による主桁の接合状況

写真71 坊中橋(秋田県藤里町) 2径間連続補剛トラス橋(車道橋) 橋長55.0m

集成材と鋼床版のハイブリッド構造

写真72 百目石橋(秋田県協和町) タイドアーチ橋(車道橋) 橋長20.9m

プレストレス木床版の施工とモニタリング

写真73 金峰2000年橋(鹿児島県金峰町)
上路式アーチ橋(車道橋) 橋長42.0m

写真74 おおさる橋(群馬県・粕川村)
中路式アーチ橋(車道橋) 橋長28.0m

写真75 神幸橋(高知県檮原町)
中路式トラス橋(歩道橋) 橋長52.0m

写真76 あいあい橋(埼玉県日高市)
立体トラス橋(歩道橋) 橋長91.2m

木製ダム

写真77 木製床固工(上)、木製流路工(右上)、コンクリート製床固工の木製型枠パネル(右下):秋田県北秋田市

阪神・淡路大震災の被害

写真78 被害が軽微だった3階建て木造住宅と1階が崩壊した長屋建て住宅（神戸市灘区）

写真79 壁面の耐力不足で1階が崩壊した在来軸組住宅（神戸市灘区）

写真80 1階の広い開口部が崩壊した2階建て木造住宅（神戸市東灘区）

写真81 全壊した新築後数年の木造住宅（神戸市東灘区）

写真82 1階駐車場部分が崩壊したRC造のマンション（神戸市東灘区）

まえがき

　私たちは古くから木材をはじめとした植物資源を建築用材としてはもとより、各種の用途に利用してきた。植物資源は私たちの生活になくてはならぬ身近な存在にあったのである。それが、近年の科学技術の進歩により石油・石炭等の化石資源から大量生産が可能で、安価な植物資源の代替品が合成されるに及び、木材をはじめとした植物資源と私たちの間に隔たりが感じられるようになっていた。しかしながら、合成時に、あるいは使用に際して二酸化炭素の地球上への蓄積を伴い、地球温暖化を助長する化石からの合成品に替わり、今や再び、カーボンニュートラルで、自然素材ゆえに環境にやさしい植物資源の利活用が注目されている。そのような中で、植物資源の中でも圧倒的に蓄積量の多い木材の利用拡大は現代社会の大きな関心事となっている。

　二酸化炭素を吸収し、地球温暖化の抑制に貢献する樹木の炭素固定能力を有効に活用するには樹木を木材として積極的に利用し、森林の新陳代謝をはかる必要がある。戦後の拡大造林によって植林された林木の多くはすでに50年を過ぎ、利用可能な時期にさしかかっている。農林水産省が、一昨年作成公表した「森林・林業再生プラン」では、コンクリート社会から環境にやさしい木の社会への転換が唱われ、10年後の木材自給率を50％以上に上げる目標が掲げられ、また、公共建築物などにおける木材利用の義務化によって木材の確実な利用拡大を図ることが検討されている。

　このような背景のもとで、木材の良さを再認識し、木材の特性を活かした利活用が今までにもまして重要視されてくることだろう。本書は、当研究所のスタッフを中心として執筆、とりまとめを行った木材の基礎知識から最新の技術開発の動向まで幅広く木材に関する情報を集積した解説書であり、1998年の初版、2002年の再版に引き続く改訂版である。激しく変動する木材利用の現状の中で、現状にあった研究や技術開発も進められてきた。本書は、そのような新たな研究成果や技術開発もとり入れて改訂された。本書が木材の特性を知る上でお役に立ち、また、利用する際の一助となれば幸いである。

2011年2月

　　　　　　　　　　　　　　秋田県立大学木材高度加工研究所所長　　谷田貝光克

改訂版への「まえがき」

　木材は、地上で最も大量の炭素の固定産物であり、国際農林水産統計 2000 年版（農林水産省統計情報部）によると、全世界で毎年 36 億トンの原木が生産されている。この木材を持続可能資源として役立てるためには、バランスのとれた資源の創生と無駄のない利用のシステムを構築することが必要となる。とくにポスト化石資源利用といわれる近未来においては、木材資源を有効に、かつ、効率的に利用する技術開発が重要になる。

　一方、日本の木材資源の利用状況に目を向ければ、資源の生産と利用がバランスよく行われているとはいえない状況にある。すなわち、おおよそ年間 1 億トンの木材需要のうち、国産材の占める割合は約 20%に過ぎず、極端に外国産材に依存するという需要構造になっている。この状況は皮肉にも日本の林産資源蓄積量の増加をもたらしているが、その基盤となる森林が健全に維持されているとは言えない。国産材が需要の主体になる時期は必ず到来するはずであり、資源が無駄なく有効に利用されるための高度の技術開発は不断に行われることが必要である。木材を含め、再生可能生物資源（バイオマス）の科学に課せられた使命はきわめて大きいといえよう。

　ところで、1998 年、本書「木材百科」の初版が発刊され、以来多くの方々に購読をいただき、ご助言やご感想をいただいた。また、この間、これまでの記述内容に新しい知見を書き加えたり、修正したりする必要が生じてきた。さらに、木材科学の進展、社会情勢の変化、研究所スタッフの交代などにより、本書に新しい項目を付け加えることも可能になった。このような理由により、改訂版を刊行することを企画した。初版に付け加えられた主な項目は、樹木の遺伝と組織構造に関する項目、木材の乾燥に関する項目などであるが、全体としては 145 項目に達している。その他、記述の書き換えはほぼ全項目にわたっている。

　本書は、初版におけると同様、7 章で構成され、当研究所のスタッフを中心にして所外の専門家の協力により記述されている。また、内容としては、全くの入門書というよりは、むしろ木材科学や工業にたずさわる学生、研究者、技術者など、専門に近い立場にいる方々の知識を補完し、あるいは、整理するのに役立つように記述されている。多くの方々にとって、机下の書となることを望んでいる。

2002 年 9 月

秋田県立大学木材高度加工研究所所長　　栗原正章

初版への「はじめに」

　建築材料の中で「木材」は古来好んで用いられ、最もなじみ深い材料であった。近年、鉄・アルミニウムなどの金属材料、セメント・石膏などの窯業系材料、ガラス、プラスチックなどが建築の中で汎用され、それに伴って建築様式も多様化し、建築材料の中における木材のウエイトはかなり低下してきた。しかし、建築界の底流には、これらの新しい材料から造られたモダンな建築空間の持つ合理性や冷徹さの中に、何か物足りなさ、物寂しさを感じ始めているようだ。また、鉄骨やコンクリートの建物の寿命が、実際には思ったよりも短いことが指摘されると、伝統的木造建築のメンテナンスシステムの巧みさが、かえってよく見えてくる。さらに、木材の持つ独特の美しさ、温かさ、軽軟で1方向に合目的的に強化された繊細な細胞構造を知ると、木材が風合いと強度を併せ持つ生来の優れた建築材料であることに納得できる。今や建築関係の人にとって木材は、古くて新しい、未知の材料として再認識され始めているようである。

　日頃建築に関係する人々の多くは、このような底流を感じ、次世代の材料としての木材を、いち早く学んでおきたいと思っていることだろう。しかし、現状では、このような目的にぴったりの書物があるようには思えない。近年、木材・木質材料の研究は急速に発展し、蓄積された知識は豊富であり、その内容は詳細に亘っているので、入門書でも体系立てて書かれると理解しにくく、息の詰まる思いがする。本書はその弊害を除き、読者が電車の中や、お茶の間で、目次の中のちょっと目をひいた項目の内容を、見開き両頁の中に短時間に読み切り、その概念をざっとつかんで頂けるように配慮している。

　本書は当研究所の専任教員、客員教員、流動研究員等に項目を割り振って執筆してもらったもので、必ずしも適切な専門家の執筆とは言えないが、そのことが内容の大意を損ねることのないように、専門の近い人にチェックをお願いした。しかし、文章のスタイルについては、見開き両頁内に収まる字数であること、平易であること以外は個性を尊重し「角を矯めて牛を殺す」ことのないように務めた。項目の選択に当たっては木材関連技術の基本的な紹介に留まらず、研究所の最近の研究開発内容の紹介、関連の社会問題に対する研究所スタッフの個人的見解に至るまで、あまり系統立てず取り上げた。したがって、本書を通覧された方は当研究所のスタッフの個性と実力の多様性を読みとられるであろう。

　最後に、編集業務を一手に引き受け、中身の鮮度が落ちないうちに脱稿に漕ぎ着けられた飯島教授の労を多としたい。また、本書出版の導火線となり、併せて印刷の労をとってくださった秋田木材通信社の牛丸和人氏に対し深甚の謝意を表する。

1998年9月

　　　　　　　秋田県立農業短期大学木材高度加工研究所所長　　佐々木　光

執筆者一覧

●編集責任者
高田克彦　　秋田県立大学・木材高度加工研究所・教授
●編集委員
澁谷　栄　　秋田県立大学・木材高度加工研究所・准教授
中村　昇　　秋田県立大学・木材高度加工研究所・教授
山内秀文　　秋田県立大学・木材高度加工研究所・准教授

青山政和　　北見工科大学・工学部・教授
飯島泰男　　秋田県立大学・木材高度加工研究所・教授
太田章介　　(株)大井製作所
岡崎泰男　　秋田県立大学・木材高度加工研究所・准教授
片岡太郎　　東北大学・学術資源研究公開センター・協力研究員
川井秀一　　京都大学・生存圏研究所・教授
川井安生　　秋田県立大学・木材高度加工研究所・准教授
河村文郎　　(独)森林総合研究所・主任研究員
木村彰孝　　秋田県立大学・木材高度加工研究所・流動研究員
栗本康司　　秋田県立大学・木材高度加工研究所・准教授
榎原正章　　秋田県立大学・名誉教授
小泉章夫　　北海道大学大学院・農学研究科・助教授
小林好紀　　K's 木材研究所・代表
小松幸平　　京都大学・生存圏研究所・教授
佐々木貴信　秋田県立大学・木材高度加工研究所・准教授
佐々木　光　秋田県立大学・名誉教授
薩摩鉄司　　(財)秋田県木材木材加工推進機構・参与
澁谷　栄　　秋田県立大学・木材高度加工研究所・准教授
鈴木　有　　秋田県立大学・名誉教授
田村靖夫　　秋田県立大学・名誉教授
土居修一　　筑波大学大学院・生命環境科学研究科・教授
則元　京　　京都大学・名誉教授
平尾知士　　(独)森林総合研究所・森林バイオ研究センター・研究員
平嶋義彦　　名古屋大学・名誉教授
堀澤　栄　　高知工科大学・准教授
三島賢太郎　(独)森林総合研究所・林木育種センター・特別研究員
山内　繁　　秋田県立大学・木材高度加工研究所・教授
渡辺千明　　秋田県立大学・木材高度加工研究所・准教授

目　次

口絵 ——————————————————————— i
まえがき ————————————————————— xvii

I. 森林資源と木材の循環利用 ——————————— 1

1. 世界の森林資源と木材生産　2
2. 日本の森林資源と木材の利用　4
3. 森林・林業再生プラン　6
4. 林木の遺伝　8
5. スギ天然林の遺伝的変異　10
6. スギ葉緑体ゲノムの構造　12
7. 木造建築物とLCCO$_2$　14
8. 木質構造物の寿命　16
9. 木質構造の耐久性　18
10. 木材の流通と価格形成　20
11. 木造住宅に使う木材量と価格　22
12. 化学加工された木材が燃えるとどうなるのか？　24
13. 木質バイオマスエネルギー　26
14. 快適な教育環境と木材　28
15. 無駄のない木材の利用 ーゼロエミッション　30
16. これからの森林資源利用を考えるために　32
17. 木材についての誤解・勘違い　34

コラム　松枯れを防げ！ 保安林保安機構　36

II. 木材の成り立ち ——————————————— 37

18. 木本植物／針葉樹と広葉樹　38
19. 樹木の成長と年輪　40

xxi

20. 形成層／木材の起源　*42*
21. 未成熟材と成熟材　*44*
22. 心材・辺材・移行材　*46*
23. 心持ち材と心去り材／木表と木裏　*48*
24. 異常木材　*50*
25. 木材の異方性　*52*
26. 木材の密度　*54*
27. 針葉樹材と広葉樹材　*56*
28. 針葉樹材の組織構造と見分け方（1）　*58*
29. 針葉樹材の組織構造と見分け方（2）　*60*
30. 広葉樹材の組織構造と見分け方（1）　*62*
31. 広葉樹材の組織構造と見分け方（2）　*64*
32. 広葉樹材の組織構造と見分け方（3）　*66*
33. 広葉樹材の組織構造と見分け方（4）　*68*
34. 木の名前いろいろ（1）　－スギの品種－　*70*
35. 木の名前いろいろ（2）　－輸入針葉樹－　*72*
36. 木の名前いろいろ（3）　－広葉樹－　*74*

コラム　維管束植物の進化と原始の森に生きた広葉樹　*76*

III. 木材と木質材料　*77*

37. 木材製品にはどのような種類があるか？　*78*
38. 製材の規格を細かくみる　*80*
39. 製材の木取り　*82*
40. 製材の生産　*84*
41. 木材の材積と寸法　*86*
42. 集成材（1）　－概要－　*88*
43. 集成材（2）　－生産の工程と構造用集成材の分類－　*90*
44. 集成材（3）　－ラミナのたて継ぎ－　*92*

- 45. 集成材（4） －集成材の生産動向－　*94*
- 46. 合板（1）－概要－　*96*
- 47. 合板（2）－生産の工程－　*98*
- 48. 合板（3）－種類と用途－　*100*
- 49. LVL（1）－特徴と製造方法－　*102*
- 50. LVL（2）－種類・性能・利用－　*104*
- 51. 円筒LVL　*106*
- 52. パーティクルボードとファイバーボード　*108*
- 53. 構造用木質材料と製造技術　*110*
- 54. その他の木質材料と非木材系原料の利用　*112*
- 55. 木材の塗装　*114*
- 56. 接着の原理　*116*
- 57. 接着剤の種類とその使用法　*118*
- 58. 接着剤とホルムアルデヒド　*120*
- 59. 接着剤の耐用年数　*122*
- 60. 木材の整形技術と応用　*124*
- コラム　法令37条に基づく材料の認定　*126*

Ⅳ. 木材の乾燥 ——————————— *127*

- 61. 木材中の水分状態と用語　*128*
- 62. 含水率とその測定法　*130*
- 63. 平衡含水率と木材製品の最終到達含水率　*132*
- 64. 天然乾燥と乾燥前処理　*134*
- 65. 人工乾燥の方法（1）－特徴と乾燥スケジュール－　*136*
- 66. 人工乾燥の方法（2）－蒸気式乾燥－　*138*
- 67. 人工乾燥の方法（3）－除湿式乾燥と太陽熱乾燥－　*140*
- 68. 人工乾燥の方法（4）－高周波加熱乾燥－　*142*
- 69. スギ材乾燥の決め手はないのか？　*144*

70. 乾燥材の価格　*146*
71. 乾燥材と住宅　*148*
72. 乾燥していない木材を使うと…　*150*
73. どこまで乾燥しておくとよいのか？　*152*
74. 「割れない乾燥法」とは？　*154*
75. 乾燥割れと木材の強度　*156*
76. 木材乾燥に関するQ&A　*158*
コラム　木材は二酸化炭素の缶詰・水の銀行　*160*

V. 木材の化学と化学加工 ― *161*

77. 木材の化学成分（1）　－生合成とセルロース－　*162*
78. 木材の化学成分（2）　－ヘミセルロースとリグニン－　*164*
79. 木材の化学成分（3）　－抽出成分－　*166*
80. 出土木材の保存処理　*168*
81. 精油成分　*170*
82. スギの黒心と木材の変色　*172*
83. 木材の生物劣化（1）　－腐朽菌－　*174*
84. 木材の生物劣化（2）　－シロアリ－　*176*
85. 木材の性質を変える（1）　－防腐性、防蟻性－　*178*
86. 木材の性質を変える（2）　－熱処理－　*180*
87. 木材の性質を変える（3）　－寸法安定性－　*182*
88. 木材の性質を変える（4）　－難燃性－　*184*
89. 樹皮の利用方法　*186*
90. 木炭の調湿能力　*188*
91. 木質バイオマス発電　*190*
92. キノコを使った毒性物質の分解　*192*
93. 木材を利用した廃棄物処理　*194*
コラム　単位のはなし　*196*

VI. 木材と木質材料の強度性能 ——————— *197*

- 94. 荷重（外力）と応力（内力）・ひずみ　*198*
- 95. 木材の破壊形態と組織構造　*200*
- 96. 木材の強さの特徴と設計上の留意点　*202*
- 97. 木材の圧縮・引張　*204*
- 98. 木材の曲げ　*206*
- 99. 木材のクリープ　*208*
- 100. 木材のせん断・割裂・衝撃曲げ・硬さ　*210*
- 101. 木材の標準試験法　*212*
- 102. 無欠点木材の強度性能と強度影響因子　*214*
- 103. 木材強度のばらつきとその取り扱い　*216*
- 104. 木材の強度等級区分　*218*
- 105. 強度等級区分法（1）－目視等級区分法－　*220*
- 106. 強度等級区分法（2）－機械等級区分法－　*222*
- 107. 縦振動法によるヤング係数の測定　*224*
- 108. 木材の建築構造材料としての位置づけ　*226*
- 109. 木材の接合（1）－接合方法の種類と特徴－　*228*
- 110. 木材の接合（2）－伝統的接合とプレカット－　*230*
- 111. 木材の接合（3）－接合具を用いる－　*232*
- 112. 木材の接合（4）－接着剤を用いる－　*234*
- 113. 木材の強度性能に関するQ&A（1）　*236*
- 114. 木材の強度性能に関するQ&A（2）　*238*
- コラム　屋敷林のはなし　*240*

VII. 木質構造と木造住宅 ——————— *241*

- 115. 建築の分野でよく使われる言葉　*242*
- 116. 性能規定と仕様規定　*244*
- 117. 木質構造の分類　*246*

118.	木質構造の設計法（1）　－荷重・外力－	248
119.	木質構造の設計法（2）　－許容応力度設計法と限界耐力計算法－	250
120.	木質構造の設計法（3）　－壁量計算と壁倍率－	252
121.	建築基準法の大幅改正とエネルギー基準	254
122.	住宅の品質確保促進法	256
123.	木質構造の種類（1）　－在来軸組構法－	258
124.	木質構造の種類（2）　－木質パネル構法と枠組壁工法－	260
125.	木質構造の種類（3）　－丸太組構法と集成材構造－	262
126.	木質構造の種類（4）　－伝統構法－	264
127.	木造住宅は地震に弱いか？（1）	266
128.	木造住宅は地震に弱いか？（2）	268
129.	木質構造物は火災に弱いか？	270
130.	性能規定化で木造建築に開いた扉	272
131.	世界最大の木造建築物は何か？	274
132.	木のもつ調湿作用	276
133.	木にはなぜ暖かさと安らぎを感じるか	278
134.	建築物の断熱と木製サッシ	280
135.	木質フロアで遮音性を確保できるか？	282
136.	良質な木造住宅をつくるには	284
137.	これからの木造住宅（1）	286
138.	これからの木造住宅（2）	288
139.	これからの木造住宅（3）	290
140.	木質橋梁の話（1）　－伝統的木橋－	292
141.	木質橋梁の話（2）　－近代木橋－	294
142.	木質橋梁の話（3）　－現状と課題－	296
143.	土木構造物への木材利用	298
コラム	住宅会社が全面的に敗訴！	300

参考文献リスト		301
索引		304
あとがき		310

~~~~~~~~~~~~~~~
本書作成にあたって
~~~~~~~~~~~~~~~

執筆の原則は以下のとおりとした。
1) 執筆内容はできるだけオリジナルを使用し、引用の場合は出典を明記する。
2) 規格値などは2002年7月現在のものを使用する。
3) 単位系はSIにした。本書で使用したものを下記に示す。

なお、本文中の<§>は項目番号を、<→>は参照項目を示している。

代表的なSI接頭語

単位に乗せられる倍数	記号	名称	単位に乗せられる倍数	記号	名称
10^9	G	ギガ	10^{-3}	m	ミリ
10^6	M	メガ	10^{-6}	μ	マイクロ
10^3	k	キロ	10^{-9}	n	ナノ

単位換算表

	Pa ($= N/m^2$)	N/mm^2	kgf/cm^2
圧力および応力	1	10^{-6}	0.1020×10^{-4}
	10^6	1	10.20
	9.807×10^4	0.098	1

	J ($= N \cdot m$)	$W \cdot h$	cal
エネルギー・仕事・熱	1	0.2778×10^{-3}	0.2389
	3,600	1	860.0
	4.186	0.1163×10^{-2}	1

注) N：ニュートン（$1N = 0.1020$ kgf）、Pa：パスカル、J：ジュール

I．森林資源と木材の循環利用

1. 世界の森林資源と木材生産

◆世界の森林資源

国際連合食糧農業機構（FAO：Food and Agriculture Organization）などの資料によれば、世界の森林および森林資源の概況は表1のようになっている。

表1. 世界の森林面積と資源

地域	国土面積 （百万 ha）	森林面積 （百万 ha）	森林蓄積量 （億 m³）	バイオマス量 （億 m³）
アフリカ	2,963 (22.7)	635 (16.1)	639 (16.6)	1,201 (24.7)
ヨーロッパ	571 (4.4)	193 (4.9)	222 (5.8)	205 (4.2)
ロシア	1,689 (12.9)	809 (20.5)	841 (21.9) 1)	670 (13.8) 1)
アジア	3,098 (23.7)	572 (14.5)	469 (12.2)	654 (13.4)
オセアニア	849 (6.5)	206 (5.2)	11 (0.3) 2)	186 (3.8) 3)
北中米	2,144 (16.4)	706 (17.9)	714 (18.6)	432 (8.9)
南米	1,754 (13.4)	832 (21.1)	945 (24.6)	1,515 (31.1)
合計	13,067 (100.0)	3,952 (100.0)	3,840 (100.0)	4,864 (100.0)

資料：国土面積及び森林面積は森林・林業白書（平成22年版）、森林蓄積及びバイオマス量はFAO「The global Forest Resources Assessment 2005」。注1：（　）内は比率、注2：合計と内訳が一致しないのは四捨五入による。
1) Russia及びCIS諸国、2) Australia及びNew Zealandを除く、3) New Zealandを除く。

2005年時点での世界の森林面積は39億 haで、南極大陸とグリーンランドを除く世界の地表面積の約三分の一を占めている。しかしながら、世界の森林面積は減少を続けており、1990年～2000年にかけては年間約1,600万 ha、2000年から2005年にかけては年間約1,300万 haの森林が消失している。特に、南米やアフリカ、東南アジアなどの熱帯地域における森林減少が大きい。1990年代、森林の純消失面積が世界で最も大きかったブラジル及びインドネシアは、2000年以降、その消失率は低下しているものの、それぞれの消失面積は突出している。また、オーストラリアでは厳しい干ばつと森林火災によって2000年以降の森林消失がさらに加速している。一方、温帯林では横ばい或いは若干の増加傾向を示す国もある。特に中国は2000年から2005年にかけて約4百万 ha/年の森林が増加している。このように森林面積の減少と増加には地域的な偏りが認められるが、5年で日本の国土分（37.8百万 ha）に相当する森林面積が地球上から消失したことは紛れもない事実である。

表1におけるバイオマス量に注目してほしい。バイオマス量とは、樹冠、枝、葉、樹皮などの地上有機物を乾重量で示した量で、多様な用途に供される森林資源を定量的に評価する場合や炭素の貯留量などを試算する場合などに有効な指標となる。バイオマス量はアフリカ

及び南米において特に大きく、森林のバイオマス量の半数以上がこれらの地域に存在していることになる。一方、ロシアは森林面積と蓄積量においてアフリカや南米のそれらとほぼ匹敵するものの、バイオマス量は両地域の半分以下となっている。樹木の成長には気候等が大きく影響を与えることから、森林のバイオマス量は低緯度の熱帯地域の森林では大きく高緯度地域の森林では小さいという地域的な偏りが顕著に現れる指標でもある。

◆世界の木材生産と貿易

表2に世界の木材生産量と人口を示す。2008年時点の世界の木材生産量は約34億5千万m^3で、内訳は産業用材が45％、薪炭用材が55％となっている。地域別に生産される木材の用途を比較してみると、ヨーロッ

表2　世界の木材生産と人口

地域	丸太 (百万m^3)	産業用材 (百万m^3)	薪炭用材 (百万m^3)	人口 (億人)
アフリカ	707.9	70.3	637.6	9.87
ヨーロッパ	657.1	504.6	152.5	7.31
アジア	997.0	243.4	753.7	40.75
オセアニア	68.3	52.4	15.9	0.35
北米	535.8	489.2	46.5	3.42
中南米	482.7	196.8	285.9	5.79
合計	3,448.6	1,556.7	1,892.0	67.50

資料：森林・林業白書（平成22年版）、世界人口白書2008。
注1：合計と内訳が一致しないのは四捨五入による。

パ、オセアニア、北米では産業用材の生産量が大きく、アフリカ、アジア、中南米では薪炭用材の生産量が勝っている。すなわち世界人口の約16％が生活しているヨーロッパ及び北米の諸国において世界の産業用材の63.8％を生産されており、一方、世界人口の75％が集中しているアフリカ及びアジアにおいて世界の薪炭用材の73.5％が生産されていることになる。現在の日本の木材貿易状況が示すように木材は既にグローバルマーケットの商品と考えられる。しかし、それはあくまでも産業用材用の原木丸太やそれらから加工製造された製材、合板、木質パルプを対象にした話であり、世界の木材生産量の半数以上を占める薪炭用材の大多数は生産国及びその近隣諸国で消費されるローカルマーケットの商品なのである。

最後に今後の木材の貿易に関連して注意すべき問題について言及しておく。2007年に端を発したロシアの原木丸太の輸出関税引き上げ問題は2010年時点でも決着がついていない。カナダ及び米国の西部において1990年代後半から顕著になったmountain pine beatleによる甚大な森林被害はペレット等の木質系バイオマスの市場を一変させる可能性がある。世界最大の木材輸入国となった中国の貿易の実情と今後の経済成長（膨張？）はどうなのか。いずれも現在進行形の問題であり、推移をしっかりと見守る必要がある。　　　＜高田克彦＞

2. 日本の森林資源と木材の利用

◆日本の森林資源

2007年3月時点の日本の森林資源の概況は以下の通りである。森林面積は2,510万ha、このうち国有林は769万ha、民有林が1,741万haで、民有林の約83%の1,454万haが私有林である。森林蓄積は44.3億m³、このうち国有林は10.8億m³、民有林は33.5億m³で、私有林における森林蓄積は28.3億m³と全体の約64%を占める。2001年に「林業基本法」は「森林・林業基本法」に生まれ変わり、森林が重視すべき機能に応じて「水土保全林」、「森林と人との共生林」、「資源の循環利用林」の3つに区分された。また、皆伐と新植を組み合わせた一斉林型（単層林型）から択と更新を組み合わせた択伐林型（複層林型）への転換や多間伐による長伐期化を進めている。

図1に日本の人工林の齢級別面積の1985年から2006年までの推移を示す。齢級配置の確実に高齢化にており、本書が発行される2011年には10齢級前後の人工林が突出した齢級配置になっているだろう。

図1から提起される問題点としては、1）適切な管理（例えば、間伐）が不十分な8齢級

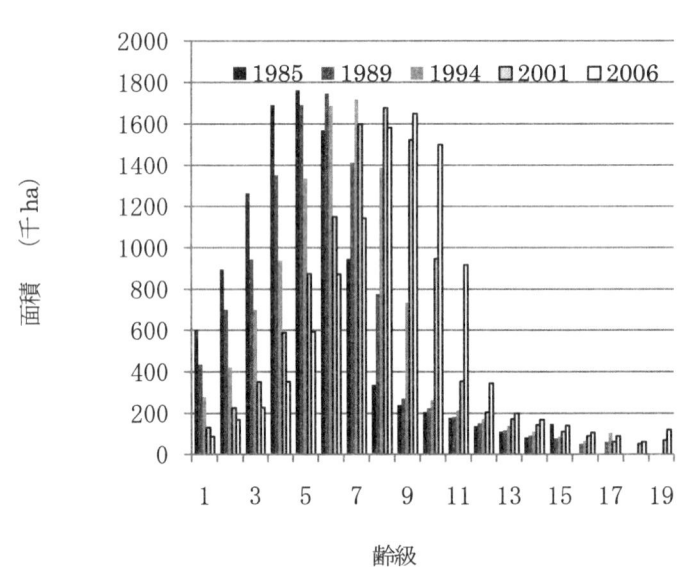

図1　人工林の齢級別面積の推移

〜11齢級の人工林の積極的な利用と処理、2) 近い将来、必然的に大量発生する大径材の用途開発、2) 4齢級以下の若齢林が極端に少ないことによる将来的な資源の枯渇、などを挙げることができる。

◆木材の需給動向

木材は製材用、パルプ・チップ用、合板用などの用材のほか、薪炭材、シイタケ原木などとして利用されている。図2に用材の用途別供給量と国産材自給率の推移を示す。総供給量は1955年から

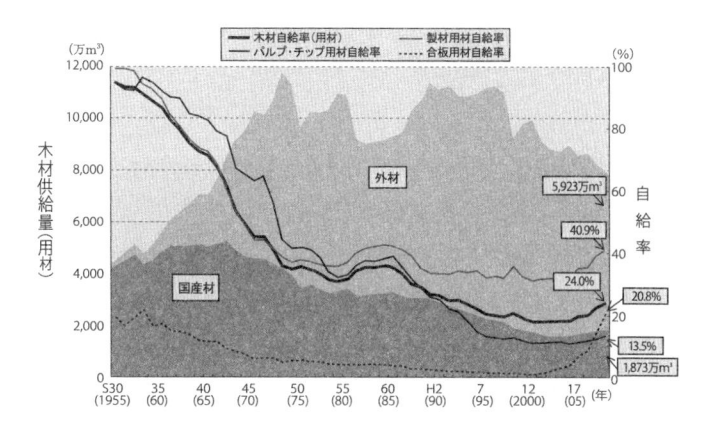

図2 用材の用途別供給量と国産材自給率の推移
森林・林業白書（平成22年度版）概要より

増加の一途をたどり、1970年初頭に1億m³を超えて以降はほぼこの前後で推移したものの、1998年に1億m³を下回ってからは減少傾向に転じ、現在の総供給量はピーク時の6割程度である。供給量の推移において顕著な特徴は近年の製材用材の減少であり、製材、合板、集成材用といった建築用材の供給量はピーク時の半数以下に落ち込んでいる。建築用材の減少は新築住宅着工率の落ち込みと関連が強く、2009年には1968年以降維持していた年間100万戸を割り込み、現在では80万戸前後で推移している。一方、パルプ・チップ用材は1990年以降も一定の供給量を維持し続けており、現在では最も供給量の大きい用途となっている。

図2に国産材自給率の変遷を示した。1965年には95％あった国産材自給率は1973年に30％代に、1989年に20％代に落ち込み、1999年から2004年までは20％以下に割り込んでいた。2005年以降、数値的には持ち直してきたように見えるが、これは外材の輸入量が大きく減少した結果、国産材比率が大きくなっただけで、国産材の生産量が増加したわけではない。今後、木材総需要量の減退が予想される中で国産材のシェアをどこまで増やせるのか、官民一体となった取り組みが必要である。　　　　　　　　　　　　　　　＜高田克彦＞

3. 森林・林業再生プラン

平成21年12月、農林水産省は新たな森林・林業政策を発表した。「森林・林業再生プラン」である。目指すべき姿を10年後の木材自給率50％以上とするこの国家プロジェクトについて概説する。

◆「森林・林業再生プラン」における基本認識と推進体制

日本において戦後植林した人工林資源は既に成熟期を迎えている（→§2）。しかしながら、路網整備や施業の集約化の遅れなどの理由からヨーロッパの林業先進国に比べて林業生産性が必ずしも高くない地域も多い。また、長引く財価の低迷は森林所有者の林業への関心の低下を招いている。森林資源はあるがそれらを工業材料として安定的に供給することができない、という林業の構造的な問題が浮き彫りになってきている。

一方、木材（特に用材）は今や完全にグローバルマーケットの商品であり（→§1）、必要な場所に必要な量の商品を世界中から安定的に供給するシステムを完備しつつある。しかしながら、ここ数年の世界経済の混乱と停滞、資源ナショナリズムの高揚、為替の変動リスクなど外材輸入の先行きは不透明さを増していることも事実である。化石資源である石油や石炭に代わり生物資源である木材を利用することは地球温暖化防止に貢献し、資材をコンクリートなどから環境にやさしい木材に転換することは低炭素社会の実現を推進することにもつながる。木材の積極的な利用への期待は確実に高まってきている。

以上のように、「森林・林業再生プラン」における基本認識は、停滞する日本林業の現状と高まりつつある木材利用への期待を結びつけることにある。

「森林・林業再生プラン」では事業推進本部のもとに5つの専門委員会を設置、制度的な課題と実践的な課題について検討を進めてきている。実践的な課題の検討を行う委員会は、「路網・作業システム検討委員会」、「森林組合改革・林業事業体育成検討委員会」、「人材育成検討委員会」および「国産材の加工・流通・利用検討委員会」の4委員会である。平成22年11月に推進体制の見直しを行ったが、実践的な課題を扱う4つの委員会は新たに設置された「森林・林業再生プラン実行管理委員会」の元に存置され、PDCAサイクルによる検証及び必要な改善策の検討を行うことになっている。

◆自給率50％への試算

平成22年に発表された自給率50％の数値試算の概要を表1に示す。

表1. 木材の自給率と量の可能性（試算）

現状（平成21年度）			10年後（平成32年度）	
総需要量	6,321万m^3		総需要量	8,110万m^3
国産材（自給率）	1,749万m^3 (27.8%)	⇒	国産材（自給率）	4,230万m^3 (52%)
製材	2,568万m^3		製材	3,450万m^3
国産材（自給率）	1,058万m^3 (41%)		国産材（自給率）	2,180万m^3 (63%)
合板	816万m^3		合板	950万m^3
国産材（自給率）	198万m^3 (24%)		国産材（自給率）	590万m^3 (62%)
パルプ・チップ	2,937万m^3		パルプ・チップ	3,710万m^3
国産材（自給率）	503万m^3 (17%)		国産材（自給率）	1,460万m^3 (39%)

試算の前提条件：
- 建築物については平成32年の住宅着工数が80万戸相当
- 製紙用パルプ・チップの需要量は10年後に170万m^{3}増加
- 上記以外は現状で推移

　平成21年度の実績をベースにした上記の試算では、自給率50％の目標を達成するためには、国産材の利用を総量で少なくとも平成21年実績の倍以上の4,000万m^{3}に増大させなければならない。今一度、§1の図2をご覧いただきたい。4,000万m^{3}の国産材を利用するためには、外材から国産材への転換だけではなく、新規の需要開拓が必要不可欠である。「森林・林業再生プラン」では、木造住宅の在来軸組及び2×4における国産材への転換を促進するとともに、非木造住宅の木造住宅への転換（内装材も含む）、低層建築物の木質化や地盤改良用基礎杭等の土木用資材の木質化などのミッションが盛り込まれている。

　また、原木丸太の安定的なサプライチェーンの確立も目標達成には必須条件である。前述した「路網・作業システム検討委員会」、「森林組合改革・林業事業体育成検討委員会」及び「人材育成検討委員会」において林業経営・林業技術の高度化に向けた具体的な対策の検討、その実行状況の検証と善後策の検討が行われている。

◆「森林・林業再生プラン」は日本の森林と林業の救世主となりうるか

　木材利用は森林の有する多機能性の中の一つにすぎない。その意味では「森林・林業再生プラン」は天然林も含めた日本の全ての森林にとっての救世主にはなりえない。しかしながら、全国で1,000千万haを超える人工林において適切な維持・管理が実施され、そこから搬出された木材が多段階的にカスケード利用することが出来れば日本の森林・林業の健全化の貴重な第一歩になり得る。そのためには産業界からの声はもちろんのこと広く林業の現場からの声に耳をかたむけ、手法の画一化や硬直化を避け、地域や現場の実情に即したメニューが選択できる柔軟性に富むシステムの構築が強く望まれる。　　　　　　＜高田克彦＞

4. 林木の遺伝

◆遺伝と遺伝子

　「愛くるしい目元がお母さんにそっくり」とか、「私の家族は全員、血液型がO型」という話を耳にすることがある。このように生物が有する形質が次世代以降に受け継がれることを「遺伝（heredity、inheritance）」という。林木には愛くるしい目元もABO式の血液型もないが、いろいろな形質が次世代に受け継がれていくことは同じである。葉の形状や大きさ、成長量、さらには力学的な性質といった形質も「遺伝」することが知られてきている。

　「遺伝」という現象を「遺伝子（gene）」のレベルで考えてみよう。「遺伝」とは親の有する形質がそれ以後の世代において発現する現象であることは既に述べた。「遺伝子」は次世代以降における形質の発現を引きおこす基となる大切な「要素」なのである。たとえば、あるタンパク質をコードする「遺伝子」があるとしよう。この「遺伝子」がmRNAに転写されたのち、さらにタンパク質へ翻訳されたとする。この合成されたタンパク質が生体内で酵素として働いたり、あるいは生体内の構造体を形成したりして特定の形質を発現することになるのである。現実には「遺伝子」と「形質」は一対一で対応していない場合が多く、1つの形質の発現に多くの遺伝子が関与する場合もあれば、1つの遺伝子が多くの形質の発現に関与している場合もある。したがって遺伝学的には注目する形質が必ずしも発現していなくても特定の形質の発現に関与する「遺伝子」が次世代以降に受け継がれていれば「遺伝」と考えられている。

◆メンデルの法則

　エンドウの実験から導かれたメンデルの法則は、遺伝の基本的概念を理解するには格好の教材であろう。メンデルの法則は一般に3つの法則に分けて説明される。第1は、それぞれ対立した形質をもった個体をかけあわせた雑種第1代（F1）には、一方の形質（優性）のみが現れるという「優性の法則」である。第2はF1の形質は優性のものしか出ないが、それらの間の交配で得られたF2では優性と劣性とが3：1の比で現れるという「分離の法則」である。第3は、ある対立形質の遺伝は他の形質に関係なく独立に行われるという「独立の法則」である。これらの法則の中で「分離の法則」は、遺伝形質を決定する「要素」（これがのちに「遺伝子」とよばれることになる）が存在し、それが次世代へ伝えられることを明らかにしたもので、最も重要な意義をもっている。なお、「優性の法則」と「独立の法則」には、

のちに数多くの例外となる現象があることが見いだされている。

◆**質的形質と量的形質**

　林木の示す性質、たとえば葉や幹の形状、成長や抵抗性といった観察できる形や性質の特徴を「形質」という。「形質」は、一般に「質的形質（qualitative trait）」と「量的形質（quantitative trait）」に区別される。「質的形質」とは、花や葉の形や色のように質的に区分され、その変異が不連続的な形質のことである。一方、「量的形質」とは、成長量、抵抗性、材積、材質といった数や量で表され、その変異が連続的な形質である。

　林木の育種・育成、木材の利用において重要な形質、すなわち樹高、直径、材積などの成長形質や材質特性、病虫害抵抗性といった形質には量的形質が多い。量的形質は複数の微働遺伝子（メンデルの法則にしたがった分離をしないことが多い遺伝子）の支配を受けており、個々の遺伝子の働きが環境の影響に比べて小さいと考えられている。一方、質的形質は少数の主働遺伝子（メンデル式の分離をする遺伝子）に支配されており、その発現において環境に影響されることは少ないと考えられている。

◆**ゲノム情報を利用した研究の進展**

　人間や他の植物（たとえば、イネやシロイズナズナ）に比較すると遅れてはいるが、近年、林木を対象にしたゲノム解析もさかんに行われてきている。特に代表的な国産針葉樹であるスギに対しては、マイクロサテライトマーカーを利用した個体同定、葉緑体ゲノムに対する網羅的な遺伝子探索（→§6）、環境適応性遺伝子の探索などの研究が精力的に行われてきている。また、針葉樹広葉樹を問わず樹木のゲノム情報は進化系統学、集団遺伝学、保全生物学、系統地理学等の研究分野においても非常に有用な解析ツールとして利用されている。現在、木材からのDNA抽出技術とゲノム解析技術を組み合わすことによって国内産樹木種の識別を目指す研究も着手されており、今後は木材とゲノム情報が直接的にリンクした情報集積が進むものと考えられる。以上のように、ここ10年の間に林木を対象にする研究領域においてもゲノムの情報を利用した調査・研究が大幅に進展してきており、今後の更なるゲノム情報の蓄積と解析技術の向上によって新たな研究の進展が期待される。　　＜高田克彦＞

5. スギ天然林の遺伝変異

◆スギの天然分布（→§34）

　スギ（Cryptomeria japonica D Don）の天然林の分布は、北限の青森県西津軽郡鰺ヶ沢町（北緯40°42′）から鹿児島県熊毛郡屋久島町（北緯30°15′）までの寒温帯から暖温帯までに至る日本の広い範囲にわたっている（林 1951）。しかし、古くからの伐採や造林によってその分布は分断化され、個々の小集団は互いに隔離されている（Ohba 1993）。

　スギは、我が国固有の種であり、林業上極めて重要な樹種であるため、天然林集団の分布及びそれらの遺伝的変異に関する研究は盛んに行われて来た。Tsukada（1982, 1986）は、現在の天然林集団の分布に至る過程を花粉分析によって推測している。それによれば、約15,000年前の最終氷期に若狭湾岸に逃避していたスギの一部は気候の温暖化に伴って北上し、北陸を経て約4,000年前に東北に至り、現在の北東北日本海側の祖先となった。また、山陰地方では島根県南部あたりに散逸的に逃避していたスギが、同様に温暖化に伴って南下し分布を拡大し、太平洋側では伊豆半島に逃避していたものが太平洋沿いに北上し約1500年前に仙台付近まで到達したと考えられている。紀伊半島や四国、屋久島に逃避していたスギは環境要因や他植物との競合によって、それほど分布を広げる事ができなかったと推測されている。

◆スギの遺伝変異に関する研究

　Tsukada（1982, 1986）による花粉分析による先行研究を基に、DNA等の遺伝マーカーを利用した研究も行われて来た。Tsumura and Ohba（1992）は、遺伝子型を反映する一種の酵素であるアイソザイムを用いて紀伊半島、四国、中国地方の天然林集団を、Tomaru et al.（1994）は、上記の集団に屋久島、東日本を含む17天然林集団を用いて解析を行った結果、集団間の遺伝的多様性は高く、集団の遺伝的分化は小さい事が示唆された。

　以後、DNA技術の進歩に伴い、これらの研究にはDNAマーカーを使って行われるようになった。Tsumura and Tomaru（1999）がDNAマーカーの一つであるSTSマーカーを全国の11天然林集団に用いた後、Takahashi et al.（2005）が全国の29の天然林集団にSSRマーカーを用いて解析している。これらの研究では、花粉分析によって逃避地とされた天然林集団では僅かに多様性が高いことを除いて、上記の先行研究と同様の結果であった。つまり、全国に分布している個々の天然林集団には遺伝的な違いはほとんどなく、明確な地理的な傾向はみられない

という事である。著者等は、スギ葉緑体ゲノムの決定に基づいて明らかになった一塩基多型をマーカーにして、天然林集団の多様性及び分化について解析を進めている（三島賢太郎、秋田県立大学博士論文、三嶋ら（未発表））。葉緑体ゲノムは、核ゲノムにおいてみられる組み替えがないため配列の保存性が高く、植物の系統進化研究には多く使われている。一般にマツ科を除く針葉樹では、核DNAが両性遺伝するのに対して父性遺伝する事が知られているため、核DNAとは異なる集団の歴史を反映している可能性がある。我々の現在までの結果では、核DNA等既存の結果と同様かそれよりも集団分化の程度が低いようである。

　これらの知見は、スギが風媒による異系交配種である事に加え、一般的に地理的に広く分布するか過去に広い分布を持った種は、集団間の高い遺伝子流動の結果、集団間の遺伝的変異のレベルが低くなる傾向にある事が理由として考えられており、同様の結果を示す他種での報告も数多くなされている。特にスギは植林の歴史が約500年前にさかのぼり、現在は天然林と人工林の境も不明な程多くの地域に及んでおり、それらが接している場合には天然林と人工林間の遺伝子流動も頻繁に生じている可能性が高い事も理由の一つとして指摘されている。

　以上、上記の研究によってスギ天然林集団を網羅した遺伝変異はほぼ明らかになっており、この天然林分布及び遺伝的多様性を網羅するように選抜された精英樹を基に育種が行われている。

＜三島賢太郎／高田克彦＞

【文献】林 弥栄：日本産重要樹種の分類と分布、林業試験場研究報告 (1951)、Ohba K : Clonal forestry with sugi (*Cryptomeria japonica*). In Ahja MR and Libby WJ (eds) Clonal Forestry II, Springer, Berlin Heidelberg New York (1993)、Tsukada M : *Cryptomeria japonica*: glacial refugia and late-glacial and postglacial migration, Ecology (1982)、Tsukada M : Altitudinal latitudinal migration of *Cryptomeria japonica* for the past 20,000 years in Japan, Quaternary Research (1986)、Tsumura Y and Ohba K : Allozyme variation of five natural populations of *Cryptomeria japonica* in western Japan, Japanese Journal of Genetics (1992)、Tomaru N *et al.* : Genetic variation and population differentiation in natural populations of *Cryptomeria japonica*, Plant Species Biology (1994)、Tsumura Y and Tomaru N : Genetic diversity of *Cryptomeria japonica* using co-dominant DNA markers based on sequenced-tagged sites, Theoretical and Applied Genetics (1999)、Takahashi T *et al.* : Microsatellite markers reveal high allelic variation in natural populations of Cryptomeria japonica near refugial area of the last glacial period, Journal of Plant Research (2005)、三島賢太郎、秋田県立大学大学院博士学位論文

6. スギ葉緑体ゲノムの構造

　葉緑体は独自のゲノムを持ち，光合成や代謝活動に関わる多くの遺伝子をコードしている。近年，シーケンス技術の向上に伴い，多くの植物種で葉緑体ゲノムの全塩基配列が決定されるようになった。現在までにコケ植物4種，シダ植物4種，裸子植物5種，被子植物87種の葉緑体ゲノムの全塩基配列が決定されており，DDBJ/EMBL/GenBank といった国際塩基配列データベースに登録されている。さらに，全塩基配列が決定された葉緑体ゲノムについては遺伝子構成やゲノム構造について比較が行われ，それぞれの葉緑体ゲノムの特徴が明らかにされている。

◆スギ葉緑体ゲノムの特徴

　スギ葉緑体ゲノムの全長は 131,810bp であり，光合成や自己複製に関連する遺伝子が 116 個座乗している(図－1)。遺伝子構成について陸上植物6種(ユーカリ；*Eucalyptus globulus*，イネ；*Oryza sativa*，アジアンタム；*Adiantum capillus*，ゼニゴケ；*Marchantia polymorpha*，ソテツ；*Cycas taitungensis*，クロマツ；*P. thunbergii*) の葉緑体ゲノムと比較した場合，スギ葉緑体ゲノムではリボゾーマルタンパク質サブユニット遺伝子やトランスファーRNA 遺伝子の数に若干の違いがみられる。一方で，ゲノム構造はスギとマツを含む他の植物種間で大きな違いが認められ，IR の欠如や多くの構造変異を確認することができる。一般に，被子植物を中心とする葉緑体ゲノムの構造は，約 80 kbp の大単一配列（LSC; Large Single Copy）と約 20 kbp の小単一配列（SSC; Small Single Copy），さらに約 8 kbp－25 kbp の逆位反復配列（IR; Inverted Repeat）と呼ばれる領域に分けられるが，クロマツでは被子植物のような明確な IR 領域が存在しない。スギにおいても IR 領域の欠如はフィジカルマップの結果から示唆されていたが，スギ葉緑体ゲノムの全塩基配列が決定されたことで，IR の欠如が明らかとなり，針葉樹の葉緑体ゲノムでは明確な IR 構造がないことを支持している。葉緑体ゲノムの逆位反復配列はゲノム構造の安定性に関与すると考えられており，実際に明確な IR 構造を持つ被子植物では双子葉植物と単子葉植物間でわずかな構造変異しか認められず，IR を欠くクロマツでは多くの構造変異を有することが分かっている。スギ葉緑体ゲノムは被子植物とは勿論，クロマツとも大きく構造が異なっており，IR の欠如がゲノム構造の変異に強く関係していると考えられる。

◆スギ葉緑体DNAマーカー

　スギ葉緑体DNA中には比較的多くのSSR（Simple Sequence Repeat）領域が存在する。マツの葉緑体DNAと比較しても1塩基をモチーフとするSSR領域は約1.5倍多く，2塩基をモチーフとするSSR領域は約4倍多く存在する。このSSR領域をターゲットにして17個のSSRマーカー（1塩基モチーフのSSRマーカーが7個，2塩基モチーフのSSRマーカーが10個）が開発されており，幾つかのマーカーを組み合わせることで比較的高度な個体識別を行うことができる。これらのマーカーを利用することで，スギの花粉飛散および花粉流動に関する研究や集団遺伝学的研究にアプローチすることができる。

◆スギ葉緑体ゲノムの変異

　スギには「黄金スギ」という葉色変異体が存在する。この変異体は「斑入りスギ」とは異なり，当年葉が黄白色の形質を示し，この形質が徐々に緑色へと変化する。黄金スギと野生型のスギ葉緑体ゲノムとの間には21個の変異が存在し，中でも黄金スギの *matK* (maturase)遺伝子には19bpの挿入配列が存在する。この挿入配列はタンパク質の合成をストップさせるフレームシフト変異である。*matK* 遺伝子から合成されるMaturaseは，葉緑体DNA上にコードされている遺伝子のなかでもグループIIイントロンを持つ遺伝子のスプライシングに関与すると考えられており，黄金スギの葉緑体ではMaturaseタンパク質が正常に合成されず，遺伝子のスプライシングが正常に行われていないことが予測される。

　　　　　　　　　　　　　　　　　　　　　　　　　＜平尾知士／高田克彦＞

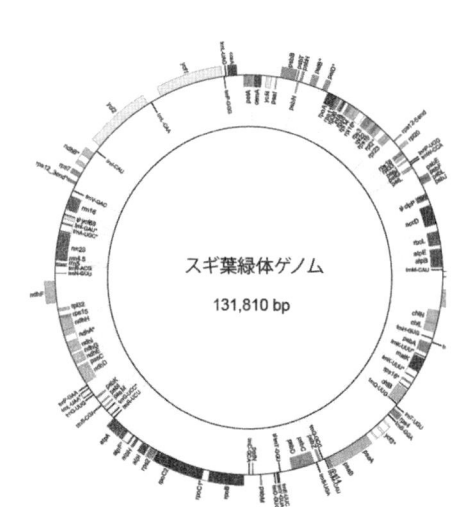

図1. スギ葉緑体ゲノムのゲノムマップ

スギ葉緑体ゲノム上には，4つのリボゾーマルRNA遺伝子，30個のトランスファーRNA遺伝子，21個の大小リボゾーマルタンパク質サブユニット遺伝子，4つのRNAポリメラーゼ遺伝子，48個の光合成関連遺伝子，さらに細胞膜合成やRNAスプライシングに関連する遺伝子が9つ座乗している。

【文献】Hirao T *et al.*, BMC Plant Biology, 8 (70), (2008)、Hirao T *et al.*, Current Genetics, doi:10.1007/s00294-009-0247-9, (2009)

7. 木造建築物のLCCO$_2$

◆LCA、LCCO$_2$とは

　あらゆる製品やサービスは、原料の取得→製造→加工→流通→消費→廃棄、という過程を経て、この世に生み出され、その一生を終える。この過程全体のことをライフサイクルという。木材をはじめとする各種製品は、ライフサイクルの各段階で様々な環境への負荷（燃料の消費による炭酸ガスの放出、水質汚濁・大気汚染などの環境汚染など）を直接的、間接的に発生させている。ライフサイクルアセスメント（LCA）とは、このような環境への負荷をライフサイクル全体にわたって評価する手法であり、①目的および調査範囲の設定、②ライフサイクルインベントリ分析、③ライフサイクル影響評価、④ライフサイクル解釈、⑤報告、⑥クリティカルレビューの6段階で構成される。具体的なデータ収集と計算の作業の中心部分を占めるのが②のライフサイクルインベントリ分析であり、ここでは、対象とする製品の製造、使用、廃棄に関して、投入される資源・エネルギー、生産される製品および排出物のデータを収集し、資源と環境負荷に関する一種の入出力表を作成する[1]。建設分野等のライフサイクルインベントリ分析における指標としてよく用いられるのがライフサイクルCO$_2$（LCCO$_2$）である。LCCO$_2$は、ライフサイクルにおけるエネルギー消費に伴って大気中に排出される二酸化炭素（CO$_2$）の排出量のことであり、地球温暖化の主な原因とされるCO$_2$に着目した分析を行う際に使用される。

◆木材のライフサイクルと炭素固定効果

　鉄、コンクリート等の建設材料が原料採取から材料製造、建設、廃棄の各段階でエネルギーを消費してCO$_2$を排出するだけであるのに対し、木材には原料の樹木が山林で生育している過程で、大気中のCO$_2$を光合成作用で固定するという段階が存在する。固定されたCO$_2$は、燃焼・生物分解等によって分解されるまでその体内に蓄積され続けるので、CO$_2$の排出を一定期間抑制することができる。また、木材は加工性に優れた材料であるため、材料製造時の消費エネルギーは他の材料よりも極めて少ない。表1は各種建設資材製造時のエネルギー消費量、および、その化石燃料をすべて燃焼させた際に大気中へ放出されるCO$_2$中の炭素量を示したものである。製材の炭素放出量が他の材料よりも極めて少ないこと、木材では、固定されている炭素量の方が炭素放出量よりも多いことがわかる。

表1. わが国の建設資材製造におけるエネルギー消費量と炭素放出量

建設資材		エネルギー消費量と炭素放出量 (輸送エネルギーを考慮せず)	
		エネルギー消費量 (kcal/kg)	炭素放出量 [kg-C/kg]
木材	製材	68,623(kcal/m³)	0.0078 -0.5 (炭素固定量)
	合板	433,794(kcal/m³)	0.0487 -0.496 (炭素固定量)
セメント		908	0.081 +0.144
鉄（粗鋼）		5,657	0.515
アルミニウム		10,528	0.616

有馬孝禮：「エコマテリアルとしての木材」より抜粋、日本建築士会、1994

　図2は、日本の平均的建築が使用する建築資材から排出されるCO_2量を構造種別により比較したものであり、木材の炭素固定効果をマイナスの排出量として加算している。木材を多用している木造建築は、他の工法と比較してCO_2排出量が少なく、また、建物全体で見るとマイナスの排出量となっていることがわかる。この結果から単純に考えれば、現在木造以外の工法で作られている建築物を木造に置き換えていけば、CO_2排出総量を抑制することができるだけではなく、都市の森林という形で建築

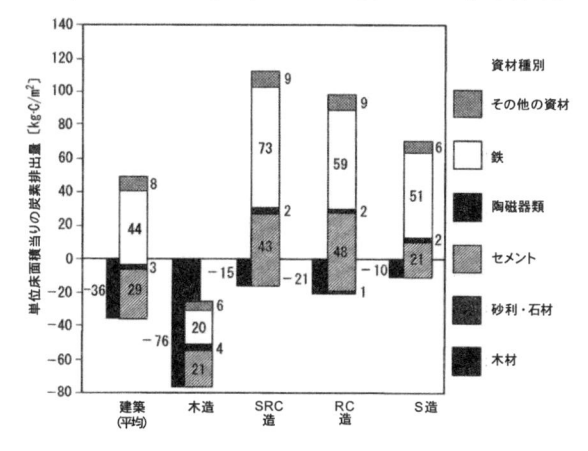

図2 建築構造別炭素排出量[1]
（木材の炭素固定量をマイナスの排出量とした場合）

物にCO_2を固定することが可能になる。ただしこれは、木材をある程度長期間使用することがその大前提であり、そのためには、木造建築物の耐用年数を伸ばすこと、および、解体後の材料を繰り返しリサイクル・リユースしていく仕組み、すなわち、カスケード型使用を可能とする仕組みを整えていくことが必要となる。　　　　　　　　　　　＜岡崎泰男＞

【文献】1) 井村秀文編著：建設のLCA、オーム社、2001、2) 有馬孝禮：エコマテリアルとしての木材、日本建築士会、1994

8. 木質構造物の寿命

◆木質構造物の寿命

　現存する世界最古の木質構造は、680年に建設された法隆寺金堂といわれている。また、法隆寺五重塔と薬師寺東塔はこの少しあとのもので、これらはいずれも建立後1,300年を経過している。

　日本の木造民家では、15世紀に建築された箱木家（兵庫県、農家）が最も古いものといわれている。日本全国にはそれ以降の建築物がかなり多く現存している。秋田県内では、鈴木家（羽後町）、土田家（矢島町）、嵯峨家（秋田市）、旧奈良家（秋田市）などの17～18世紀建築のものがあり、いずれも農家で、奈良家以外は現在も家人が居住している。したがって、「木造住宅寿命300年説」は決して誇張ではない。

　こうした木造建築が長持ちした最も大きい理由は、地震・台風・積雪といった外力に抵抗できる構造的特性が長い期間にわたって保持できたことである。すなわち、建築当初すでにその構造が一定の外力に抵抗できないようなものであれば、無論早い段階で倒壊したであろうし、また、かりに建設当初、十分な強度があったとしても時間経過に伴って構造強度が低下していけば、やはり長い間には使用に耐えなくなったはずである。

◆長寿命木質構造物での工法上の配慮

　このような木質構造では長寿命に対してどのような配慮がなされていたのであろうか。
　まず、材料は使用部位ごとに樹種を吟味している。構造を支える土台や基礎柱には、ヒノキ、クリなど、強度と耐久性の両者とも優れている樹種を使っている。これに対し、梁材は家屋の上部にあって十分乾いた状態になるため、腐朽の心配は必要ない。そこで耐久性には劣るが強度の高いマツ材が用いられている。

　構法では民家でよくみかけるように曲がった梁材をアーチ構造として使い、雪などの鉛直荷重にうまく抵抗している。仕口の部分では木材同士を組み合わせ、さらに竹小舞（たけこまい）と土による壁を形成することによって、地震エネルギーを吸収させている。住宅全体は礎石の上に乗っているだけであり、大地震時にはこの上でスリップすることによって免震効果を発揮している。高さ30mを超えるような高層建築である法隆寺五重塔などでは、現代の超高層ビルの考え方を先取りしたような、大地震でも倒壊しない制震構造になっている。

　構造用材料を長持ちさせるために、まず十分な通気が確保され、実用に耐えなくなった部

材を交換できるような工法になっている。たとえば、法隆寺金堂でも1,300年の間に大規模な修理・半解体・解体をあわせて4回、その他に部材・屋根材の取り替えなどを行っている。このことは他の建物についても同様で、民家の茅葺き屋根の場合では25年に1度くらいは葺き替えられているし、木材も、とくに水回り・外壁や土台付近の材料は必ず修理されている、といってよい。したがって、いわゆる伝統型構法でもまったく補修なしで300年も使用できるわけではない。

◆「伝統型構法住宅」と「最近の木造住宅」／木造住宅の「老朽化」

いわゆる「伝統型」と「最近」の木造住宅の相違点を表1に示した。最近の住宅は「耐震型」「高気密・高断熱型」指向を反映し、「開放型」から「密閉型」に移行している。このことは木材が「壁内」に配置される場合が多くなることを意味し、§9でも述べるように、木材の腐朽や木造住宅の構造的劣化を誘発しやすくなる。しかも、材料の点検や交換がしにくい構造になっているのであるから、気がついたときにはすでに手遅れの状態になっていることも多い。

この手遅れ状態の住宅を指して「老朽化住宅」と表現する人も多いが、この言葉の使い方は不正確である。「老朽化」を英語でいうと、superannated（= too old to work or use）、すなわち使用に耐えないほど古い、という意味であり、建物本体には問題が無くとも生活様式の変化に合わなくなったものも含めていることに注意してほしい。「劣化・老化（→§83、84）」とは少し異なった概念なのである。　　　　　　　　　　　　　　　　　　＜飯島泰男＞

表1.「伝統型」と「最近」の木造住宅の相違点

	「伝統型」の木造住宅	「最近」の木造住宅
住宅の考え方	開放型・風通しのよい家・夏向きの家・自然と共生・東洋思想的	密閉型・防火＋断熱構造・冬向きの家・自然を克服する・西洋合理主義的
材料	耐久性のある樹種が容易に選べた・土台クリ、ヒバ、ヒノキ、心材など	耐久性のある樹種が容易に選べない・ベイツガ、スプルースなど・防腐処理が必要
生活様式	内湯は少ない・水回りは土間か下屋部分に多く置かれた・機能性は悪い	浴室・台所・便所がすべて一体化・母家内にある・機能性重視
建築様式	和風・真壁造り・土台と柱は露出・木材が容易に乾燥	洋風・大壁造り・土台と柱は被覆・防水と雨仕舞いに頼る
構造形式	軒の出が深い・足固めを用いる・床下通風がよい・母屋が廊下で囲まれている	主構造部分に外周壁・軒の出は少ない・鉄筋コンクリートによる布基礎
耐震性など	外力から遮断または外力を吸収・柔構造	外力に抵抗・剛構造・金物を多く使用
点検・修理・部材交換	構造材が露出しているため容易・技術が体系化	構造材が被覆しているため困難・技術が体系化していない

9. 木質構造の耐久性

◆「最近」の木造住宅の耐久性を向上させるには

　最近の木造住宅では「高気密高断熱」志向のため、木材の耐久性が十分確保できず、また、維持管理することが困難な状況に陥っていることがある（→§8）。木造住宅が「25年で解体」というのは、その反映と思われるが、木材の資源状況を考えると、せめて樹木が育つに十分な50～80年くらいの寿命は確保したい。現在のように他国から樹木を収奪してきて、環境破壊につながるようなことをせずに、地域できちんとした循環系を構築できるからである。

　しかし、かといって伝統的な開放型住宅にすれば、初期の構造性能を維持するのは比較的容易であるが、積雪寒冷地では「人間の耐久性」の方に問題がでてくることになってしまう。そこで、住宅の初期性能が確保され、人間にとっても住み心地の良い住宅を維持するにはどのような工夫が必要か、考えてみたい。

◆「高気密高断熱」住宅の耐久性確保策

　「高気密高断熱」住宅の耐久性は、大略、次のようにして確保できるとされている。

　まず、大壁方式にして壁の中にグラスウールなどの断熱材を均一に充填する。つぎに、その壁の中に雨水などが浸入しないように、外壁側には防水性があって透湿抵抗の低い、内側には透湿抵抗の高い、フィルム状の材料を配置する。その施工の際には、配線・配管孔や釘孔などからの水分流入を避けるために、それらの孔や継ぎ目も極力ふさぐ。

　この方法は現場施工・工場生産いずれの施工方式でも基本的には同じである。各種材料の熱貫流率や透湿抵抗はカタログなどからひろい、住宅内外で想定される冬期の最大温度差を考慮して、計算上は露点が壁の中にこないようになされているはずである。さらに、念をいれるために外壁側に厚さ5cm程度の通気層が設けられる。これは、従来からの下見板貼の変形とも考えられ、外壁側の蒸気圧の低さや上昇気流を利用して壁中に浸入した水分を逃がすのである。その他の水分遮断策は、床下土壌からの水蒸気をやはりフィルムを使ってくい止めることである。

　以上の工法に使う木材が理想的に20％以下まで乾燥され、施工上のミスがなく、使用するフィルムの耐久性が十分にあれば、内部の木材が腐朽することは避けられるはずである。

◆現実の問題と今後とるべき対応策

現実の問題はどのようなところにあるだろうか。

まず、断熱材の挿入を手作業で行うため、断熱材と部材間の隙間や断熱層の破損などによって、均一な断熱性が確保できないおそれがある。このような場合、計算通りの壁性能にならず、部分的に内部結露が発生し、やがて壁全体の断熱性が低下する。また、通気層外側を囲った窯業系外壁材の防水性能はそれほど長続きせず、数年で低下していく。すると、雨水の浸入を許し、内部の桟木などの腐朽につながっていく。こうなると、壁全体としての耐久性確保策が成立せず、結局は、大壁内部の材料の腐朽へと発展する。

このほか施工後では、住宅外部と内部とを結ぶ接合用ボルトなどの金属類におこる「ヒートブリッジ (heat bridge、冷橋・熱橋ともいう、金属内に温度差による熱の移動)」の問題がある。すなわち、冬期間、屋外側の金属が外気によって冷却され、熱の移動によって住宅内部に露出した金属が冷えた状態になると、ここに結露が発生し、金属が錆びる場合がある。また、住宅設備の故障による水分供給の危険も無視できない。したがって、現状では、壁内部の腐朽を受けるおそれのある部分は、すべてなんらかの防腐処理などの耐朽性付与対策をしておくということになる。ただし、これも不完全になることが多い。

以上のことから、「最近」の住宅でもできうる限りの維持管理を考えないといけない。住んでいる人が比較的容易にできるのは、床下や屋根裏からの点検である。小屋組や土台表面を触って、濡れていないか、金槌などでたたいて異常な音を発しないかなどを2～3年おきにすることである。このとき、配管の故障の有無も確認する。また、§84に述べた判断材料をもとに、シロアリの攻撃も推測できるようにしたい。外壁は数年おきに塗装し直す程度の配慮がほしい。とくに開口部周辺や出隅入隅は厳しい条件におかれるので、こうしたところを重点的にチェックしておくことである。

壁内状況の本当の姿は解体してみないとわからない。最近ではサーモグラフなどの熱測定装置を駆使して、ある程度の見当をつける住宅メーカーもある。住宅の外側から熱貫流の状態を判断し、なんらかの異常があることが発見できれば対応可能である。そのためには、新築当時のデータをとっておく必要がある。

現在、音、熱、力などによる部材の劣化診断は実行可能であるが、住宅全体を非破壊的に診断できる決定的手段は、いまのところない。　　　　　　　　　　　　　　＜土居修一＞

10. 木材の流通と価格形成

◆これまでの木材流通

木材流通システムはかなり複雑である。

日本の木材関連事業所数は2万程度であるが、製造業と流通・販売業の数は、ほぼ同数である。製造業のうちではその85%が製材工場である。

住宅建築用製材の流通を一般的に示せば図1のようになる。国産材、輸入原木、輸入製材品の最近の比率はおおむね4:2:4である。

製材品のコスト構成比は、原木から製材した場合、直接経費45%、間接経費55%、製材品でそれぞれ33%、67%と、販売経費の過半は間接経費である。この構成比は国産材、輸入材にかかわらずほぼ同様で、国産材原木の場合、森林所有者に支払われるのは売価の10%に過ぎない。

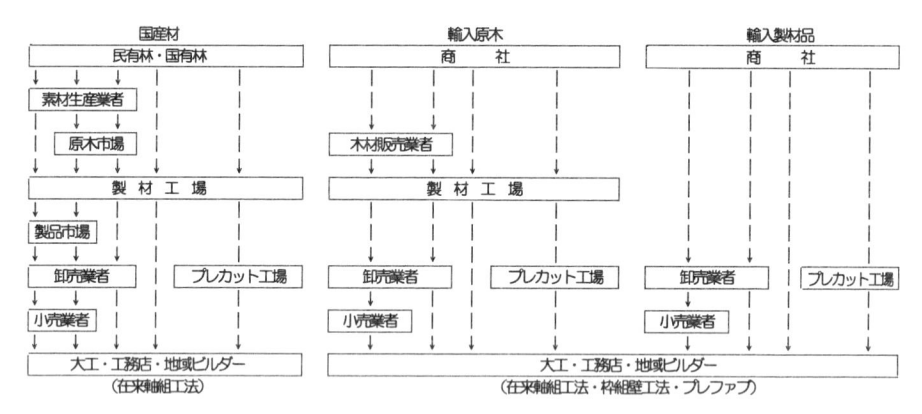

図1. 住宅建築用製材の流通経路の概略

◆木材の流通が変わった

1990年代初めの、いわゆるバブル経済崩壊以降、木材の流通が変わってきている。あらゆる商品の価格が下落するなかで、木材も永年続いてきた供給側主導の価格決定の仕組みやメーカーと流通業者の取引関係に大きな変化が生じてきた。

それまで日本の木材（とくに国産材製材）の価格は、メーカーから問屋・市売市場を経て販売店へと流れ、大工・工務店から施主へと供給されてきた。それぞれの段階では5〜10%の口銭（手数料）が取られ、利益が見込まれて、最終的に施主の元で提示される価格は、メ

ーカーの工場から出荷された時点のものよりも 30〜40%は上乗せされるのが普通のパターンであった。ただ、これも決して一律のものではなく、取引先業者の信用力や相互の力関係により口銭に幅があることはいうまでもないし、銘木などいわゆる「役物」の世界でもまた異なる仕組みがある。

しかし 1980 年代以降、在来軸組構法住宅の分野で急速に増えたプレカット工場がそのシェアを徐々に拡大し、木材加工分野の 80%を超えるに至った。とくに構造材を中心とした乾燥材の流通では、これまでの製品市場、問屋などを頭越しする量が一気に増大し、製材工場から直接、大工・工務店、地域ビルダーなど住宅生産者に流れるものが主流となった。

◆木材の価格

図 2 に最近 15 年間の木材価格の推移(丸太は原木市場価格、製材は JAS 構造用 2 級相当のいわゆる並材の未乾燥製品の卸売価格)を示す。

たとえばスギ柱材は未乾燥材で約 4 万円／m^3、105mm 角 3m 材で 1 本 1,300 円くらいであり、乾燥材ではその 1.5 倍、また役物(節・きずなどの欠点がきわめて少ない材)では並材の数倍の値段になる場合もある。ただし、建築時にはいろいろな加工がされ、実際に住む人にはこの 1.5 倍以上の価格で提供される。

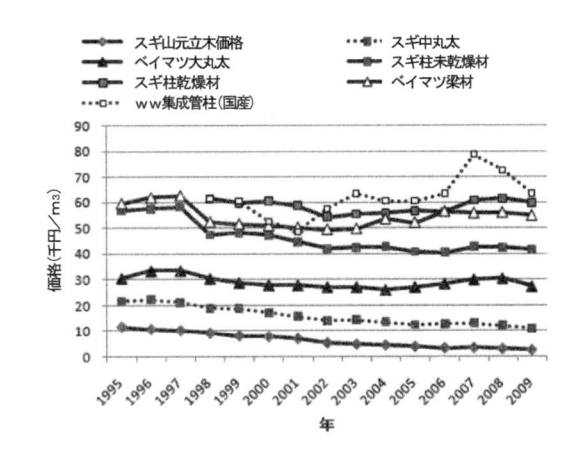

図2. 木材価格の推移

丸太価格は、秋田県の場合、60 年生スギの直径は高さ 1.5m の位置で約 40cm、1m 高くなるにしたがって直径は約 1.5cm ずつ小さくなるから、地際から上に向かって 4m ごとに切っていくと、順に直径 36、30、24、18、12cm の丸太が採材できる。したがって丸太総材積 1.3m^3 で、素材市場価格 12,000 円／m^3 での全体での売値は 15,600 円となる。40 年生なら胸高直径約 28cm、直径 26、20、14cm の丸太が 1 本ずつ、あわせて 0.5m^3 くらい、計 6,000 円となる。ただし、立木時の価格はその 50%以下である。　　　＜薩摩鉄司／飯島泰男＞

11. 木造住宅に使う木材量と価格

◆木造住宅に使う木材の量

　木造住宅にはいろいろな部材が使われている。最近の在来構法住宅での木材使用量に関する調査事例は少ないが、過去の事例では表1のようになっている。ここで事例1は関東圏を中心とした比較的小規模住宅の例、事例2は富山県での床面積118～297m^{2}の住宅11棟での平均値である。このように、部位別の木材使用量は住宅の規模、地域、構法によってもかなり差があるが、ごく大まかにいえば、床面積1m^{2}あたり0.17～0.2 m^{3}と考えられ、床面積100m^{2}の住宅での木材使用量は約20m^{3}となる。なお、枠組壁工法やパネル工法住宅における木材使用量は、在来軸組構法住宅より若干多いといわれている。

表1. 建築用木材の部位別使用量

名称	内容	事例1		事例2	
		木材使用量 (m^3／m^2)	構成比 (%)	木材使用量 (m^3／m^2)	構成比(%)
軸組	土台・柱・間柱・横架材など	0.098	56.3	0.099	50.5
小屋組	小屋梁・小屋束・棟木・母屋・たる木など	0.015	8.6	0.025	12.8
屋根	下地・破風など	0.030	17.2	0.032	16.3
床組	大引・床束・根太・床下地・火打梁など	0.013	7.5	0.025	12.8
床	床仕上げなど	0.012	6.9	0.008	4.1
天井	吊り木・ボード類など	0.005	2.9	0.005	2.6
階段	側板・段板など	－	－	0.002	1.0
合計		0.174	100.0	0.196	100.0

1)：上村の調査(1975)による、2)：大森の調査(1983)による

◆木造住宅工事費の構成

　木造住宅工事費の構成は物件によってかなり異なる場合があるが、阿部の資料（「木材活用事典」）によれば、全体に占める比率（%）はおおむね以下のようになっている。

　1)建築本体工事（73.9）：仮設・基礎（8.6）、木工事（35.4）、屋根・板金・左官（10.8）・建具（10.6）、内外装・塗装ほか（8.5）

　2)設備（20.1）：住宅設備（7.0）、衛生・給排水（8.8）、電気（4.3）

3)経費（6.1）

以上のうちの「木工事」には材料費のほか、大工手間・金物・その他が含まれている。では、この木工事費の内訳はどうなっているのであろうか。

表2. 木造住宅の木材価格構成試算例

	使用量 (m^3/m^2)	材料単価 (円／m^3)	金額 (円／m^2)	構成比 (%)
構　造　材	0.14	60,000	8,400	48.3
下　地　材	0.02	50,000	1,000	5.7
造作・仕上げ材	0.04	200,000	8,000	46.0
合　　　計	0.20	—	17,400	100.0

まず、構造材、下地材、造作・仕上げ材の材積比率は、7：1：2 程度である。そこで、使用木材の単価を想定して概算してみると、表2が得られる。試算では、木材価格は m^3 あたりの平均単価で87,000 円、建築 m^2 あたりで換算すると 17,400 円（坪当たり 57,400 円）となる。釘・金物類は 6kg／坪から 2,400 円／坪で、あわせて、材料費は 59,800 円／坪である。もちろん、材料単価や使用量によってこの数字は大幅に変動する。

一方、住宅全体の価格を坪当たり 50 万円とすると、木工事費は 35.4％から 177,000 円／坪であり、これから材料費を除いた 117,200 円が大工手間（5 人工／坪程度といわれている）と諸経費である。したがって、木材価格は全体工事費の約 10％、木工事費の 1／3 を占めるに過ぎない、ということになる。

逆にいうと、構造材・下地材を十分乾燥させる（→§70、71）ことによって、木材単価が m^3 あたり 10,000 円高くなったとしても、坪当たり 5,000 円の増加にしかならないのである。

◆非木質系住宅における木材使用量

アパート・マンションなどの非木質系住宅における木材使用量に関するデータは不明である。しかし、工事費に占める「木工事」は 7～8％、「木製建具」は 3％であり、材料費をその 1／3 とみると、総工事費の 3％程度（坪 70 万円として、6,400 円／m^2）が木材価格となる。これらの大部分は造作・仕上げ材と一部下地材が含まれているものと思われるため、平均単価を 150,000 円／m^3 と考えると、0.04m^3／m^2 程度の使用材積と想像される。

<飯島泰男>

12. 化学加工された木材が燃えるとどうなるのか？

◆地球環境と木材

大気汚染、水質汚濁、ゴミ問題など、環境保護意識の高まりとともにさまざまな課題が提起されている。こうした状況下で、廃棄物処理の問題と関連して「接着あるいは化学加工した木材を燃やせば、有害物質を放出して環境に悪影響を与える」との認識が強いのではないだろうか。その理由は「天然物である木材は燃やしても安全だけれども、プラスチックや無機化合物などを使って二次加工した木材は、ダイオキシンや重金属汚染の源になる」といった「天然物＝安全」・「プラスチック＝有害」という単純な認識をしているからだと思われる。

プラスチックの焼却処理の問題点を整理すると次のようになる。

1) プラスチックを焼却炉で燃やすと高温になり、焼却炉の部材を熱劣化させ、クリンカー（炉への付着物）が発生しやすい。

2) 有害ガスが発生し、焼却炉が腐食される。塩素を含むものはダイオキシンの発生の心配がある。

3) プラスチックの安定剤や防腐薬剤として使われる重金属が、排水や汚泥中に堆積されるのではないか。

現在、上記のような問題点は、適切な焼却設備を設置し運転することでほとんどが解決できている。したがって、接着あるいは化学加工した木材も適切な条件や設備で焼却すれば環境上問題になることはない。

◆木材の燃焼

木材の加熱を続けると熱分解によって、水蒸気や二酸化炭素のような不燃性ガスと一酸化炭素、メタン、エタン、水素、アルデヒド、ケトン類、有機酸のような可燃性のガスを発生するようになる。ある文献[1]では、トウヒ材の加熱発生物によって、ラットの死亡をおこす最低温度は350度であったとの報告がある。このように木材も、焼やせば有害物質を発生する源になる。

最近、ダイオキシン類が発生するとの認識から、学校の焼却炉の撤去、「どんど焼」などの伝統行事を取り止めなどを行うことがある。ダイオキシン類の発生は、混入している塩素系のプラスチックが燃えることにより発生するのであって、紙屑、竹、藁などの燃焼が主原因ではない。たとえ紙屑が塩素系薬剤で漂白した白い紙ばかりだとしても、その発生する量は

僅かであると思われる。ただし、この「僅か」を影響が「ある」とみるか「ない」とみるかは議論の分かれるところではある。ただ、プラスチックを分別する手間を惜しんで伝統行事を絶やすことがないよう望みたい。

◆接着剤の焼却

多種多様な合成高分子系の木材接着剤が使われているが、適切な条件で焼却を行えば環境上問題になるものはない。しかしながら、たき火や簡易炉での焼却のように低い燃焼温度でくすぶらせてしまえば、有害ガスや黒煙を発生する接着剤が存在する。ポリウレタン樹脂やメラミン樹脂のように窒素を含むものでは、シアン化水素やアンモニアが発生し、窒素酸化物も多く発生する。またフェノール樹脂ではホルマリンの発生が考えられる。これら有害物の発生量は、燃焼温度や酸素濃度などによって大きく影響を受ける。集成材やパーティクルボードなど接着剤で貼り張り合わせた木材をそのまま燃やせば、木材の炭化層が断熱材として作用するかもしれない。このとき、接着剤自身はどのような燃焼挙動をし、有害物の発生がさらに増えるのか減るのか、明らかでない。

◆化学加工木材の焼却

寸法安定性や防腐性能の付与、強度の向上などを目的にさまざまな化学的処理（→§85、87）が行われる。そして、そのための処理薬剤も、目的や機能に応じて色々に使い分けられる。使用する薬剤の種類や特性について一言ではいいあらわせないが、焼却処理の面から考えると、すべての薬剤は適切な設備と処理条件を適応すれば、接着剤と同様、環境に悪影響を与えることはない。しかしながら、この場合も問題になることは、知識のないことによる安易な焼却である。近年、1960年代の後半から多量に生産されたCCA処理木材が、まとまった量で排出されようとしている。たき火などを行えば、当然のことながら銅やクロムは灰分中に残存し、ヒ素はその多くが大気中へ飛散する。

以上のように、接着や化学加工を施した木材でも適切な処理さえ怠らなければ、取り扱いに困ってしまう廃棄物とは決してならない。現状をみてみると、接着剤を用いた柱（集成材など）は高気密高断熱住宅の建設資材としてなくてはならないものになっている。この住宅は冷暖房効率がよく、化石資源の消費を大いに抑制するメリットをもつ。盲目的に「天然物＝安全」・「プラスチック＝有害」との認識だけから、化学加工木材の使用を否定することは改めないといけない。

＜栗本康司＞

【文献】1) G.Kimmerle,Ann.Occup.Hyg.,19,269 (1976)

13. 木質バイオマスエネルギー

◆木質バイオマスエネルギー化の意義

　現代社会におけるエネルギー源の主役は、石油や石炭などの化石燃料であるが、これらは使い続けることによっていずれは枯渇する「有限燃料」である。したがって、人間社会が文明を発展させ続けていくためには、化石燃料を代替するエネルギーを創出することが不可欠である。世界的に見て木質バイオマスの賦存量は膨大であり、資源として持続可能（再生可能）であるから有力な代替エネルギーのひとつである。また、木質バイオマスを構成する元素の50％ほどは炭素であるため、エネルギーとして使用すれば二酸化炭素は発生するが、植林など適切な森林の再生を行えば、炭素は再び木材成分として固定される。つまり、数十年のスパンで見ると大気中二酸化炭素の増減がない、いわゆるカーボンニュートラルなエネルギーということになる。

◆木質バイオマスエネルギー変換技術の分類

　木質バイオマスのエネルギー変換法は、大別して図1のように、直接燃焼、熱化学変換および生物化学変換の3種類に分類できる。

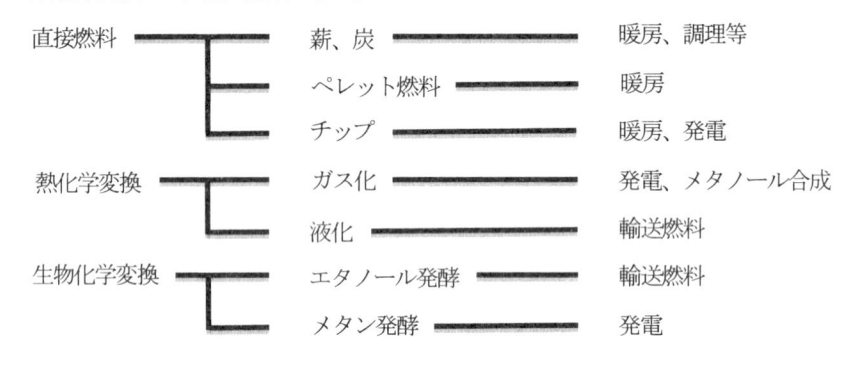

```
直接燃料 ─┬─ 薪、炭 ───────── 暖房、調理等
         ├─ ペレット燃料 ───── 暖房
         └─ チップ ────────── 暖房、発電
熱化学変換 ─┬─ ガス化 ───────── 発電、メタノール合成
           └─ 液化 ─────────── 輸送燃料
生物化学変換 ─┬─ エタノール発酵 ─ 輸送燃料
             └─ メタン発酵 ───── 発電
```

図1　木質バイオマスのエネルギー変換技術の分類

　(1)薪・炭：　木は有史以前から人類の暖房・調理等に用いられてきた燃料であり、その最も直接的な使用法が薪としての燃焼である。また、炭は木質バイオマスを熱化学変換により炭化したものではあるが、古くから用いられてきたため木質バイオマスエネルギーとしては薪と同列に扱われることが多い。現代の日本では燃料としての薪・炭の需要はごく限られて

いるが、世界的にはいまだに切り出される原木の半分ほどは薪・炭用である。また、近年炭は燃料ではなく、吸着材や調湿材として用いられる割合が増加してきている。

(2)木質ペレット：　木質ペレットは粉砕した木質バイオマスを圧縮成型した小粒の円筒形燃料で、一般的に長さ10-20 mm、径が6-12 mmである。圧縮されているためチップなどよりもエネルギー密度は高く、ペレットストーブやペレットボイラーの燃料として用いられる。実用化されたのは1970年代であるが、地球環境問題などによって1990年代ころから再び注目され、わが国でもペレットストーブが普及しつつある。

(3)木材チップ：　木材チップは木材を機械的に破砕して小片にしたものである。多くは製紙用原料として使用されるが、ボイラー用燃料としての需要も多く、得られた蒸気は暖房や発電などに利用される。チップ焚きのバイオマス発電施設の多くは木材加工工場や製紙工場に隣接して設置され、電力および熱（水蒸気）を供給している。

(4)ガス化：　木質バイオマスを熱分解によってガス化し、そのガスを発電やメタノール合成に利用する手法である。ガス化の方法は直接的ガス化と間接的ガス化の2種類に大別できる。前者は木質バイオマスに着火して蒸し焼きにする方法、後者は外部から加熱し水蒸気などと木材を反応させてガスを生成させる手法である。いずれのガス化法でも得られる燃料ガスの主成分は一酸化炭素、水素およびメタンなどの炭化水素である。

(5)液化：　通常木材の液化は、触媒を加え、高温高圧下で行われる。液化した木材にさらに化学的処理を施して重油状のオイルを分取する。この重質油は輸送用燃料などとして利用される。このほか液化木材は生分解性高分子の原料としても期待されている。

(6)エタノール発酵：　木材の主成分であるセルロース、ヘミセルロースはデンプンと同じく多くの糖がつながった多糖類である。これら多糖類に化学的または生物的処理を施してグルコースなどの単糖とし、さらに酵母等を用いて輸送燃料用エタノール、いわゆるバイオエタノールを製造することができる。ショ糖やデンプンの供給源であるサトウキビ、トウモロコシ、小麦などとは異なり、木質バイオマスの利用は食料や飼料の供給を圧迫することはない。

(7)メタン発酵：　木質バイオマスを酵母等の微生物によって発酵させ、メタンを生成させる手法である。生成したメタンは発電用燃料や有用化学物質の合成原料として利用される。生ゴミ、汚泥、家畜排泄物を原料としたメタン発酵は発電などで実用化されつつあるが、木質バイオマスのメタン発酵については研究開発段階である。　　　　　　　＜山内　繁＞

14. 快適な教育環境と木材

　1日のうち多くの時間を学校で過ごす子どもにとって、学校が快適で過ごしやすい環境であることは、心身の健やかな成長を図る上で必要不可欠である。様々な建築材料の中で、木材は断熱・調湿性などの物理的性質が日本の気候風土に適していること、見た目・肌触り・香りが日本人の感性に合っていることなどから、子どもの教育環境にふさわしい材料といえる。加えて、地球環境問題に対するエコスクールの推進、林業および木材産業の振興などから、近年では教育環境への木材使用が注目されている。

◆教育環境への木材使用の推移

　戦前の日本では、木造校舎が主流であった。しかし、戦後は校舎の不燃化、耐震性の向上、量的整備の必要性、木材資源の保護などから多くは鉄筋コンクリート造で建設された。このような社会背景の中で木造校舎の建設が再び行われるきっかけとなったのは、昭和60年に文部省から出された通知「学校施設における木材使用の促進について」である。その後、「木造建築の補助単価の引き上げ（昭和61年）」、「木造の国債事業の拡大（平成12年）」、「エコスクールパイロット・モデル事業の拡充（平成14年）」などの施策に加え、教育環境への木材使用の有効性に対する再認識や木質構造に関する研究・開発の進展により、木材を使用した校舎は徐々に増加している。平成20年度には公立学校施設における全整備面積の10.3%が木造で整備され、新増改築を実施した公立非木造学校施設の49.2%で内装木質化が行われている[1]。さらに、平成22年7月に「公共建築物等における木材の利用の促進に関する法律」が施行されたことで、教育環境への木材使用の更なる増加が期待されている。

◆木材を使用した校舎の教室内環境　―秋田県能代市での調査事例について―[2]

　室内の温熱・空気環境を良好な状態に維持することは、人の健康と安全を保ち、快適で過ごしやすい環境とする上で重要なことである。教室内の温熱・空気環境については、学校保健安全法の「学校環境衛生基準」により維持・管理基準が定められている。

　木造・非木造校舎を対象に冬期（1～2月）の子ども在室時における教室内の気温分布を調べたところ、木造校舎は他の校舎と比べて教室内の気温が均一に保たれていた（図1）。また、教室内の「あたたかさ（全身温冷感）」についてアンケートを行ったところ、木造と内装木質化鉄筋コンクリート造の校舎は鉄筋コンクリート造校舎と比べて寒さを感じている割合が少なく、あたたかく感じられていた。以上のように、木材を使用した校舎は温熱環境や人の感

じる「あたたかさ」の面において、過ごしやすい環境が形成されていることがわかった。

冬期の教室内は暖房機器の使用と換気不足により空気の汚れも問題となる。換気不足により教室内の二酸化炭素濃度が高くなると、集中力の低下や眠気の誘発に繋がる可能性がある。木造・非木造校舎を対象に冬期の子ども在室時における教室内の二酸化炭素濃度を測定したところ、木造校舎は他の校舎に比べて低く、学校環境衛生基準で定められている 1500ppm 以下であった。教室内の二酸化炭素濃度と空間条件から算出した換気回数についても、木造校舎は必要とされる換気回数を満たしていたのに対し、他の校舎ではその半分も満たしていなかった。また、教室内空気の揮発性成分を分析したところ、内装に木材を使用した校舎では落ち着きを与え、鎮静作用のあるスギ材などの木材由来の香り成分が確認された。以上のように、木造校舎は空気環境の面においても教育環境として適していることがわかった。

木材を使用した校舎の教室内環境に関する多くの調査・研究から、温熱・空気環境や人の心理面において木材を使用した教室の快適さや過ごしやすさが明らかになってきている。加えて、近年では人の生理面を測ることで木質空間の居住性を解明する研究が進められつつある。これまで用いられてきた心理指標と生理指標（神経系、内分泌系、免疫系）を同時に測定し、木質空間の居住性を客観的に示すことは、木材を使用した教育環境の快適さや過ごしやすさを明らかにし、木材のもつ特徴を生かした教育環境を造る上で、重要な意味をもつのではないかと考えられる。

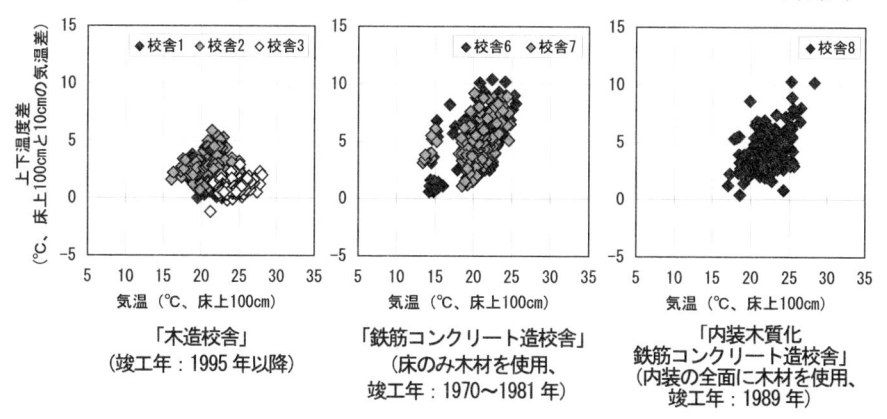

<＜木村彰孝＞

図1　冬期（1～2月）の子ども在室時における教室内の気温分布[2)]

「木造校舎」
（竣工年：1995年以降）

「鉄筋コンクリート造校舎」
（床のみ木材を使用、竣工年：1970～1981年）

「内装木質化鉄筋コンクリート造校舎」
（内装の全面に木材を使用、竣工年：1989年）

【文献】1) "こうやって作る木の学校 木材利用の進め方のポイント、工夫事例"、文部科学省・農林水産省、1-4（2010）　2) "米代川流域エリア産学官連携促進事業研究成果報告書"、(財)秋田県木材加工推進機構、47-57（2009）

15. 無駄のない木材の利用 －ゼロエミッション

◆ゼロエミッション

　森林資源は再生可能資源であり、持続可能資源である。しかし、この資源を持続可能とするためには、利用（消費）と再生（植林）がバランスよく行われることが必要である。その鍵になるのが木材を無駄なく使う技術である。木材の優れている点は、全体としても、また、成分としても利用できることと、その原料の品質に応じて適切な用途があること、である。この点をいかせば、木材は無駄なく利用することができる。

　ところで、近年、環境用語として「ゼロエミッション」という言葉が用いられるようになった。ゼロエミッションという用語は1995年から国連大学によって提唱されたもので、廃棄物（エミッション）をゼロにし、資源を無駄なく利用することにより、地球環境への負荷を限りなく低減するということ意味している。最近、製造業では、Recycle（再生利用）、Reuse（再利用）およびReduce（廃棄物の削減）の3つのRが目標とされ、これにより環境への負荷が低くなり、ゼロエミッションが達成できることになる。ゼロエミッションプロセスの開発は、広い産業分野において試みられている。しかし、ゼロエミッションの達成には、省エネルギー、省資源、再生利用、廃棄物利用、環境保全などの基本技術の集積が必要である。後述するように、木材の利用においてもこの原則が適用できる。

◆木材の利用におけるゼロエミッション

　木材に由来する廃棄物（低利用・未利用物も含めて）は多様である。林地では枝打ち材、間伐材、腐朽木、落枝など林地残材が発生する。また、製材あるいは建築過程では、端材、おが屑、かんな屑などが、さらに、利用を終わった建築からは解体材が発生する（口絵写真29）。

　これら木材の木質系廃棄物の利点は、その品質に応じて再利用することができるということである。すなわち、低品質の材や廃材は破砕、解繊、粉砕などの機械的な処理を経たのち、繊維板（ファイバーボード）、パーティクルボード、OSB（配向性ストランドボード）など種々の形態の素材に加工することができる。また、セメントを混和したセメントボードなど、木質以外の素材を混合した複合材料に加工することも可能である。このような再利用の形は水路が何段もの滝を経ながら下流に下るのに似ているので、カスケード型利用といわれる。しかし、材料の再生利用を繰り返すと、最終的には材料への再利用が不可能となる。この場

合、燃焼によるエネルギーへの変換や熱処理を行って炭に変換する方法が究極の姿になる。

　エネルギーへの変換には、直接燃焼、ガス化、液化など、種々プロセスやそれを構成する設備（ボイラー、発電機など）が開発されている。今後、木質系の廃棄物を原料にする発生したエネルギーを電力と蒸気に同時に変換するコジェネレーション型のエネルギー生産が活発になると考えられる。また、木質系の廃棄物からは、生物的な処理を加えてコンポスト化することも可能である（→§93）。

　一方、廃棄物を化学物質に換えるプロセスも可能である。最も可能性の高い物質はセルロースを主成分とするパルプや紙である。また、熱分解によりメタノールやジメチルエーテルを生産し、これを動力用の燃料とする研究も行われている。さらに、セルロース成分が十分にあれば、発酵によりメタンガスやエタノール（アルコール）を生産し、エネルギーを獲得することも可能である。解体材から生産されたアルコールは既に試験的に販売されている。

◆消費型社会から循環型社会へ

　2000年6月に施行された循環型社会形成促進基本法は、ゼロエミッションの概念が現実の施策に反映されたものといえよう。この法律でいう循環型社会とは、①廃棄物などの発生抑制、②循環資源の循環的な利用および③適正な処分が確保されることによって、天然資源の消費を抑制し、環境への負荷ができる限り低減される社会と定義されている。また、この法に加えて、廃棄物処理法や再生資源促進法などの改正や資源有効利用促進法の制定が行われた。

　さらに、安定的で適正なバイオマス利活用が行われる地域の育成を図ることを目的として、2006年に「バイオマスタウン構想」が策定され、これまでに300に近い市町村が構想を発表している。これらの構想にににおいては、木質系の廃棄物系バイオマスの効率的利用が中心となっている。

　このような各種の施策により木質資源の有効利用が促進され、二酸化炭素の発生の抑制が加速されることが期待される。　　　　　　　　　　　　　　　　　　＜栗原正章＞

16. これからの森林資源利用を考えるために

◆森林認証制度

　1992年、持続可能な森林経営について「国連環境開発会議（地球サミット）」が行われ、さまざまな行動提案がされている。その後、国際的なNGO（非政府組織）であるFSC（森林管理協議会）では持続的に木材資源が収穫できることだけでなく、生物の多様性の保全、災害防止への貢献、地域社会への長期的・多面的な貢献等への配慮を含めた、森林経営に関する一定の基準、規格をつくり、これを満たす森林またはその組織等を認証（「FM認証」という）する制度を創った。認証面積は1996年の2,450千haから2009年3月現在、約106,835千ha、うち日本は270千haになっている（引用データ出典：藤原敬氏ホームページ「持続可能な森林経営のための勉強部屋」、http://homepage2.nifty.com/fujiwara_studyroom/）。

　さらに、その森林から生産された木材・木材製品の加工・流通過程において環境に対する一定の基準を満たす製品に対する認証制度（「CoC認証」という）もあり、認証製品にはラベルが貼付されている。2010年の採択件数は日本国内の大企業を含め1000件以上である。

　森林認証制度としてはこのほかに、FSC同様の国際NGO組織が行っているPEFC、および日本の林業団体や環境NGO等によるSGEC（緑の循環認証会議、Sustainable Green Ecosystem Council）が発足している。SGECは人工林が多く零細な森林所有者が多いという日本の実情に応じた森林認証制度であり、2003年に創設され、2010年3月現在、356団体、819千haの森林が認証されている。

◆ISO環境ラベル・グリーン購入法

　エコマーク製品（エコの意味は§136参照）とはライフサイクル全体を考慮して環境保全に資する商品を、リサイクル製品の「価格が経済的」「流通市場が育成されている」「品質が保証」「情報の提供が十分」であることの4項目よって評価・認定され、表示された製品である。対象は幅広く、商品の類型ごとに認定基準が設定されており、国際標準化機構の規格ISO14020およびISO14024（環境ラベルタイプⅠ）に則って運営されている。木材に関係するエコマーク製品には林野庁「木材・木材製品の合法性、持続可能性の証明のためのガイドライン」に従っていることが求められている。しかし「エコマーク」は「世界的みて環境保全に資すること」になっていればよいのであるから、「環境によいものを世界中から、値段さえ折り合えば、買い集めるのが正しい」ということになりかねない。

なおISOの環境ラベルにはISO14025に基づいた「環境ラベルIII」というのがある。これは企業等の製品やサービスの環境影響を定量的に表示する方法に一定の基準を与え、LCA（ライフサイクルアセスメント）手法の適用、比較可能な環境ラベルの奨励、独立した検証システムの導入などを企業等に求めることで、信頼性の高い表示を促進することを期待して制定されたもので、2008年にJIS Q 14025として国内規格化された。

2000年5月「環境物品調達推進法」、いわゆるグリーン購入法が成立した。これは国の各機関や都道府県・市区町村、事業者、消費者のそれぞれが、環境物品など（エコマーク商品などの環境保全型製品やサービス）を調達（購入）することにより、「環境にやさしい」いわゆる「環境保全型社会」をつくることを目的としている。そして、国、都道府県等では、毎年度、環境物品等の「調達方針」を作成・公表し、調達推進しなければならないことになっている。また、事業者・国民はできる限り、環境物品等を選択するよう要請している。

なお、スイスでは木材製品を「スイスのFSC材もしくは隣接諸国のFSC材」「ヨーロッパのFSC材」「他の世界のFSC材」「スイス、隣接諸国・ヨーロッパの非FSC材」といった区分を設けて表示し、消費者がそれを購入の判断基準にする、という方法を採用している。

◆温室効果ガス削減に向けて

1997年12月に京都での「気候変動枠組条約第3回締約国会議」（COP3）で、先進国および市場経済移行国の温室効果ガス排出の削減目的を定めた「京都議定書」が採択された。ここでは「21世紀以降、地球温暖化問題に対し人類が中長期的にどのように取り組んでいくのか」という道筋の第一歩が定められ、日本を含む先進国では、各種温室効果ガス総排出量を2008年から2012年の間までに1990年の少なくとも平均5.2%（日本は6%、ただし1997年時点ですでに1990年時の10%増になっている）削減することとしていた。その後の数回のCOP会議を経て、森林による二酸化炭素の吸収を目標達成に加味することとなり、2002年5月、日本は京都議定書の批准国となることを正式に決定した。2010年までにCOP会議は15回、その作業部会は13回行われ、全世界温室効果ガスの削減に向けて国際的な合意形成が進められている。

建築分野は日本の総エネルギー消費量の1/3を占めている。日本建築学会は1997年「地球環境行動計画」以降、「地球環境・建築憲章」の策定（2000年）などいくつかの提言を行っているが、2009年には日本木材学会も含む建築17団体が「建築関連分野の地球温暖化対策ビジョン2050 －カーボン・ニュートラル化を目指して－」を発表している。

<飯島泰男>

17. 木材についての誤解・勘違い

◆ええっ？

　木材・木質構造についての一般書や教科書を読んでいると、ときどき「ええっ？」と思ってしまうような表現によく出くわす。いい伝えなどに基づいた誤解・未確認事項、新発見によって認識の変わったものなど、いろいろである。それらいくつかについて書いておこう。

◆木は生きている

　「木は生きている」というのは誤解を招きやすい表現である。

　「生きている」を生物学的に難しくいえば、細胞内で「原形質流動」をし、自己増殖（細胞分裂）や呼吸（厳密には外呼吸、内呼吸、酸化的なエネルギー獲得など）を行っているもの、ということになる。この点でいうと、樹木中で生命活動をしているのは、形成層や成長点、それに辺材部分にある柔細胞など一部の細胞だけにすぎない。つまり木材は、立木のときでも、すでにほとんどが「死んだ」細胞の集合体なのである（→§19〜22参照）。

　ただ「生きている」にはもうひとつ、「生命のあるもののように作用している」という意味があり、これを前提に「木は生きている」に類した話がされると、混乱をおこす可能性が高い。よく聞くのは「木は呼吸している」といういい方である。これを木材学的な観点からいえば、おそらく、木材の持つ調湿機能（→§132）のことを表現しようとしているのだろうと思う。このとき、もし「木材が空気中の水分を吸ったり吐いたりしている」といえば間違いではない。しかし「呼吸」と明言すると話は別で、これを文字通り解釈する人、さらには、樹木の光合成（→§77）のことと混同して「住宅に使う壁や柱が炭酸ガスを吸って、酸素を吐き出している」などと思いこんでいる人も実際にいた。呼吸しているようにも見える「調湿機能」は、木材細胞が死に、その後、細胞中の水分がほとんどなくなったとき、より正確にいえば、ほぼ平衡含水率条件（→§63）に達したとき、初めて発揮されるのである。

　「木はもともと生きていた」というのは事実であるから、話がますます混乱するのだろう。

◆千年生きた木で造った建物は千年もつ

　これもよく使われる表現である。最近出版されたある本では「樹齢百年の木なら百年以上もつ」と書かれていた。こうした本を読んでいると、一般の方はなんとなく納得させられてしまうかもしれないが、このような、やや「神がかった」ようないい方は、科学的には不正確なのである（→§8、9、83）。確かに、樹木は樹齢の増加に伴い、材内の未成熟材部率（→

§21）が減り、心材率（→§22）が増えるわけであるから、若齢木（じゃくれいぼく、とくに定義はないが、ほぼ30年生以下の若い木）では、高樹齢のものより強度や耐久性の面で材質的に劣る、とはいえるかもしれない。しかし、建築物になってしまった木材の耐久性は、使用された樹木の樹齢そのものではなく、材料が材中のどこから採材されたか、どのような使い方がされたか、によって大きく変わるのである（→§9、114）。

◆硬木・軟木／外長樹・内長樹

　広葉樹と針葉樹は、英語ではそれぞれ「hardwood」、「softwood」である。これらをそれぞれ「硬木（硬材）」、「軟木（軟材）」と直訳されているのをよく見かける。しかし、英語がすでに不正確、といった方がよいかもしれない。「hard」と「soft」を密度の大小とみなすなら、確かに針葉樹の方が広葉樹に比べて密度の小さいものが多い。だが、イチイやマツのように重い（気乾密度500kg/m³程度）針葉樹もあるし、国産材で最も軽いキリ（気乾密度300kg/m³程度）は広葉樹である（→§26）。

　以上の「硬木・軟木」は英語の直訳であるから、ある程度の見当はつく。しかし、建築材料の教科書にある「外長樹・内長樹」には面食らった。読むと、針葉樹・広葉樹を総称して外長樹、シュロ・ヤシ・竹などが内長樹と書いてある。つまり二次肥大成長（→§18）の有無でこうした分類を設けているようなのである。しかしこの言葉、植物や木材関係の書物ではみかけたことがない。何か、外国語の直訳なのだろうか、気になる。

◆まだあります

　「山で道に迷ったら、切株の年輪をみなさい。太っている方が南。なぜなら、南側の方の日当たりがいいから」というのも誤解。この件、いつもいつもそうとは限らない。切株が傾斜地にあったら用心した方がよい。林木の地際部では、ブナなどの広葉樹なら尾根側に、スギなどの針葉樹なら谷側に、方位に関係なく太っていることが多い。これは広葉樹と針葉樹ではあて材を形成する部位が異なるからである（→§24）。

　間違い探しをもう1つ。宮崎駿監督の名作アニメ「となりのトトロ」の1場面。夜中にさつきとメイがトトロと一緒に大地に足を踏ん張って伸び上がると、それに呼応するように種から芽が飛び出し、樹がぐんぐん天に向かって伸びていく。とても感動的な場面である。でもこの場面、何かおかしくはないだろうか。よく見てみると樹はすべての部位で高さ方向に成長している。本物の樹で高さ方向に成長するのは樹や枝の先端部分だけ（→§20）。夢の中のお話ではあるけれど、あの成長の仕方は違う。　　　　＜飯島泰男／小泉章夫／高田克彦＞

松枯れを防げ！ 保安林保安機構

　最近、秋田県北部でも大規模な松枯れが見られるようになってきた。これらは俗に言う「マツクイムシ」によるアカマツ・クロマツの枯死であるが、「マツクイムシ」という虫は存在しない。これらの松枯れの直接的な原因はマツノザイセンチュウ、体長1mmに満たない線虫である。彼らはマツの樹脂道に進入しマツの樹勢を急激に衰えさせ、ついには枯死させてしまう。一方で、マツノザイセンチュウは独力で他樹に感染することはなく、伝搬はマツノマダラカミキリという甲虫によりなされる。マツノマダラカミキリは、枯死したマツを産卵・幼虫養育の場としているのであるが、それらを含めた活動の中でマツノザイセンチュウを他樹に運ぶ「運び屋」の役を担わされるのである。

　秋田の海岸線にある松林が防砂・防風林として植林されたことは有名な話だが、これらのマツの存亡は、市民生活に直結する重大な問題である。現に松枯れの拡散防止のため、主に伝搬者であるマツノマダラカミキリ駆除を目的に様々な手法が試みられている。これら既存の防除方法が一定の効果を持つことに異論はないが、これだけで松枯れが抑制できないことは、近畿や中国地方の惨状を見れば明らかである。その拡散防止には他地方以上に緻密な取り組みが必要であろう。

　松枯れの拡散防止に最も効果が高いとされるのは、はなはだ原始的ではあるが被害木を速やかに伐採・除去することだといわれている。幸いなことに、被害木は意匠面で多少問題があるものの、枯死から2年以内であれば力学的には健全木とほぼ遜色ないことがわかっており、これらを伐採現場で単板・チップ化できればマツノマダラカミキリの幼虫や蛹が駆除できるうえ、木質資源として価値を生み出すことができる。

　これにより駆除費が一部でも賄えないかと考えるのは甘いだろうか。さらに夢を膨らませれば、秋田の海岸松林は規模が大きいうえ林地として考えればきわめて平坦なことから、欧米的機械化林業を取り入れることで、単なる松枯れ防止策としてだけでなく新産業としての新たな林業形態をも見えてくるように思う。枯死木を伐採する権限を与えられた「保安林保安機構」構想、シャレでなく、まじめに考えてみてはどうだろう。

<山内秀文>

II. 木材の成り立ち

18. 木本植物／針葉樹と広葉樹

◆**木材と木本植物**

　木材は人間にとって最も重要な天然材料の1つであり、金属やコンクリートといった人工材料にみられない特徴をもっている。すなわち、比強度が高い、熱や音、電気を伝えにくい、調湿機能を有する、可燃性、生分解性があるといった性質をあわせもっている。これらの性質は木材が植物の木部細胞の集合体であり、セルロースを骨格成分とした細胞壁がヘミセルロースやリグニンによって補強されていることに起因している。

　植物を木部細胞の発達の程度という観点からみると、木本植物（arbor）と草本植物（herb）に大別できる。木本植物とは、茎（および根）において二次肥大成長（→§19）によって多量の木部細胞を生産・蓄積し、その細胞壁が木化して強固になっている植物である。

◆**植物の分類と植物界における木本植物の位置**

　表1に植物の分類を示す。植物を花の有無で大別したとき、花を形成する植物を顕花植物、花をもたない植物を隠花植物とよぶ。顕花植物と種子植物はほぼ同義であり、裸子植物門並びに被子植物門の植物がこれに相当する。これとは別に、体内に水分や体内物質の移動経路となる維管束（vascular bundle）をもつ植物を維管束植物とよんでほかの植物と区別する場合がある。維管束は、根から葉への水分輸送機能を担う木部組織と、葉から根への光合成物質などの輸送機能を担う師部組織からなっている。木材として利用される木部細胞は木部組織の構成要素であることから、木本植物は維管束植物の含まれる植物群といえる。

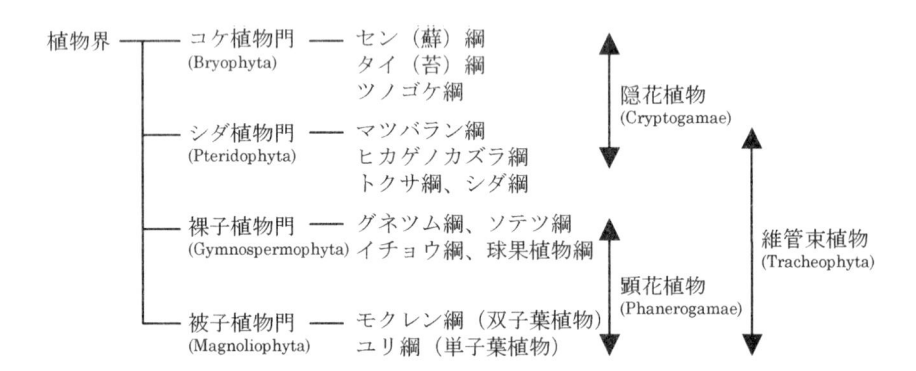

```
植物界 ─┬─ コケ植物門 ─── セン（蘚）綱         ┐
        │  (Bryophyta)     タイ（苔）綱         │ 隠花植物
        │                  ツノゴケ綱           │ (Cryptogamae)
        │                                       ┘
        ├─ シダ植物門 ─── マツバラン綱          ┐
        │  (Pteridophyta)  ヒカゲノカズラ綱     │
        │                  トクサ綱、シダ綱     │
        │                                       │
        ├─ 裸子植物門 ─── グネツム綱、ソテツ綱 │ 維管束植物
        │  (Gymnospermophyta) イチョウ綱、球果植物綱 │ (Tracheophyta)
        │                                       │ 顕花植物
        └─ 被子植物門 ─── モクレン綱（双子葉植物）│ (Phanerogamae)
           (Magnoliophyta)  ユリ綱（単子葉植物） ┘
```

図1. 植物の分類

◆針葉樹と広葉樹

　維管束植物にはシダ植物および種子植物（裸子植物 gymnosperms、被子植物 angiosperms）が含まれる。シダ植物はコケ植物と同様に胞子で繁殖し、種子植物と同様に維管束をもつ植物である。現生のシダ植物の多くは、維管束形成層が発達しないため二次肥大成長を行わない草本植物が多く、木生シダ（たとえば、ヘゴ類 *Cyathea*）は非常に少ない。

　裸子植物は球果植物綱、イチョウ綱、グネツム綱、ソテツ綱の4グループに分けられるが、いずれも二次肥大成長を行う木本植物である。これらのなかで木材として利用価値が高いのは球果植物綱及びイチョウ綱の植物である。球果植物綱の現生種は48属、約540種といわれ、スギ（*Cryptomeria*）、マツ（*Pinus*）、トウヒ（*Picea*）などすべてが典型的な木本植物である。これらの多くは単幹性の高木になることから、最も重要な木材資源となっている。通常、針葉樹とよぶ場合、球果植物綱に属する植物を指し、それらの植物から得られた木材を針葉樹材とよぶ。イチョウ綱の現生種は1科、1属、1種だけであり、現生の裸子植物のなかではソテツ綱の植物と共に最も原始的なものの1つと考えられている。イチョウ材は構造的に球果植物綱の材と非常に似ているので便宜的に針葉樹材として取り扱われる。裸子植物にはこのほかにグネツム綱（3属、約70種）とソテツ綱（約90種）の植物があるが、いずれも木材としての利用価値は低い。

　被子植物は子葉が2枚あるモクレン綱（双子葉植物）と子葉を1枚しかもたないユリ綱（単子葉植物）の2つのグループに大別される。双子葉植物は種数約20万を数える大きな植物群であり、目（order）や科（family）、さらには属（genus）レベルにおいても木本植物と草本植物が混在している。広葉樹とは双子葉植物のなかの木本植物を指す語であり、その木材が広葉樹材とよばれる。広葉樹は種数も多く、またそれぞれに特徴のある木材を生産することから木材資源として重要である。一方、単子葉植物は約5万種が記載されており、植物界で最も進化した植物群と考えられている。その多くは草本植物で、木本性のものも維管束形成層による二次肥大成長をしないため双子葉植物の木本植物のような木材を生産することはない。しかし、ヤシ類（*Trachycarpus*）や竹類（*Phyllostachys*）のなかには高木状になるものもあり、利用の仕方によっては木材に準じた利用も可能である。

　以上のように、我々が木材として主に利用しているのは、裸子植物門・球果植物綱に属する植物からの材（針葉樹材）と被子植物門モクレン綱（双子葉植物）のなかの木本性植物からの材（広葉樹材）である。

<高田克彦>

19. 樹木の成長と年輪

◆樹木の成長

　樹木の成長の特徴は、長年にわたって縦方向（高さ方向）ばかりではなく、横方向にも成長することである。これは、樹木が梢端と根の頂端にある頂端分裂組織（apical meristem）と、幹や根の軸を取り囲んで存在している側生分裂組織（lateral meristem）という、2つの様式の分裂組織をもっていることに由来する。高さ方向の成長を「伸長成長」、横方向への成長を「肥大成長」とよび区別している。

　「伸長成長」は成長点の頂端分裂組織が活発に細胞分裂することによっておこる。すなわち、梢端の成長点では細胞分裂によって新しくできた細胞を伸長方向とは反対側（下方）に押し出しながら成長点自身は伸長方向（上方）へと押し上げられていく。この結果、樹木の樹高は年々高くなっていくのである。

　「伸長成長」が行われているすぐ下の部分では、幹が太るための準備が進められている。ここでは、頂端分裂組織から増殖してきた細胞群に大きさ、形、機能などの分化がおこり、前形成層ができる。やがて前形成層の細胞群は永久組織化が進み、維管束とよばれる永久組織ができる。ここまでの経過は多くの双子葉類草本植物と共通しているが、木本植物（樹木）では永久組織完成の最終段階で側生分裂組織である維管束形成層（vascular cambium）（→§20）とよばれる環状の二次分裂組織が発達して「肥大成長」を行う点で異なる。維管束形成層の環は内側に木部細胞を分裂しつつ自身は外側に押し出されていく。このように、維管束形成層は内側に分裂した組織を、さらにその内側には死んだ組織を残しながら常に外側に成長できる機構となっている。

◆成長の記録−年輪

　公園や野山を散策していると、ときどき切株にでくわすことがある。切株をよく見てみると、いくつもの環状の輪がみてとれる。維管束形成層の活動によって新たにできた木部細胞の層は、木口面ではこのような環状の層として認識される。一成長期に形成された環状の層を成長輪（growth ring）とよぶ。四季がある地域（温帯）に育った樹木では、通常、1年を経るごとに輪が1つずつ増えることから、これらの輪の1本1本をとくに年輪（annual ring）とよぶ。これは、毎年春から秋にかけて幹が太るときに形成された木材の層が順次付け加わってできた模様である。つまり、年輪とはその樹木が生きてきた年月の成長の記録である。

したがって、樹幹の最も地際の年輪を数えるとその樹木の年齢が推定できる。

樹木の年輪は年齢以外にも我々にさまざまな情報を与えてくれる。樹木の成長には気候をはじめとする環境因子が影響することが知られている。つまり、年輪の中には過去に受けた環境因子の影響が刻み込まれているのである。たとえば、年輪幅の広狭や1年輪内の木材密度の高低、さらには年輪を構成する木材細胞壁中の酵素や炭素の同位体の比などを調べることによって、過去の環境の変遷を知る手がかりとなる。このような研究は「年輪年代学（dendrochronology）」とよばれる。とくに、年輪幅などの時系列変動と気候変動の関係について研究する学問分野は「年輪気候学（dendroclimatology）」とよばれ、世界の広範囲にわたる地域を対象とした気候復元が試みられている。

正常な状態であれば、成長輪は樹幹の全周にわたってほぼ同じように形成される。しかし、部分的に細胞分裂がほとんど行われず、その結果、完全な環状の成長輪が形成されないことがある。これを不連続成長輪（あるいは不連続年輪）とよぶ。日本産の針葉樹ではイヌマキ（*Podocarpus macrophyllus*）やカヤ（*Torreya nucifera*）、広葉樹ではシナノキ（*Tilia japonica*）の木材で不連続成長輪が認められることがある。また、何らかの原因で肥大成長が一時的に停止あるいは不活発になり、その後回復した場合、1年輪内に2つ以上の成長輪が認められることがある。このような年輪を重年輪（じゅうねんりん）とよび、重年輪中の個々の年輪を偽年輪（ぎねんりん）とよぶ。

◆早材と晩材

温帯産の針葉樹材の年輪をよく見ると、淡色で軟かく軽い感じのする層と濃色で硬く重い感じのする層が接して、1つの年輪ができていることがわかる。一般に、成長期の前半に形成された淡色な層は、細胞直径が大きく、かつ細胞壁が薄い細胞の層で「早材」（春材）とよぶ。一方、成長期の後半に形成された濃色な層は、細胞直径が小さく、かつ細胞壁が厚い木材の層で「晩材」（夏材）とよばれる。通常、温帯産の樹木では冬の間は成長休止期となっている。

年輪の見え方も樹種によって違い、カラマツやアカマツ（口絵写真7）では早材から晩材への移り方が急で晩材の層がくっきりと太く見えるのに対し、ヒノキやエゾマツ（口絵写真6）では緩やかで細く見える。

一方、広葉樹材では温帯産材でも、環孔材（口絵写真9）を除き、早材と晩材を区別することは難しい場合が多い。

<高田克彦>

20. 形成層／木材の起源

　木材は、形成層の接線面分裂による木部細胞の誕生、新しく生まれた木部細胞の成熟、成熟した木部細胞の蓄積という3つの過程を経て形成される。以下、形成層の活動と新しく生まれた木部細胞の成熟過程について順を追ってみてみよう。

◆形成層始原細胞

　維管束形成層（vascular cambium）（以下、形成層）は接線面分裂を行う組織で、幹、枝および根の周囲を取り囲んで存在している。ここでは、内側（髄側）に二次木部の層を、外側（樹皮側）に二次師部の層をそれぞれ生産している。分裂形成層を構成する個々の細胞を形成層始原細胞（cambial initial）（以下、始原細胞）とよぶ。始原細胞には極端に形が異なる紡錘形始原細胞と放射組織始原細胞の2種類の細胞がある。紡錘形始原細胞からは、内側に仮道管、道管要素、木部繊維など、二次木部軸方向のすべての要素が作られ、外側には師管要素、師細胞など、二次師部軸方向要素のすべてがつくられる。一方、放射組織始原細胞からは内側に木部放射組織、外側に師部放射組織がつくられる。

　紡錘形始原細胞の長さは、樹種、樹幹の位置、生育環境条件などによって異なるが、一般に一定の長さまで樹齢と共に増加することが知られている。針葉樹の仮道管や広葉樹の道管要素は、紡錘形始原細胞から分裂後、成熟過程における長さの変化がわずかであることから、これらの長さを測ることで紡錘形始原細胞の長さを近似的に知ることができる（→§21）。

◆木部細胞の増加

　形成層での接線面分裂のおこり方を模式的に図1に示した。1つの始原細胞から接線面分裂の結果生じた2つの細胞（娘細胞）のうち、いずれか1つはもとの大きさに戻り始原細胞となる。また、ほかの1つはそれが内側であれば木部細胞、外側であれば師部細胞となり、それぞれ木部あるいは師部に追加されていく。始原細胞から新しく生じた木部細胞と師部細胞は、しばらくの間は分裂機能を失わないでさらに1回以上の接線面分裂を繰り返した後、古い順に次第に分裂機能を失う。これらの分裂機能を保持している木部および師部の細胞を、それぞれ木部母細胞および師部母細胞とよぶ。一般に師部母細胞の幅は四季を通して0～1層程度であまり変化しない。一方、木部母細胞は冬期（分裂活動の休眠期）では2～5層程度であるが、分裂活動の最盛期には10～15層にも達する。木部母細胞、始原細胞および師部母細胞の層を一括して形成層帯とよぶ。

◆**新生木部細胞の分化・成熟**

　分裂機能を失い、形成層帯からはみ出した木部母細胞は、木部永久細胞として成熟過程に移行する。木部母細胞はその過程において形態的に特殊化した4つのタイプの細胞、すなわち道管要素、仮道管、木部繊維および柔細胞のいずれかの細胞に分化する。木部細胞の成熟の過程は、分化した細胞の種類によって異なるが、基本的には細胞の拡大と、それに引き続いておこる細胞壁の肥厚および木化の2段階に分けることができる。

　細胞拡大はつぎの2つの段階、細胞直径の増加とそれに続いておこる軸方向への細胞の伸長で完了する。細胞の伸長は広葉樹の木部繊維が最も著しく、一般に100%以上の伸びを示す。細胞拡大期の木部細胞の原形質は、セルロースのフィブリル（→§28、77）からなる一次壁によって囲まれている。細胞の拡大がほぼ終了した時点で、付加成長によって一次壁の内側にセルロースのフィブリルの堆積がおこり、細胞の肥厚が始まる。これを二次壁とよぶ。二次壁の堆積の進行に伴い、柔細胞以外に分化した細胞では、細胞間層に面した各木部細胞の角の部分にリグニンの沈着がみられるようになる。リグニンが木部細胞中に沈着する現象は木化 (lignification) とよばれる。木化現象は細胞の角の部分から始まり、次第に細胞間層全体に広がり、さらには一次壁および二次壁のセルロースフィブリルの間隙へと進行していく。このように二次壁の肥厚が完了し、次いで木化現象が完了することによって柔細胞以外の木部細胞の成熟が完了する。なお、柔細胞は細胞の成熟後もその組織が心材化するまで原形質をもち、生きた細胞として機能し続ける（→§22）。　　　　　　　　　　＜高田克彦＞

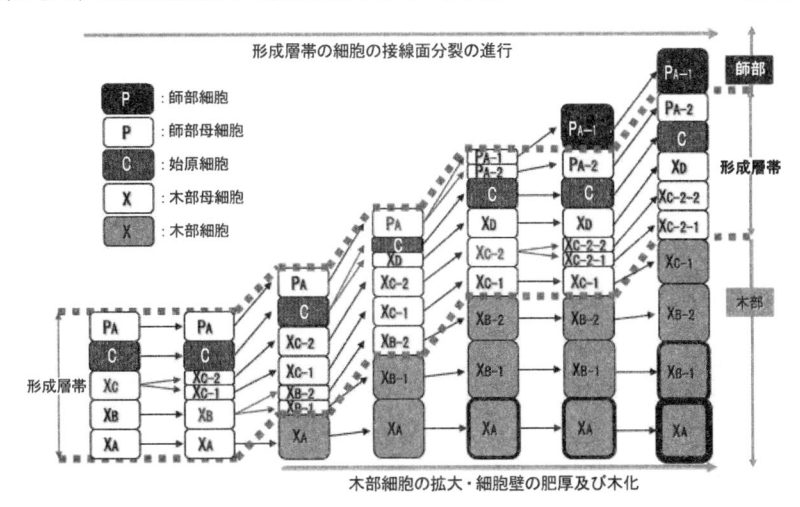

図1. 形成層の接戦面分裂と木部細胞の成熟

21. 未成熟材と成熟材

◆未成熟材と成熟材

心持ち材（→§23）に含まれる髄周辺の材は未成熟材とよばれる。これに対し、髄から一定年輪を経た樹皮側の材は成熟材とされる。ここで「未成熟」あるいは「成熟」は木材を作り出す形成層の成熟度を指している。

木材は、樹皮の内側にある形成層の始原細胞が、毎年、半径方向に分裂を繰返すことによって形成層の内側につくられていく（→§20）。この始原細胞は、樹幹の先端の頂端分裂組織から分化してから、その断面の年輪数と同じだけの年数を経ている。つまり、樹幹のある高さの形成層の年齢は、その高さの断面における年輪数と一致する。たとえば、髄から3年輪目の材は形成層が3才のときにつくったものである。髄周辺の木材は若い未成熟な形成層から分裂した組織であり、収縮率などの性質が安定せず、強度も小さいことが多い。このため、未成熟材とされる。未成熟材は若齢時に半径成長を促進させる針葉樹の造林木でとくに問題とされる。

成熟現象の一例として、図1に、髄からの年輪数（形成層年齢）と仮道管の長さの関係を示した。未成熟材の範囲では長さが徐々に伸びていって、成熟材で安定することがわかる。成熟現象は仮道管の長さのほかにミクロフィブリル傾角（→§28、未成熟材で大きい）、密度（スギは未成熟材で大きい）、旋回木理（→§24、カラマツでは未成熟材で大きい）などでみることができ、これらの性質が総合的に影響する強度は成熟材で大きくなる。

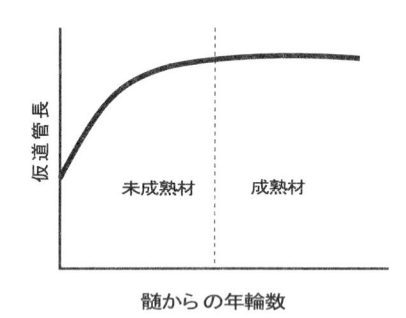

図1. 髄からの年輪数と仮道管長の関係

成熟材に達する形成層年齢（髄からの年輪数）は、これらの性質によってまちまちである。また、樹種や生育環境によっても異なるが、一般に、針葉樹造林木で15年程度とされている。今、仮に髄周辺の年輪幅を4mmとすると、丸太の中心から半径6cm以内の部分は未成熟材ということになる。造林木の心持ち正角材（→§23）ではほとんどが未成熟材となるため、成熟材を多く含む心去り材（→§23）に比べて、強度が劣ることが多い。

未成熟材では形成層の成熟に伴って、性質が徐々に変化しており、成熟材への移行は連続的なため、両者の区分にはさまざまな定義が使われている。そのため、「未成熟材」「成熟材」は木材を区分する用語としては、厳密さに欠け、誤解を招くことも多い。木材研究の分野では、髄から一定の年輪数（たとえば15年）や距離（たとえば8 cm）で区切って、髄側をコア材、樹皮側をアウター材として、未成熟材、成熟材の区分に対応させることもある。

　なお、「未成熟材」は、何年か経つと「成熟材」になると思っている人が結構多い。多分、これは「辺材」が「心材」に変化するのと混同しているものと思われる（→§22）。

◆樹冠材と枝下材

　樹冠材と枝下材は、樹幹のうちで、枝葉をつけた部分と枝が枯れ上がっている部分の区分である。ただし、樹幹を高さ方向に2分するわけではない。稚樹のときはすべて樹冠材であるのが、樹齢とともに枝が枯れ上がっていくのにともなって、樹冠材の外側に枝下材が形成されていくからである。その結果、樹冠材は樹木のなかで逆円錐台状に分布する（図2）。ただし、造林木では枝の枯れ上がりの性状が、植栽密度、間伐、枝打ちなどによって変化するので、枝下材の範囲もそれに伴って変動する。

　樹冠材は生節を含んだ材部であり、無節材は枝下材からしか採材できない。もちろん、枝下材であっても、適正な枝打ち施業が行なわれていないと死節（しにぶし）を含むことになる。図2からわかるように、大雑把にいえば、樹冠材・枝下材の区分は未成熟材・成熟材の区分に相当するものである。さて、これらの樹幹材の区分を踏まえて、製材は木取りによってさまざまな特徴を示すものである。無節材なら枝下材から、強度や寸法安定性の観点からは成熟材、耐朽性なら心材、板目板の幅反りを抑えたいなら髄から離れた木取りが望ましい。長伐期大径材の生産は、髄から離れた部位の心材でかつ成熟材といった、これらを兼ね備えた採材が可能で、大きな付加価値をうむものであろう。

──── 樹冠材／枝下材
------- 未成熟材／成熟材
─・─ 心材／辺材

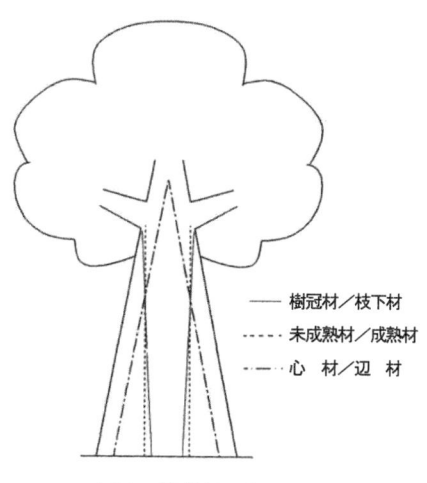

図2. 樹幹材の各種の区分

<小泉章夫>

22. 心材・辺材・移行材

◆心材・辺材・移行材

　スギ丸太の断面を見たとき、中心部の色の濃い部分が「心材 (heartwood)」、樹皮側の白い部分が「辺材 (sapwood)」である。多くの樹種では、このように濃色の心材をもち、辺材との色調差は明瞭である。このため、心材を赤身（あかみ）、辺材を白太（しらた）ともよぶこともある。スギの場合、心材部が赤いものを「赤心材」、黒っぽいものを「黒心材（→§82）」とよんで区別することがある（口絵写真10）。一方、樹種によっては辺材と心材で色調に差のないものもある。たとえば、エゾマツやトドマツでは両者の違いは不明瞭である。ヒノキの心材はピンク色で辺材と容易に区別できるが、心材の外縁部では、着色部は不規則に分布し、辺材との境界は判然としないことが多い。

　本来は着色心材をもたない樹種でも外傷などによって有色の心材をもつようになることがある。これを偽心材という。日本産の樹木ではブナ (*Fagus crenata*) でよく知られている。

　移行材は辺材の最も内側の心材化が進行中の数年輪を指し、とくにスギ未乾燥丸太の場合、木口を切断した直後の断面では白い帯となって見えるので、白線帯とも言う（口絵写真11）。白く見えるのは、スギの移行材の含水率が辺材に比べて顕著に低くなるためである。このため、乾燥すると、辺材と見分けがつかなくなる。

◆木部細胞の死と心材化

　木材学での「心材」と「辺材」の定義を述べよう。放射組織などの柔細胞がまだ生きている部分を「辺材」とよび、柔細胞を含むすべての細胞が死んだ部分を「心材」とよぶ。

　細胞が生きているということは、細胞内部に原形質をもっているということである。樹体の機械的支持や水分通導にあずかる細胞（道管、仮道管、木部繊維など）は、細胞成熟の初期の段階ですでに原形質を失って死細胞となっている。一方、養分貯蔵という生理的機能を担う柔細胞は、形成後もしばらくの間生きつづける。その後、形成層の活動により肥大成長が進み、新しい辺材が外周に形成されるにつれて古い方から順次原形質を失って死細胞になっていく。柔細胞が死細胞になった時点で、死細胞だけからなる材部ができあがる。その材部が「心材」である。このように「辺材」から「心材」へ移行する現象を「心材化」あるいは「心材形成」とよぶ。辺材の幅は柔細胞の寿命によって左右される。樹種によっても異なるが、1本の樹木のなかでは、おおむね、一定の幅で分布している。

一般に心材化に際して、心材特有の成分が柔細胞内に残っていたデンプンなどの貯蔵物質から生合成される。心材が特有の抽出成分を有していたり、着色したりしているのはこのためである。

◆**性質の違い**
樹木組織の役割分担をみると、辺材は仮道管や道管が根から樹冠へ水をあげる通路にあたる。このため、辺材の生材含水率は、とくに樹皮に近い部分で、飽水状態に近い（→§61）。また、前述したように、辺材の柔細胞では形成層で使う養分をデンプンの形で一時的に貯蔵している。このため、ラワンやナラなどの製材では辺材がヒラタキクイムシの食害を受けることがある。

一方、心材では水の動きは止り、含水率は、通常、辺材より低くなる。心材含水率の高い樹種もあり、トドマツ（*Abies sachalinensis*）ではそのような多湿心材を水喰い材（→§24）とよんでいる。多湿心材をもつ場合、寒冷地では、冬期に樹幹が割れることもある。立木中の心材は適度な水分があり、また水の移動がないので、腐朽しやすい。老木で、内部の心材がうろになっているのはよくみかけることである。ヒノキ（*Chamaecyparis obtusa*）やヒバ（*Thujopsis dolabrata*）のように、特定の化学成分を心材に蓄積して、耐朽性を高めている樹種もある。多くの樹種では、フェノール性成分が心材に蓄積されるため、伐採後は、辺材に比べて耐朽性が大きい。

辺材と心材では乾燥性も大きく異なる（→§61）。製材直後の辺材は含水率が100%を超えているのが普通であり、乾燥の初期段階で時間がかかる。ただし、辺材仮道管の有縁壁孔は開いており、水分が容易に移動できるので、乾燥速度は速い。一方、心材の初期含水率は、通常、辺材に比べて低いが、針葉樹では壁孔の閉鎖、広葉樹ではチロースの存在などによって、水分の移動が妨げられる結果、乾燥速度は遅い。このような通導性の差は防腐処理のしやすさにも影響する。辺材に比べて、心材への薬剤の加圧注入は困難である。

化粧用途の利用では、心材の色調が重視される。たとえば、家具材や床材に使われるウダイカンバ（*Betula maximowicziana*）では、辺材幅の広いものをメジロカバとよんで辺材幅の狭いマカバと区別し、銘木市場での評価が低い。辺材と心材の色調差をみせる利用例としては、スギ心去り角（→§23）の源平材（辺材と心材が混じっている材、源氏の白旗、平家の赤旗になぞらえた業界用語）、イチイ（*Taxus cuspidata*）やイヌエンジュ（*Maackia amurensis*）の床柱などをあげることができる。　　　　＜小泉章夫／高田克彦＞

23. 心持ち材と心去り材／木表と木裏

◆心持ち材と心去り材

　丸太の中心にある髄は、樹木の伸長成長の痕跡である。髄を含んだ製材を心持ち（しんもち）材、含まない製材を心去り（しんさり）材とよんで区別することがある（口絵写真12、13）。この区別は、針葉樹の柱材の木取りに関して、よく使われる。たとえば、柱適寸丸太や中目丸太（→§39）からは、普通、心持ち角しか採材できない。

　心持ち材の最大の短所は、乾燥に伴って、材面に割れが生じることである。柱の場合、乾燥割れによる強度の減少はあまりないが、見栄えはよくない。このため、床柱や化粧性を重視する柱角では、あらかじめ、見え隠れ面に鋸目を入れておき、見えがかり面に割れが生じないようにする。この処理を「背割り」という。

◆木表と木裏

　丸太から、年輪の接線面を広い材面に含むような断面で板をとることを板目木取りという。図1でAのような木取りである。板目板の広い材面には筍形の木目が現れる。ここで、板の樹皮側の面を木表（きおもて）、髄側の面を木裏（きうら）とよんで、区別する。Cのように年輪の半径面を広い材面に含む採材を柾目木取りと言う。柾目板の場合、木表、木裏の区別はない。

　また、板目、柾目の中間的なBの採材は追柾木取りである。

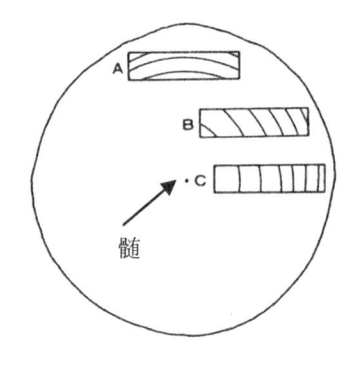

図1. 丸太断面の板材の木取り

　板目板を使う際、木表と木裏の区別は重要である。まず、乾燥に伴う幅反りの向きが決っている。板は木表側に反る。なぜかというと、§25で述べるように、木材の接線（板目）方向の収縮率が半径（柾目）方向の収縮率より大きいからである。年輪の接線方向と材面がなす角度を年輪接触角というが、木表面の年輪接触角は、木裏面に比べて、小さくなる。その分、木表側の収縮量が木裏側より大きくなる結果、反るのである。同じ厚さの板目板を採材する場合、髄に近い部位から採材すると、木表面と木裏面の年輪接触角の差が大きくなるので、幅反りも大きくなる。反対に、髄から十分に離れたところから採材すると、木表と木裏

の年輪接触角の差は小さくなって、幅反りも小さい。

　家具の天板などでは、幅反りを抑えるさまざまな手段が講じられるが、一枚板のテーブルなどでは、木表を上にするのが普通である。凸に反るよりは凹になった方が、載せたモノが転がり落ちなくてよい、という配慮もあるかもしれない。

　スギをはじめとする針葉樹では、木表と木裏でもう1つ重要な違いがある。図2に示したように、木表面では、年輪境界の硬い晩材と材面がなす角度が鈍角になる。これとは逆に、木裏では鋭角になる。その結果、

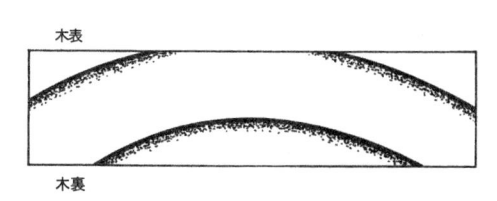

図2. 木表と木裏

木表では木目が沈む感じになり、反対に、木裏では木目が浮く感じになるのである。晩材は早材に比べて密度が大きく硬いからである。触感においても、木表面は滑らかなのに対し、木裏面は晩材が浮くため、ざらざらした感じになり、年輪境界で剥離した晩材がとげになって刺さることもある。このため、針葉樹を床材や天板に使う場合、木表を上側に使い、手や体に触れる材面が木表になるように配慮している。同じ理由から、サンドブラスト（材に砂を吹き付けつける方法）などによって材面のエンボス加工（表面に凹凸をつける加工法で「うづくり」ということもある）を施す際にも、木表側を処理するようにしている。

　複数の板を幅方向に矧（は）いで天板を製作する場合、幅反りを相殺するために、木表と木裏を交互に配置するやり方が推奨されることがある。しかし、上に述べた理由から、この配置は針葉樹材では不適切である。早・晩材の密度差が小さい広葉樹の散孔材（→§30）であれば、木表と木裏で材面の触感に差がないので、この方法を適用できる。とくに、ウダイカンバやハードメイプルといった高密度材では、反りの力も大きくなるので、有効だろう。もっとも、家具材で広葉樹材を横矧ぎ（よこはぎ）する際には、材色や木目を合せることを優先する。幅反りの抑制については、別途、天板の下に吸い付き蟻を入れるなどの拘束手段を設けるのが普通である。

◆木材の背と腹

　木材の「背と腹」には2つの異なった意味がある。木表と木裏をそれぞれ背と腹という場合と、もう1つは主に大工さんなど建築の人が使ういい方で、曲がっている丸太の凸の側を「背」、凹側を「腹」とよぶ場合である。　　　　　　　　　　　　　　　＜小泉章夫＞

24. 異常木材

　なんらかの要因によって形成された特異な細胞を含む材を、総称して「異常木材」とよぶ。そのいくつかを以下に述べる。

◆交走木理

　木材の表面（あるいは材中）における木材を構成する細胞・組織の配列や方向を「木理」という。木理が樹軸（あるいは材軸）と平行に配列している場合、「通直木理」という。一方、樹軸（あるいは材軸）と平行でない木理を「交走木理」という。実際、個々の樹幹の内部では木理が多少なりとも樹軸からずれていることが多い。この場合、木理は全体として樹幹を軸にらせん状に巻くように走ることになる。このような木理が「らせん（旋回）木理」である。日本産針葉樹ではカラマツ（*Larix kaempferi*）の未成熟材で認められる。樹幹の半径方向で「らせん木理」の向きが周期的に変化して、木理が交錯するようになることがある。このような木理は「交錯木理」とよばれ、熱帯産広葉樹によくみられる。日本産広葉樹ではクスノキ（*Cinnamomum camphora*）で認められる。軸方向で波状に配列する木理は「波状木理」である。柱や板などの製材品で長軸方向から繊維の走行方向がずれている状態を「斜走木理」といい、非常にもろい壊れ方をする。

　細胞配列が特異であるときには材面に独特な模様が現れることがある。これに工芸的価値がある場合「杢（もく）」とよび、その模様によって種々の名称が付けられている。北米産のメイプル（カエデ）の鳥眼杢、ミズナラの虎斑（とらふ→§30、32））、ケヤキの玉杢（たまもく）や牡丹杢などが有名であり、市場ではいわゆる銘木として取り扱われることが多い。

◆あて材

　地すべりや強風によって林木の樹幹が傾くと、傾いた部位の形成層は異常な木部組織をつくり出す。この組織をあて材という。あて材は正常材に比べて肥大成長が旺盛で、偏心成長になることが多い。あて材に似た組織は枝でも形成されるが、樹幹で形成されるあて材は傾いた樹幹を直立させるように作用する。

　「あて」に「陽疾」の字をあてることがある。傾斜地の針葉樹では林木の谷側（日当り側）にできることが多いために、このようないい方がされるようになったのだろう。しかし、あて材の形成メカニズムと日当りや方位には関係がない。樹幹が傾くことによって重力の方向が変化し、それに伴って成長ホルモンが偏在することが原因だと考えられている（→§17）。

厳密な機構はどうあれ、あて材は樹木自身が力学的な合目的性をもって形成された組織である。これを欠点とするのは、利用する側の話である。

　樹幹内であて材がつくられる部位は針葉樹と広葉樹で異なり、針葉樹では傾斜した樹幹の下側、広葉樹では上側にできる。傾斜した樹幹では自重によって下側に圧縮応力が、上側に引張応力が生じるので、針葉樹のあて材を圧縮あて材、広葉樹のものを引張あて材ともいう（口絵写真14、15）。

　針葉樹の圧縮あて材の仮道管は厚い細胞壁をもつ。このため、正常部に比較して濃色で、肉眼では晩材と区別がつきにくい。密度が大きく縦圧縮強さは大きいが、引張強さは小さく、ヤング係数も小さい。リグニンが多いこともあって、正常材に比べて硬いが、脆く、切削の際に欠けることもよくある。この硬さを逆手にとった利用法もある。たとえば、北海道の置戸町では、エゾマツなどのあて材の風合を活かしたクラフト製品を生産している。

　もっとミクロなレベルの話をすると、圧縮あて材では細胞壁の二次壁中層のミクロフィブリル傾角（→§28）が正常材に比べて大きい。その結果、軸方向の収縮率が正常材に比べてかなり大きくなる（→§25）。その分、半径方向、接線方向の収縮率は小さくなるが、製材の長さ方向の収縮量が無視できなくなるので、板や柱には使いにくい。あて材は、その成因からわかるように、樹幹断面で特定の方向にだけ局部的に形成される。したがって、1本の製材のなかに正常材とあて材が混在することになり、木材の反りや狂いの原因にもなる。

　広葉樹の引張あて材は、リグニンのないセルロースに富んだ層（ゼラチン層）を木部繊維の細胞壁の最内層にもつ。このため、引張強さは大きいが、縦圧縮強さは小さい。針葉樹の場合と同様に、二次壁中層のミクロフィブリル傾角は大きいので、軸方向の収縮率は大きい。広葉樹のあて材の出現頻度は針葉樹に比べて少なく、利用上、問題にされることもあまりないようである。むしろ、野球用のバットにはアオダモのあて材がよい、という話もある。

◆水喰い材／ぜい心材

　心材の含水率が部分的にその樹種の正常な値を大きく越えて異常に高い場合がある。そのような心材部を「水喰い材（みずくいざい）」という。日本産針葉樹のトドマツ（*Abies sachalinensis*）に多発することが知られている。

　熱帯産材の樹心部には、強度的性質が正常材に比べて著しく劣る、きわめて脆い材部が形成されることがある。このような材部は「ぜい心材（brittle heart）」とよばれている。

〈小泉章夫／飯島泰男／高田克彦〉

25. 木材の異方性

◆**組織の配列に起因する異方性**

　木材を構成する細胞や組織は、その種類ごとに特定の方向に配列している。たとえば、仮道管や木部繊維は軸方向に配列している。一方、放射組織は半径方向に、早材や晩材から構成される年輪は円周方向に配列している。方向によって性質が異なることを異方性といい、木材ではこれらの組織配向の違いから、軸方向、半径方向、円周方向の3つの方向で、収縮率や力学的性質が大きく異なる。ここで、円周方向は直線ではないので、四角い製材では扱いにくい。そこで、便宜的に、図1のように、L（繊維）方向、R（半径）方向、T（接線）方向の直交3軸の座標系で木材の異方性を取り扱うのが普通である。また、それぞれの軸で決定される面を、LT（板目）面、LR（柾目）面、RT（木口）面という。なお、実大材では断面が大きいため、材中に髄を含む場合のあることや、節などによる繊維の乱れの影響もあって、厳密には3軸直交異方性材料とはみなしにくくなる。そこで、実用的にはL方向を「縦方向」、R、Tの2方向を一括して、単に「横方向」とよぶことが多い。

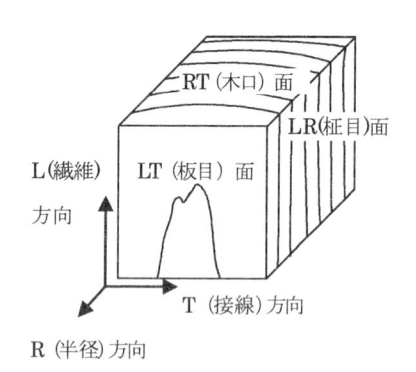

図1. 木材の異方性の3方向

◆**収縮の異方性**

　木材は乾燥すると寸法が小さくなり（収縮）、逆に水分を吸うと大きくなる（膨潤）性質がある。ただし、この現象がおこるのは含水率が繊維飽和点（FSP, →§61）以下のときだけである。この収縮の度合いを収縮率といい、含水率（MC）1%あたりの収縮率を平均収縮率という。木材はL、R、Tの3つの方向での組織の配向の違いから収縮率が大きく異なる。これを収縮の異方性という。

　主な樹種の横方向平均収縮率の測定結果をまとめ表1に示した。表でみるようにT方向の平均収縮率は含水率1%について0.3%前後、すなわち含水率が10%変動したとすれば、T方向の全体の収縮量は3%程度となる。

　また、T、R、L各方向の収縮率の比は、およそ10：5：0.5〜1であることが経験的に知ら

れている。つまり横方向（T, R方向）の収縮率がL方向に比べて10倍以上も大きく、同じ横方向でも、T方向の収縮率はR方向に比べて約2倍も大きい。丸太や心持ち材の乾燥割れ、板目材の幅反りはこの性質によるものである。

以上のような膨潤・収縮とその異方性に関するメカニズムは、つぎのように説明されている。まず、木材の仮道管や木部繊維を細かくみると、§28の図のようになっている。木材の膨潤・収縮は、繊維を構成するセルロース鎖の間に水が割込んだり、

表1. 木材の収縮率

	平均収縮率（%）	
	T方向	R方向
スギ・ヒノキ・キリ	0.20～0.26	0.08～0.12
キハダ・ホオノキ		
エゾマツ・サワグルミ・トチノキ・ヤマザクラ・ケヤキ・イタヤカエデ		0.12～0.16
アスナロ(ヒバ)・カラマツ・アカマツ・カツラ・シナノキ・ヤチダモ・クスノキ・オニグルミ・ツゲ・ウダイカンバ・イヌエンジュ・ブナ	0.26～0.32	0.16～0.20
ハリギリ(セン)・ドロノキ・ミズキ・クリ・ミズナラ	0.32～0.38	
ハルニレ・アカガシ	0.38～0.44	0.20～0.24

はずれたりすることによって生じるので、セルロースの配列と直交方向に伸び縮みする。木部細胞の長軸方向に対する、ミクロフィブリル（→§28、77）の傾きをミクロフィブリル傾角というが、通常組織の二次壁中層のミクロフィブリル傾角は5°程度と小さい。その結果、横方向の収縮がL方向に比べて大きくなるのである。また、あて材や未熟材では正常な成熟材よりミクロフィブリル傾角が大きい。これらの異常材で、L方向の収縮率が大きく、横方向の収縮率が小さいのはそのためである。

異方性はR方向に配列する放射組織の影響や、T方向に配列する早・晩材の収縮率の差などによって説明されている。横断面内の収縮異方性は丸太や心持ち材の乾燥割れを引き起こす（口絵写真33）。丸太は乾燥すると割れが生じるが、直径の収縮に比べて、円周の収縮が2倍も大きければ、割れるのが道理である。また、TR方向の収縮異方性が幅反りの原因になることは木表と木裏の項で述べたとおりである。

◆強度の異方性

各種の組織構造の配列が方向によって異なる結果、収縮のみならず、強度性能にも異方性が生じる。このことについては§96を参照されたい。　　　　　＜小泉章夫／飯島泰男＞

26. 木材の密度

◆密度

密度とは単位体積あたりの重さ（質量）を示し、単位は kg/m^3 または g/cm^3 である。なお、これまでは、用語として「比重」を用いることも多かったが、1993年の JIS 改定によって「密度」を用いることになった。本書では単位を kg/m^3 で統一して表記している。

さて、木材は同じ材料でもその含水率条件（→§62）によって、重量、寸法ともに変動するため、結果として密度の値も変化する。そのため、密度については、いくつかの表現法があり、気乾状態での「気乾密度」または全乾状態での「全乾密度」を指標にすることが多い。そこで本項では、以下、とくに断らない限り「密度」とは「気乾密度」のことを示すものとする。

主な樹種の平均的な密度は表1に示した。ただし、樹種によっても個体差があり、同じ樹種の場合、その変動係数は10%程度である。また、同一個体内での変動も大きい。たとえば、針葉樹の場合、早材と晩材での密度の比は1:2〜3程度になる。また、全乾重量を未乾燥時の体積で除した値を「容積密度数」という。

◆材質指標としての密度

密度は材の性質を知る上での重要な指標になる。木材の密度はおおむね $100 \sim 1,400 kg/m^3$ の範囲にあり、きわめて幅が広い。しかし、全乾状態での木材実質の密度（真密度）は樹種に関わりなく約 $1,500 kg/m^3$ で一定であって、木材のみかけの密度差は内部の空隙率と含水率の差

表1. 主な樹種の気乾密度

気乾密度 (kg/m^3)	針葉樹	広葉樹
100〜160	—	バルサ
250〜310	—	キリ
350〜400	スギ・サワラ・ベイスギ	—
400〜450	エゾマツ・ヒノキ・ヒバ・スプルース・ラジアタパイン	ドロノキ・サワグルミ
450〜500	カラマツ・ベイツガ・ベイヒバ	キハダ・シナノキ・ホオノキ・カツラ
500〜560	アカマツ・クロマツ・ダグラスファー	ハリギリ・ヤチダモ・トチノキ・クスノキ・オニグルミ・ミズキ・チーク
560〜630	ダフリカカラマツ	クリ・ハルニレ・ヤマザクラ・イヌエンジュ
630〜710	—	ブナ・イタヤカエデ・ミズナラ・ウダイカンバ・ケヤキ・アオダモ
710〜800	—	ツゲ
950〜1000	—	アカガシ
1120〜1400	—	リグナムバイタ

による。たとえば、ある材の全乾密度が360kg/m³であったとすれば、材の全体積のうち24%が木材実質、残りの76%が細胞内こう（→§28）などの空隙部分である、ということになる。このとき、木材実質部の物理的性質は樹種によって大きく変わらないと考えられるため、逆に、各樹種の密度を知ることは、木材のいろいろな性質を予測する大きな手がかりになるのである。

　密度は以下のような諸性質と関係が深い。ただし、以下の記述は一般論であって、例外も多いので注意されたい。詳しくは各論を参照されたい。

　1）強さ：木材の強さは、節などの欠点がなければ、おおむね密度に比例して上昇する。ヨーロッパなどではこの考え方を用いて、木材の密度によって樹種を大きく区分し、その区分に応じて強度等級を与える方式を採用している。

　2）乾燥性：木材の乾燥はまず自由水が、ついで結合水が木材中から離脱していく現象である。このときの乾燥エネルギーは結合水の離脱時により多く必要とする。繊維飽和点での含水率は樹種にかかわらずほぼ一定であるから、密度の大きい材ほど乾燥しにくい。

　3）収縮・膨潤：木材の収縮・膨潤は木材実質部の結合水の状態変化に起因するため、密度の大きい材ほど収縮・膨潤の変化が大きい。

　4）熱的性質：木材を温めるために必要な熱量（比熱）や材中に蓄えられる熱量（熱容量）は木材中の空気部分にも依存するため、密度とは関係がない。しかし、熱の移動は木材実質部を伝わっていくため、熱伝導率（熱の伝わりやすさ）は密度の大きい材ほど高く、いわゆる「断熱性能」は密度の低い材ほど高いといえる。

　5）電気的性質：電気抵抗と密度とは関係がないが、誘電率とは大きく関連する。この原理を応用したのが「高周波式含水率計（→§62）」である。

　6）音：音に対する性質には吸音（内部で吸収される音の比率）・遮音（通り抜ける音の比率、透過率で表現される）・個体伝搬音（材料が振動して伝わっていく）があるが、このうち密度に関係するのは遮音性のみであり、密度の高い材ほど性能はよい。ただし、コンクリートなどの高密度材料に比較すると、木材の性能は全般的に低い。

　そのほか接着強さは一般に800kg/m³までは密度に比例して高くなる。加工性能は密度の高い材ほど加工しにくいともいえるが、樹種の組織的特徴もあって例外が多い。耐火性能については密度の高いものほど優れている、というデータもある。　　　　　　＜飯島泰男＞

27. 針葉樹材と広葉樹材

◆木材の識別法

　世界の各地から実にさまざまな種類の木材が輸入され、かなり木材をよく知っている人でも、ちょっと見ただけではどういう名の材か判断できないことが多い。たとえば北米材のスプルースはエゾマツと同じグループの材であるが、産地によっても色はずいぶん違うようであるし、パイン類でも日本のアカマツと同属とは思えないものもよく混じっている。また同じ樹種にまぎらわしい名前がついていることも多く（→§35、36）、しばしば混乱の原因になる。

　木材は樹種ごとにそれぞれ特徴があるため、使用材の樹種名をあらかじめ知っておくことは必要なことである。しかし、もしすぐ判別できない場合どうしたらよいのであろうか。そこで「木材の識別法」、つまり素材や製材の状態になった材を分類する方法が役に立つ。

　この方法にはいくつかある。立木のときには木の葉、皮、花、実などで樹種を分けていくが、製材品ではこれらの方法は使えない。「材色」「におい」「触感」「味」などの感覚的な特徴で樹種を分類することもあるが、個体差もおおきい。

　最も一般的に行われている識別法は、木材の組織と構造、つまり木材の細胞構成の違いを利用する方法である。すなわち§28～33で述べるように、木材はさまざまな種類の細胞がぎっしりとつまった構造になっているが、顕微鏡などで細かく観察すると、樹種によって細胞の種類、大きさ、配列に微妙な差があることがわかる。この性質を利用して木材の識別を行うのである。

　ここでは、肉眼または比較的簡単な道具によって樹種を区分する方法を示そう。ただこの方法で可能なのは、おおむね「属」までで、たとえば「国産材のヒノキ」と「北米材のベイヒ」のように、同じ属に分類される樹種の識別は難しいことを念頭においていただきたい。もっと詳しく分けたい場合は、顕微鏡のお世話にならなければならない。また、いわゆる「南洋材」については省略した。

◆木材識別の手続き

　木材の識別にはまず慣れが必要である。そしてそのためにはいろいろの樹種を細かく観察する習慣をつけたいものであるが、それには一定の手続きがある。

　まず道具を揃えることである。道具といっても大げさなものではない。少なくとも、

1）カッター：材面を平滑にするため、もちろんよく切れるものがよい、間違ってもサンドペーパーは使わないこと

　2）ルーペ：虫メガネ、倍率10〜20倍、1,500円前後のもので充分

　3）木材組織の専門書

は最低限必要である。3)の専門書は多く出版されているが、一般向けには、佐伯浩著「この木なんの木」（海青社）が最適、少し上級者には、島地謙・伊東隆夫共著「図説木材組織」（地球出版）、佐伯浩著「木材の構造」（日本林業技術協会）、緒方健著「南洋材の識別」（日本木材加工技術協会）がよいであろう。

　また可能なら、樹種名の確かな材を数種用意し、これと比較照合すればより確かになる。自分で材鑑（識別用の試料）を揃えていくのもよい方法である。

◆針葉樹と広葉樹を分けてみる

　木材は「針葉樹」と「広葉樹」に大別されるので、これを判別してみよう。§28〜33で述べるように、針葉樹と広葉樹を細胞の構成からみると「道管」の有無が大きな違いとなっている。したがって、「道管があれば広葉樹、道管がなければ針葉樹」と考えてよい。とはいっても若干の例外もあり、初心者ではこの段階ですでに間違うことも多い。そのいくつかの例を示す。

　1）例外的に「道管のない」広葉樹がある。これは本邦産の有用樹種ではヤマグルマのみであるが、色調と放射組織が明らかであることから、「針葉樹ではない」と判断できる。

　2）道管があっても、きわめて小さく、肉眼では見えない広葉樹も多い。たとえば、ツゲ、ナナカマド、カツラなどでは針葉樹仮道管とほぼ同じ0.03mmほどの内径しかなく、この場合、倍率10倍のルーペでやっと見える程度である。したがって、その大きさだけではなく、針葉樹の方が整然と並んでいる、というような細胞の配列や、色調なども加味して判断しなければならない。

　3）針葉樹の樹脂道を「道管」と誤認する。

　ためしに、いろいろな樹種の木口面をカッターで平滑に仕上げ、ルーペでのぞいてみることをおすすめする。まずは口絵に示した顕微鏡写真（口絵写真6〜9）をじっくり比較していただきたい。

<飯島泰男／小泉章夫／太田章介>

28. 針葉樹材の組織構造と見分け方(1)

◆目で見た針葉樹材の特徴

　無孔材：肉眼で針葉樹材を見たときの第1の特徴は、広葉樹材とは異なり「木口面ではあな（孔）がなく、柾目面や板目面ではくぼんだ筋が見られない」ことである。それは、針葉樹材には道管がないためで、針葉樹材は「無孔材（むこうざい）」ともよばれる。

　年輪模様：第2の特徴は、「年輪模様がはっきりしている」ことである。年輪の境界に濃色の晩材層（→§19）が見られ、晩材層は細くても境界が明瞭にわかる。

　早材と晩材：年輪は1年の肥大成長の前半につくられた早材と後半につくられた晩材からなる（→§19）。早材では径が大きく細胞壁の薄い仮道管が、晩材では径が小さく細胞壁の厚い仮道管が並び、年輪の境界を明瞭にしている。早材から晩材への細胞径と細胞壁厚さの変化の程度は樹種により特徴がある。たとえば、アカマツやカラマツでは急激であり、ヒノキやトドマツでは顕著ではない（→口絵写真6、7）。

◆針葉樹材の組織構造

　仮道管：針葉樹材は無孔材とはいわれるが、まったく孔（あな）が無いわけではなく、木口面を顕微鏡で見れば細胞の切り口である孔が整然と並んで見える。これらの孔のほとんどすべてが「仮道管」の切り口だと考えてよい。事実、針葉樹材を構成する細胞の90%以上が仮道管で占められ、日本産針葉樹材の平均では約96%にもなる。

　針葉樹の仮道管は水分通導と樹体保持の2つの作用を受けもっている。仮道管はつくられてから数週間で死んでしまうので、細胞を包んでいた「細胞壁」だけが残り、なかは空っぽになっている。この空の部分を内こう（内腔）とよぶ。

　仮道管の大きさは日本産材であれば、おおよそ長さ2～6mm、直径0.02～0.07mmの範囲内と考えてよい。ただし、同一樹種においてもその長さは成熟材と未成熟材で変動するし、直径は早材と晩材、放射方向と接線方向の違いによって異なるので単純な比較は禁物である。

　仮道管細胞壁はセルロース（→§77）を基本骨格とし、これにヘミセルロースを介してリグニン（→§78）が充てんされたものと見なすことができる。このセルロースが集合してつくられた基本骨格をミクロフィブリルとよび、細胞の長軸に対する配向の傾斜をミクロフィブリル傾角という。仮道管細胞壁はこのミクロフィブリル配向の特徴から、細胞間層から内こうに向かって（細胞の外側から内側に向かって）、一次壁（P）、二次壁外層（S1）、二次壁

中層 (S2) 二次壁内層 (S3) の各層に区分される (図1)。細胞壁中ではS2が壁中で最も厚く、全壁厚の70％以上を占めており、木材のさまざまな物理的・力学的性質はこの層の性質に大きく支配されている。

木材の細胞は隣接する細胞との連絡をとるために壁孔とよばれる組織をもっている。針葉樹仮道管も隣接するほかの仮道管および放射柔細胞との間の壁孔を有している。壁孔の配列や形状には樹種特性も認められる。とくに、仮道管と放射柔細胞とが接している部分にできる壁孔(分野壁孔)はその形、

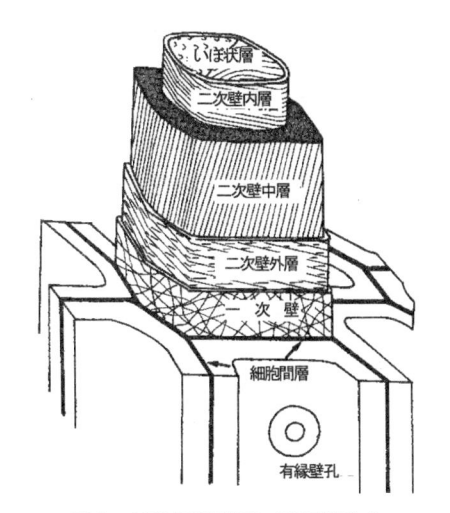

図1. 針葉樹仮道管の壁層構造とミクロフィブリルの配向
(藤田 稔:「すばらしい木の世界」より)

大きさ、数などによって、ヒノキ型、マツ型、スギ型、トウヒ型、窓状に分類されており、樹種識別にも利用される (→§29)。

放射組織：仮道管に直交して放射方向（半径方向）に長く連なる細胞の帯を「放射組織」とよぶ。通常は1細胞幅しかないが、傷害部や異常成長した材部では2列以上が認められることもある。日本の代表的な針葉樹において放射組織が全体の組織に占める割合は 1.4〜6.1％で、スギ、ヒノキ、コウヤマキで少なく、イヌマキ、モミ、ツガで比較的多い。放射柔細胞がその主な細胞で、心材化するまで長生きし、デンプンを蓄えている。放射仮道管は、通常、トウヒ、カラマツ、トガサワラ、マツ、ツガなどの各属の植物に認められる。

樹脂道：アカマツなどの幹や枝を切ると材中から「やに」つまり「樹脂」がにじみ出てくる。樹脂はエピセリウムという細胞が分泌し、「樹脂道」とよばれる空洞に蓄えられている。大きな樹脂道なら、木口面の晩材近くに白い斑点として肉眼でもみつけることができる（マツ属）。樹脂道の有無や大小も樹種の特徴であり、正常な樹脂道はマツ科のトウヒ、カラマツ、トガサワラ、マツの各属の樹種で形成される。ただし、生立時に受けた傷に由来する樹脂道（傷害樹脂道）は、通常は樹脂道を形成しないスギ、モミ、ツガなどにも形成されることがあるので注意を要する。これらの傷害樹脂道は接線方向に連続して形成されることが多い。

<太田章介／高田克彦>

29. 針葉樹材の組織構造と見分け方(2)

◆針葉樹の識別

　木造住宅の構造用材の大部分には針葉樹材が用いられている。現在よく利用されている針葉樹材とその分類を表1に示した。これら以外の針葉樹で、イチイ科、マキ科、イチョウ科、ナンヨウスギ科などに分類される樹種については割愛した。

　ここでの針葉樹識別の流れを図1に示す。これは、まず樹脂道の有無と心材の色調で大まかに針葉樹を6種に区分したうえで、最終的に属を決定するというものである。なお、早晩材の境界部での細胞厚さ変化の程度や晩材の幅も樹種識別に役に立つ。たとえば、カラマツ

表1. 建築構造用に用いられる代表的な針葉樹（漢字で示したものは中国産材）

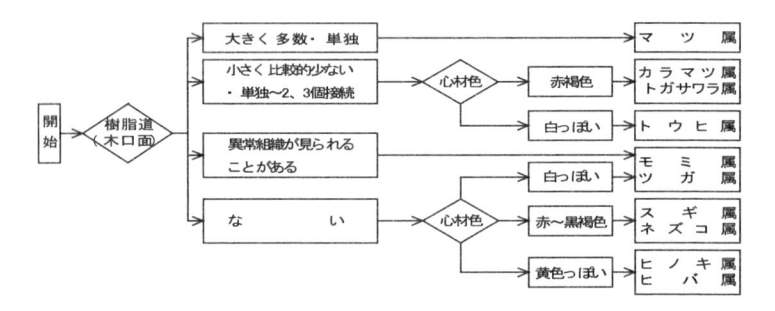

科	属（学名）	種
マツ	マツ（*Pinus*）	硬松類：アカマツ、クロマツ、ロッジポールパイン、ポンデローサパイン、サザンパイン類、オウシュウアカマツ、ラジアータパイン、カリビアマツ、赤松、樟子松、長白松、馬尾松
		軟松類：ヒメコマツ、ウェスタンホワイトパイン、シュガーパイン、イースタンホワイトパイン、ベニマツ、紅松、五針松
	モミ（*Abies*）	モミ、トドマツ、ファー類、冷杉
	トウヒ（*Picea*）	トウヒ、エゾマツ、スプルース類、云杉
	カラマツ（*Larix*）	カラマツ、ウェスタンラーチ、タマラック、ダフリカカラマツ、落叶松、紅杉
	トガサワラ（*Pseudotsuga*）	トガサワラ、ダグラスファー（ベイマツ）、黄杉
	ツガ（*Tsuga*）	ツガ、ウェスタンヘムロック（ベイツガ）、鉄杉
ヒノキ	ヒノキ（*Chamaecyparis*）	ヒノキ、サワラ、シーダ類（ベイヒ、ベイヒバ）、扁柏
	ヒバ（*Thujopsis*）	ヒバ（アスナロ、ヒノキアスナロ）、羅漢柏
	ネズコ（*Thuja*）	ネズコ、ウェスタンレッドシーダ（ベイスギ）、崖柏
スギ	スギ（*Cryptomeria*）	スギ、柳杉

図1. 針葉樹識別の手順

は針葉樹材で最も変化が急であり、マツ属のなかでは硬松類（主として2葉）は急、軟松類（主として5葉）は緩、ヒノキ・ヒバ・トウヒなどは緩で晩材は細い（→§28）。針葉樹は顕微鏡を用いると、分野壁孔（→§28）の形などから比較的簡単に識別できることも多い。

◆識別の手順

 1) 材の木口面を平滑にする：まずカッターで材の木口面を平滑にする。材が乾燥している場合、材は切りにくいので水で濡らすとよい。また、可能ならば柾目、板目の各面も正確に切り出しておく。この点は広葉樹でも同様である。

 2) 樹脂道を観察する：樹脂道は木口面では白あるいは褐色の点として肉眼でも識別することができる。樹脂道のある材はマツ、カラマツ、トガサワラ、トウヒの各属であり、これをルーペで細かく観察すると2つの型に分類される。マツ属では比較的大きいものが単独に、早晩材を問わず、多く分布している。それに対しトウヒ（エゾマツなど）、カラマツ、トガサワラの各属では、マツ属よりやや小さめのものが、しばしば2〜3個つながった形で、晩材部の接線方向に配列している。また数が少ない場合には見落すこともあるため、注意が必要である。モミ、ツガ属では異常組織としてしばしば年輪界付近に円周状の傷害樹脂道をつくることがある。

 3) 心材色：心材の色は同じ樹種でも差があり、一応の目安と考えた方がよい。また辺材のみの場合は、肉眼による区別は難しいことが多い。

◆各樹種の特徴

・マツ属：マツ属は硬松類と軟松類に分けられる。識別の要点は、前者の年輪がより明瞭で、やや堅く、材色が比較的濃いことである。

・カラマツ、トガサワラ、トウヒ属：以上のうち、トウヒ属は材が白っぽく、また辺心材の色に差がないので容易に区分できるが、カラマツとトガサワラ（ベイマツなど）はよく似ているので混乱する。これはトガサワラの方がややピンク色を呈し、また板目面に樹脂道（褐色の線に見える）が認められるので区別ができる。

・モミ、ツガ属：ツガの方がやや紫色を帯びた色調をしているので、慣れると比較的簡単に分類できるようになる。また、モミ属はトウヒ属と同様、辺心材の色に差がない。

・スギ、ネズコ属：スギとネズコ（ベイスギなど）は主として色（ネズコの方が灰色がかっている）と香りで分けられる。

・ヒノキ、ヒバ属：これらは色と香りで比較的簡単に区分できることはよく知られている。前者の香りがより強く、色が少し濃い。

<飯島泰男／小泉章夫／太田章介>

30. 広葉樹材の組織構造と見分け方(1)

広葉樹は針葉樹よりも進化した植物グループであり、材の組織構造も針葉樹材に比べ賑やかさを増し、さまざまな表情をみせる。

◆目で見る広葉樹材の特徴

有孔材：針葉樹材で見られた仮道管は、進化の過程で水分通道を専門に行う「道管」と樹体支持を受けもつ「木部繊維」という2種類の細胞に分化したと考えられている。したがって広葉樹材の木口面には、針葉樹材には認められなかった道管が、「あな(孔)」として現れるので、「有孔材」とよばれる。また、柾目面や板目面では道管が縦に切られたくぼんだ筋が見えることもある。ただし、道管が小さくて虫眼鏡で見ないと判断できない樹種、ヤマグルマのように道管をもたない樹種もごく稀にある。

道管の大きさ：道管の大きさは、小さなものは0.03mm（ツゲ）から大きなものは0.3mmを超えるもの（クリ、ラワン）まである。0.1mm以下の道管（カツラ、ホオノキ）は肉眼では見つけにくいが、0.1mmを越えると木口面では点、柾目面や板目面では細い筋として認識できる（ウダイカンバ、クスノキ）。0.2mmを超えると木口面で円い孔、柾目面や板目面でくぼんだ筋として（ミズナラ、ラワン）、0.3mm以上では木口面で奥行きのある孔、柾目面や板目面では溝のように見える（ハリギリ、ヤチダモ）。

◆広葉樹材の組織構造（口絵写真8、9）

道管の並び方：年輪内の道管の並び方により、木口面に道管の孔がつくる模様が現れる。その型によって、環孔材、散孔材、半環孔材、放射孔材、紋様孔材の5つに分類される。

環孔材：年輪の最初に大きな道管が形成され、それが年輪に沿って並ぶ材（ケヤキ、ミズナラ）で、日本産広葉樹材の約30％が「環孔材」である。温帯産材に多く、熱帯産材では稀であるが、チークが「環孔材」である。大きな道管が並んでいる部分は早材に相当する部分で孔圏とよばれる。孔圏の道管の配列には樹種による特徴が認められる。また、晩材に相当する孔圏外の部分に小さな道管が配列するが、その配列にも樹種による特徴が認められる。

散孔材：大きさのあまり違わない道管の孔が年輪全体に散らばる材で（ブナ、カエデ、サクラ）、日本産広葉樹材の約60％を占める。熱帯産材のほとんどが「散孔材」である。

半環孔材：年輪の初めの部分（早材）に、偶発的に比較的大きな道管がある材（タカノツメ）、あるいは多数の小道管が並び年輪の外側（晩材）と区別できる材（クロウメモドキ）。

放射孔材：孤立の道管が放射状に配列している材（カシ類、マテバシイ）。
紋様孔材：道管の配列が火炎状、ジグザグ状など特異な模様を示す材（ヒイラギ）。
放射組織の模様：広葉樹材では放射組織の発達もみられ、複数の放射柔細胞が横に並んだ多列の帯となることが多い。とくに幅が 0.1〜0.2 mm もある放射組織を「複合放射組織」とよび、これらは肉眼で容易に材面に見つけることができる（アカガシ、ミズナラ、ブナ）。広放射組織をもつ材の板目面には、広放射組織の断面が模様として現れる。とくにカシ類やブナの板目に現れる模様を「カシ目」「ブナ目」とよんでいる。柾目面には広放射組織や濃く着色した放射組織が、横に走る帯として現れ、追い柾材（柾目・板目の中間的な年輪角度になる材）の表面では、帯が所々切られた斑点模様として現れる。ミズナラ材の虎斑（→§24、32）やハルニレ材のレイフレック（放射組織斑）が有名である。

◆顕微鏡で見た広葉樹

木部繊維：軸方向に並ぶ細胞で、道管以外の部分を埋め尽くすように存在する「木部繊維」がある。樹体を支える細胞で、長さは約 1〜2 mm と針葉樹仮道管 (2〜4 mm) に比べて短い。

軸方向柔組織：軸方向に並ぶ柔細胞の集団を指して「軸方向柔組織」とよぶ。広葉樹材では針葉樹材に比べて軸方向柔組織が発達しており、材中の配列も多様である。木口面に現われる軸方向柔細胞の配列は道管と無関係に配列する「独立柔細胞」と道管と関連をもって配列する「随伴柔細胞」の 2 つに大別される。いずれの柔組織においてもその配列の仕方、とくに集団の組み方に樹種ごとの特徴があり、樹種識別の拠点（「根拠になる点」のこと）となりうる。

チロース：道管に接している放射柔細胞または軸方向柔細胞が、道管との間の壁孔を通って道管内に膨れでることがある。この膨れでた部分を「チロース」とよぶ。道管の水分通導機能が衰えてくると「チロース」の形成が始まり、心材への移行の際にさらに発達して最終的には道管の閉塞に至る。「チロース」は多くの樹種で多少とも認められるが、ほとんど発達しない樹種もある（マカンバ、ハンノキ、サワグルミなど）。「チロース」の形状には、泡状（クリ、ハリギリなど）や隔壁状（ブナ、カツラ、ホオノキ）がある。

道管のつなぎ目：道管はパイプを短く輪切りにしたような細胞（道管要素）が連なったもので、樹種によっては道管の長さは 10 m 以上にもおよんでいる。道管要素同士のつなぎ目を「せん孔」とよび、単一の大きな孔が開いた「単せん孔」、はしごを斜めに掛けたような「階段せん孔」などの型がある。日本産材の約 7 割の樹種が単せん孔、約 3 割が階段せん孔をもっている。

<太田章介／高田克彦>

31. 広葉樹材の組織構造と見分け方(2)

◆広葉樹の識別

　広葉樹は針葉樹に比較してより進化した植物群で、種類は多く、材の構造も複雑なものとなっている。そのため、識別のためのポイントも針葉樹より多岐にわたり、手順も単純ではない。ここでは国産広葉樹を中心に識別の概略のみを述べることとし、実際の手順は§32～33に記すことにする。

◆道管の配列と大きさによる区分

　道管の配列による区分は広葉樹識別の第1段階ともいえる重要なもので、いくつかの分類方法がある。最も代表的なものは、材を木口面でみたときの道管の配列から、図1に示した4種類に区分するものである。しかし、これらの中間的な配列を示すものもあり、たとえばオニグルミは環孔材と散孔材の中間的な形を、シイ類は環孔材と放射孔材の中間的な形をそれぞれ示す。また、放射孔材、紋様孔材に該当する樹種は少なく、前者にはカシ類など、後者にはヒイラギがあるだけであるから、こうした特殊な道管配列をする材の識別は比較的容易となる。

　道管の大きさも重要な識別の拠点である。この分類は通常表1のようになる。Ⅰでは道管がきわめて小さいため、ルーペによってやっと認められる程度であるが、Ⅱになると縦断面では凹んだ線として認められるようになる。一方、Ⅴなどは直径0.3mmを超えるものもあり、肉眼で明瞭に「あな」として認めることができる。

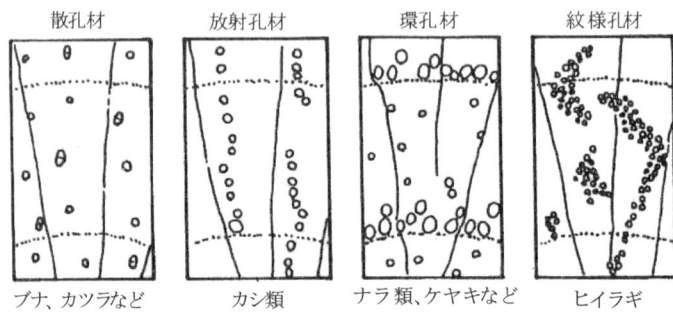

図1. 道管の配列による広葉樹の分類

（散孔材：ブナ、カツラなど／放射孔材：カシ類／環孔材：ナラ類、ケヤキなど／紋様孔材：ヒイラギ）

◆放射組織による区分

これは針葉樹にも存在した組織であるが、広葉樹では幅がきわめて広く、特徴的な樹種もあり、識別の拠点となる場合が多い。放射組織の幅による分類を表2に示した。ここでは4段階に区分しているが、このなかのIVに分類されるものは比較的少なく、識別が容易となる可能性がある。

表1. 道管の大きさによる分類

分類	大きさ	主な樹種
I	肉眼では認められない	ツゲ
II	肉眼で認められる	カエデ類、ブナ、トチノキ
III	中庸	マカンバ、アカガシ
IV	大きい	オニグルミ、ヤチダモ
V	きわめて大きい	クリ、ミズナラ、ケヤキ

表2. 放射組織の幅による分類

分類	幅	主な樹種
I	肉眼では認められない	ツゲ、トチノキ、クリ
II	肉眼で認められる	カエデ類、マカンバ、オニグルミ
III	中庸	ケヤキ、ヤチダモ
IV	広い〜きわめて広い	ブナ、ミズナラ、アカガシ

◆柔組織による区分

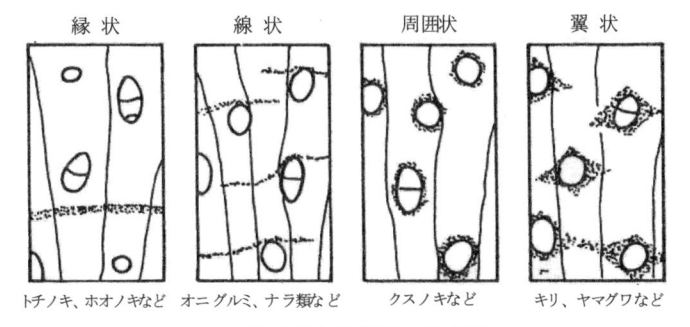

柔組織は木材中の栄養分などを貯蔵する細胞の集まったもので、木口面をルーペあるいは肉眼でみると、周囲の組織に比較して淡色に認められるものである。これにはいろいろな形状のものがあり、とくに南洋材では重要なポイントとなる。しかし、本邦産材はそれほど明瞭でない場合もあるため、ここでは比較的認めやすい代表的なもののみを図2に示した。このなかで「縁状」として図示したものは年輪界に沿って長く配列するもので、肉眼でも明らかに認められることが多い。なお、柔組織は水に濡らすと、淡い色で浮き上がって見えるので、これをルーペで観察するとよい。　　　　　　　　　　　＜飯島泰男／小泉章夫／太田章介＞

縁状	線状	周囲状	翼状
トチノキ、ホオノキなど	オニグルミ、ナラ類など	クスノキなど	キリ、ヤマグワなど

図2. 代表的な柔組織の模式図

32. 広葉樹材の組織構造と見分け方(3)

◆広葉樹でのその他の特徴

広葉樹の識別に有効な特徴としてリップルマーク（放射組織などの配列が規則的なため、板目面では波状紋として認められる）、ピスフレック（虫害による異常組織、縦断面で褐色のややきたない筋に見える）などがある。また、以上のような組織的な特徴以外に、色調、特殊な模様、香りなどから、比較的容易に分類できる樹種がある。しかし、色調は同一樹種であってもかなり差を示すこともあるため、材の識別にあたっては注意が必要である。

なお、以下（§33も同様）に記載した材色は、特記のない場合はすべて心材の材色である。また、（ ）内は学名（属）である。

◆道管の配列による分類

広葉樹を道管の配列から「散孔材」「放射孔材」「環孔材」「紋様孔材」と、さらに道管のない「無孔材」の計5つのグループに分類される。本邦産広葉樹の大半は散孔材と環孔材で、残りの3グループの樹種は少なく、この段階で主要樹種はつぎのようになる。

・カシ類（*Quercus*→§36）…放射孔材、材色は赤色（イチイガシ・アカガシ）または白色（シラカシ、アラカシ）、放射組織はきわめて広い。農耕具の柄、木刀など。

・ヒイラギ（*Osmanthus*）…紋様孔材、材色は淡黄白色。

・ヤマグルマ（*Trochodendron*）…無孔材、材色は褐色

◆環孔材

環孔材の主要樹種の組織的特徴を表1に示した。環孔材では小さい道管の存在する部分（孔圏外とよばれる）の道管配列も識別の大きな要点となる。

環孔材の孔圏外道管の配列は図1に示すようにR型（放射状）、W型（波状、接線状）、D型（散

表1. 主要環孔材の組織的特徴

樹種	孔圏道管	孔圏外道管	放射組織	柔組織
クリ	IV〜V	R	I	線
シイ類	IV〜V	R	III〜IV	線
ナラ類	IV〜V	R	IV	線
キハダ	IV	W	II	周
ハルニレ	IV	W	II〜III	周
ケヤキ	III〜IV、1〜2列	W	II〜III	
ハリギリ	V、1列	W	II	
キリ	IV	D	II	翼、線
タモ類	III〜V	D	I〜II	縁、周、翼
イヌエンジュ	III〜IV	D、W	II	線、周
ヤマグワ	III	D、W	III	周、翼

注）孔圏道管、放射組織；§31の表1、2の分類による、柔組織；§31の図2の分類による

在状)の3種類に分類されるのがふつうである。こうした分類と放射組織の幅、柔組織の種類を組合わすことによって、環孔材の識別ができる。

1) 孔圏外道管がR型の材

・クリ（*Castanea*）：材色は褐色～黒褐色。伝統構法住宅の土台によく用いられている。

・シイ類（*Castanopsis, Pasania*）：道管の配列が放射孔材に見えることもある。材色は褐色。俗称アマミグリはシイの仲間である。

・ナラ類（*Quercus*→§36）：放射組識の幅はきわめて広く、柾目面では虎斑（→§24、30）などの特徴的な紋様を示すことがある。材色は褐色。ミズナラは高級家具材、フローリングなど。カシワ、クヌギも同属。

2) 孔圏外道管がW型の材

・キハダ（*Phellodendron*）：材色は緑色を帯びた淡褐色で特徴的、辺材は白っぽく対照的。内樹皮は胃腸薬（オオバク）になる。

・ハルニレ（*Ulmus*→§36）：材色は赤褐色。

・ケヤキ（*Zelkova*）：材色は黄褐色。建築構造用、化粧用、漆器など、多くの用途がある。

・ハリギリ（*Kalopanax*）：材色はくすんだ淡褐色。ケヤキに似ているので代替品として使われる。

3) 孔圏外道管がD型の材

・キリ（*Paulownia*）：材はきわめて軽軟、やや紫味を帯びた淡褐色。和箪笥、和琴。

・タモ類（*Fraxinus*→§36）：黄白色（シオジ、アオダモ）または褐色（ヤチダモ）。野球のバット。集成材に加工した手すり、階段、カウンターなども多い。

・イヌエンジュ（*Maackia*）：心材は暗褐色、辺材は黄褐色できわめて対照的。

・ヤマグワ（*Morus*）：材色は黄褐色。指物用。　　　　＜飯島泰男／小泉章夫／太田章介＞

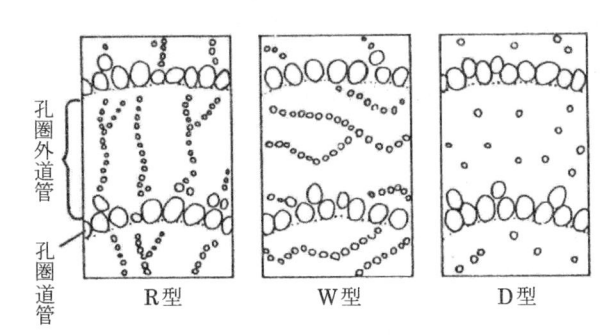

図1. 環孔材の道管配列

33. 広葉樹材の組織構造と見分け方(4)

◆散孔材

表1に代表的な散孔材の組織的特徴を一覧した。これを参考に散孔材を識別してみよう。

1) 放射組織の幅が著しく広い

・ブナ（*Fagus* →§36）：放射組織を板目面でみるとレンズ状で、その高さは2mmを越えることが多い。材色は淡紅色～紅褐色。椅子の曲げ部材や成形合板用によく使用される。

・ハンノキ（*Alnus* →§36）：放射組織を板目面で見るとブナほど明瞭ではない。やや軽軟で材色は赤っぽい。

2) ピスフレック（→§32）が著しい

表1. 主要散孔材の組織的特徴

樹種	道管	放射組織	柔組織	その他の特徴
ブナ	II	IV	線	
ハンノキ	II	IV		(P)
カエデ類	II	II	縁	P
サクラ類	II	II		P
カキ	II～III	I～II	縁、線、周	R
トチノキ	II	I	縁、線	R
クスノキ	III	II	周	(P)、樟脳臭
タブノキ	II	I～II	翼	
イスノキ	I	I	線	色調
オニグルミ	IV～V	II	縁、線	
ツゲ	I	I		色調
ホオノキ	II	I～II	縁	色調
カツラ	II	I		
カバ類	III	II	縁、線	P
アサダ	II～III	I	縁、線	
ドロノキ	II～III	I	縁、線	(P)
シナノキ	II	II	縁、線	(R)
ミズキ	II～III	II	線	

注）孔圏道管、放射組織；§31の表1、2の分類による、柔組織；§31の図2の分類による、その他の特徴；P：ピスフレック、R：リップルマーク、（ ）は不顕著なもの

・カエデ類（メイプル、*Acer*）：木理の乱れが縮み杢や鳥眼杢（バードアイ）を表すことが多く（→§24）、化粧材として珍重される。バイオリンの裏板。材色は桃白色～桃褐色。

・シラカンバ（*Betula*）：安物の割り箸に良く用いられる。白色。

・サクラ類（*Prunus* →§36）：柔組織は不明瞭。傷害樹脂道とよばれる「ヤニ」の通るアナが認められることがある。材色は紅褐色で艶が美しい。

3) リップルマーク（→§32）が著しい

・カキ（*Diospyros*）：材色は橙色ないし黒味を帯びる。ゴルフのクラブヘッドとして有名なアメリカ材のパーシモン、唐木のコクタンも同じ仲間である。

・トチノキ（*Aesculus*）：材色は白～灰白色。縮み杢（→§24）が表れることが多い。漆器などに用いられる。大径木になり、民家風飲食店の大型テーブルやカウンターにしているの

をよくみかける。

4) 周囲状または翼状柔組織が顕著

・クスノキ（*Cinnamomum*）：芳香（樟脳の匂い）がある。材色は淡赤褐色。欄間・彫刻に用いられる。

・タブノキ（*Machilus*）：匂いは不明瞭。クスノキよりやや重硬。材色は紅褐色。

5) 特徴的な色調

・イスノキ（*Distylium*）：材色は暗紫褐色で、きわめて特徴的。密度は900kg／m³で国産材では最も重い。

・オニグルミ（*Juglans*→§36）：材色は赤褐色で灰黒色の縞模様が認められる。道管はかなり大きいが早晩材による差があり、環孔材のようにみえることがある。特殊用途としてはライフルなどの銃床に用いられる。ウォールナットも同属。

・ツゲ（*Buxus*）：材色は鮮黄色。将棋の駒や櫛、印鑑用など。

・ホオノキ（*Magnolia*）：材色は緑灰色。製図板、下駄、錐などの柄、版画用など。

6) その他の材の特徴

・カツラ（*Cercidiphyllum*）：心材の色調は紅褐色。道管は小さいが肉眼でも認められることがあり、そのなかにキラキラ光るもの（チロースという→§30）がある。軽く、針葉樹材のようにもみえる。かつては卓球台に多く用いられた。

・カバ（*Betula* →§36）：道管の大きさは中庸、放射組織は肉眼で認められる。材色は白〜淡褐色（シラカンバ、ダケカンバ）または紅褐色（マカンバ、ミズメ）。フローリング用。

・アサダ（*Ostrya*）：マカンバに似るが、色は暗褐色。道管の配列が放射方向に向う傾向が強く、放射組織は肉眼では認めにくい。高級フローリング用。

・ドロノキ（*Populus*→§36）：いわゆる「ポプラ」の類である。放射組織は肉眼では認められない。材は白色。マッチの軸材。似たような木に「サワグルミ（*Pterocarya*）」があるが、こちらの方は道管数が少ない。

・シナノキ（*Tilia*→§36）：不明瞭ながらリップルマークがある。道管、放射組織とも肉眼で認められる。材色は淡黄褐色。合板用として多用される。北海道の熊の彫り物はほとんどがこれ。

・ミズキ（*Cornus*）：道管の大ききは中庸。材色は淡黄白色。こけしの材料として有名。

<飯島泰男／小泉章夫／太田章介>

34. 木の名前いろいろ(1) −スギの品種−

◆スギの天然分布

スギ（*Cryptomeria japonica*）はヒノキ（*Chamaecyparis obtusa*）とともに日本に固有の常緑針葉樹で、日本の造林樹種のなかで最も重要な樹種である。現在のスギの天然分布は、その北限が青森県・鰺ヶ沢町、南限は鹿児島県・屋久町で、断続的に冷温帯から暖温帯まで及んでいる。しかしながら、古くから天然林の伐採利用がすすめられてきた上に、全国で人工造林が繰り返されてきていることから、天然分布地域の詳細は明らかではない。

現存するスギの天然林はそれぞれの地方で気候条件や土壌条件などの違いによって分化していると考えられている。東北から北陸、山陰地方に至る日本海側の地域のスギをウラスギ、伊豆半島から紀伊半島、四国、鹿児島・屋久島に至る太平洋側の地域のスギをオモテスギとして大別することがある。一般に、ウラスギ系統はオモテスギ系統に比べて耐陰性が強く、下枝が枯れあがりにくいとされる。

◆スギ人工林と品種

スギ人工造林の歴史は古く、300〜400年前から各地で始められたとされている。さし木造林では京都北山において1400年頃に行われたという報告もある。しかしながら、組織的な造林が行われたのは国有林では明治以降、民有林では昭和初期以降に補助事業が実施されてからと考えてよいだろう。

一般にスギには2種類の「品種」が認められている。1つは天然に地域によって成立するいわゆる「地域品種」である。先に述べたウラスギとオモテスギは「気候品種」とよばれ、これらの「地域品種」を生育気候条件から大別したものと考えることができる。もう1つの「品種」は、人為的な造林手段の結果として成立した「栽培品種」とよばれるものである。「栽培品種」はその成立の過程によって「在来品種」と「育成品種」に分けることができる。図1に代表的な「地域品種」と「栽培品種」を示した。これらの「品種」はそれぞれの地域の林業地と密接な関連をもちながら育成されてきたものが多い。

「地域品種」は北から、秋田県米代川流域のアキタスギ、京都府芦生地域のアシュウスギ、奈良県吉野地域のヨシノスギ、高知県梁瀬地域のヤナセスギ、鹿児島県屋久島のヤクスギなどが有名である。これらはそれぞれの地域の天然林あるいは天然性スギに源を発した「品種」であり、ほかの集団（品種）と形態、更新方法、材質などを異にするものも多い。

「栽培品種」は北から、千葉県を中心に関東一円で広く植栽されているサンブスギ、富山県西部地域を中心に植栽されているボカスギ、京都府北山地方のシロスギなどがある。とくに九州地域では、多数のさし木由来の「栽培品種」が選抜・育成されてきている。そのなかには、古い時代にさし木に移され、現在、複数の県で植栽されているアヤスギ系、ホンスギ系、メアサ系、ヤブクグリのほか、飫肥林業地帯の品種群であるオビスギ群、比較的近年に選抜・育成されたリュウノヒゲ、シャカインなどがある。これらの「栽培品種」の成長や樹幹形状は一般に良好であるが、強度的性質や心材色などの材質は「栽培品種」間で必ずしも一様ではない。

<高田克彦>

図1. スギの地域品種と栽培品種

35. 木の名前いろいろ(2) －輸入針葉樹－

◆ちょっとマッた！ベイマツはマツじゃない

日本でもおなじみの「ベイマツ」、これはマツ属の樹種ではない。実はトガサワラの仲間（マツ科トガサワラ属）なのである。したがって、日本のアカマツやクロマツ（マツ科マツ属）とは植物分類学の上では違う仲間に属している。ただし、日本のトガサワラが市場に出回ることはごく稀である。

アメリカではかつて Oregon Pine（オレゴンパイン）、Douglas-spruce（ダグラススプルース）とよばれたこともあったらしいが、いまは Douglas-fir（ダグラスファー）に統一されている。そのため、誤ってファー（モミ）だと思っている人もいる。ちなみにパインはマツ、スプルースはトウヒである。ただし、マツもトウヒもツガもモミも「マツ科」に属する樹木ではある。で、日本のトガサワラは「ツガのようなサワラ」の意味であるが、サワラはなんとヒノキ属の樹木である。学名は *Pseudotsuga*（シュードツガ）。この *Pseudo* とは、「にせもの」という意味であるから、日本語でいうと「ツガモドキあるいはニセツガ」となる。

日本にこの木が入ってきたとき、マツに似ていたので「ベイマツ」とよばれた。おかげで、その後に入ってきた本当のアメリカのマツは「パイン」と名付けられることになった。最初この木をみたのがダグラスさんで、「あれはファーだ、といったから、ダグラスファーになってしまった」という説がある。ウソかホントか知らないけれど。

このような例はベイマツに限ったことではない。表1に北米材の市場名と英名、学名、それらと同属の国産樹種名を一括した。じっくりご覧いただきたい。

◆ベイスギもスギじゃない・ヒノキではないヒノキもある

表1に示したようにベイスギもスギ属ではない。これは日本でいうネズコで、ヒノキ科に

表1．北米材と国産の木材の名前対照表

市場名（英名）	学名	同属の国産樹種
ベイマツ（Douglas-fir）	*Pseudotsuga menziesii*	トガサワラ
ベイスギ（Western redceder）	*Thuja plicata*	ネズコ
ベイヒ（Port-Orford-cedar）	*Chamaecyparis lawsoniana*	ヒノキ
ベイヒバ（Alaska cedar）	*Chamaecyparis nootkatensis*	ヒノキ
ベイモミ（Western fir）	*Abies procera* など複数種	モミ
ベイツガ（Western hemlock）	*Tsuga heterophylla*	ツガ
レッドウッド（Redwood）	*Sequoia sempervirens*	スギと科が同じ

なる。これも多分、輸入したとき、スギに似ていたので、販売のことを考えたのであろう。

また、以前「アラスカヒノキ造りの家」という看板を見かけたことがある。北米から輸入されているヒノキ属の樹種には「ポートオーフォードシーダーあるいはピーオーシーダー（ベイヒ）」と「アラスカ・シーダ（ベイヒバ）」というのがあるが、アラスカヒノキというのは一般名としてはない。で、これを調べると、なんとスプルースであった。

ヒノキといえば、最近、市場にでまわっているのにラオスヒノキというのがある。これはタイワンヒノキ（ヒノキの変種で台湾の山岳地域に自生する）が伐採禁止になったため、台湾の業者がその代替材として目をつけたものらしい。これもヒノキ属ではなく、$Fukienia$属の樹木で、フッケンヒバあるいはフッケンヒノキともよばれる。

このように、輸入材ではその材の色や質などが著名な国産材、あるいは優良な外材に似ていると、本来の植物名や地域名から新たな商品名へと名前を変えられることがよくある。熱帯材に至ってはラワン類のうちのあるものを「○○マホガニ」と称していることもある。いずれも「不当表示」というべきである。

◆Hem-Fir・SPF・ホワイトウッド・レッドウッド

北米などから輸入されている木材にHem-Fir（ヘム・ファー）、SPFというのがある。これらを単一樹種と思っておられる方が少なくない。しかし、いずれも数樹種を含んだ「樹種群」なのである。国産材でいう「エゾ・トド」と同じ関係である。

Hem-Firはウェスタンヘムロック（ベイツガ）に北米太平洋岸のファー類が混じっているものである。このヘムロックとファーの強度は似たようなものだが、薬剤注入をするとファーの方にはほとんど入らないので、防腐剤注入加工のとき、よく問題がおこる。SPFにはスプルース、パイン、ファーの複数の樹種が混在し、産地、ロットによって樹種比率はかなり変化する。これらも強度性能がほぼ同程度であるため、一括して取り扱っているのである。

最近輸入量の多い、欧州の「ホワイトウッド」もトウヒ属（ドイツトウヒ：$Picea\ abies$）であるが、モミ属の材（ヨーロッパモミ：$Abies\ alba$など）も混在しているかもしれない。

また欧州からの「レッドウッド」の輸入量も増えている。この名称、かつて日本では北米産のセコイヤを指していたのだが、今ではオウシュウアカマツ（$Pinus\ sylvestris$）を意味することが多くなった。欧州でレッドウッドといえば、通常、この材のことを示すのである。

混乱しそうなときには、流通名を鵜呑みにせず、ルーペとカッターを用意し、大まかに識別してみることがまず必要である。　　　　　　　　　＜飯島泰男／小泉章夫／高田克彦＞

36. 木の名前いろいろ(3) －広葉樹－

◆ラワン・MLHも樹種群

　東南アジアからの輸入材にラワン、MLH というのがある。これらも「樹種群」である。ラワンはフタバガキ科に属する多くの樹種の総称で、もともとフィリピンからの輸入材を指していた。マレーシア・サラワク・インドネシアからの材はメランチ、サバからのものはセラヤという。また MLH は Mixed-Light-Hardwood の略で、広葉樹のうち比較的密度の小さいものの総称である。

◆カシ・ナラ・オーク

　カシ類は放射孔材、ナラ類はほとんどが環孔材で、日本ではこれらを区別してよんでいる。英名はどちらもオーク (oak) で、ISO の広葉樹製材規格では前者を「sessile（無柄） oak」、後者を「pedunculated（花梗を有する） oak」と分けているが、属名はいずれも *Quercus*（コナラ属）である。

　ウィスキーの樽材として有名なホワイトオークは北米の樹種で、コナラ属に属し、日本のミズナラとよく似た樹木である。この道管はきわめて大きいが、なかにチロースという物質があって、液体が容易に漏れないようになっているから、樽に利用できるのである。北米にはもう1つレッドオークというのもある。こちらの方はチロースがないから樽には適さない。スコッチウィスキーの本場であるイギリスで有名なのは、イングリッシュオークである。

　またオークは建築や家具用材としても、とくに欧州では重要な樹種で、日本でも北海道産ミズナラによる家具が有名である。

　明治時代初頭、北海道開拓の折、ミズナラの大径材が大量に伐採された。しかし、日本では「オーク＝カシ」と訳してしまっていたものだから、その利用法といえばせいぜい枕木くらいしか考えられなかったらしい。明治後期になって、米国の技術者に「北海道には立派なオークが、おおくあるではないか」と言われるまで、その良さが十分活かされなかった、という話である。

◆ニレ・アカダモ・エルム／サクラ・カバ・ホンザクラ

　北海道で多くみられるニレ、正式な和名ではハルニレ（ほかにアイヌの織物に樹皮が使われるオヒョウニレがある）であるが、用材としては、狂いやすいこともあって、あまりぱっとしない。そこでバット材に用いるアオダモに対抗（？）、「アカダモ」と名付けて売られ

ている。ただし、ニレとタモはまったく異なる属である。もっとも、ハルニレは造作用集成材の樹種として人気が高まり、北海道内での供給量が不足した結果、北米からも「エルム」として輸入された経緯がある。名前はどうであれ、いずれも「ニレ」には違いない。

またカバ類でも「マカンバ（ウダイカンバ）」と「ミズメ」はその名で売られているが、「ダケカンバ」などの雑カバはフローリングになったときには「サクラ」に化ける。で、本当のサクラは「ホンザクラ」である。もっとも、秋田の「樺」細工は「桜」の樹皮でできているから、少し頭が混乱する。

◆シナノキと菩提樹／ニセアカシア

シナノキの樹木は菩提樹（ボダイジュ）ともいうが、これはスペード型の葉の形が、お釈迦さまがその樹の下で悟りを開いたというインドボダイジュに似ているからである。インドボダイジュはクワ科イチジク属の樹種で、シナノキとはまったく異なるものである。因みにシナノキ属の木をドイツではリンデンバウムという。森鴎外の小説にでてくるベルリンのウンテル・デン・リンデンの並木はこの樹である。また、アメリカではバスウッドという。シューベルトの有名な歌曲「菩提樹」も、原題はその「リンデンバウム」である。つまり、本来は「泉に沿いて、繁るシナノキ」なのである。

歌の話では「アカシアの雨に打たれて～」「この道はいつか来た道……アカシアの花が咲いてる」のアカシアも、正確にいうとニセアカシア（和名はハリエンジュ）である。本物のアカシアは熱帯の木で、どちらもマメ科だが属が違う。命名の由来は葉がアカシアに似ているからだそうだ。

◆北米材の樹種名

エルムやオーク、バスウッドの例でも述べたように、北米からの輸入材の樹種名には、英語名が使われることが多い。北米東部は日本の北部と樹種構成が似ており、組織構造や性質の類似した同属のものが多い。ウォールナットはクルミ、アッシュはトネリコ（タモ類）、チェリーはサクラ、アルダーはハンノキ、ビーチはブナ、バーチはカンバ、といった具合である。北米で合板代替材として製造されているOSB（→§53）などの原料にはアスペンが用いられる。これは日本のドロノキと同じヤマナラシ属の樹種である。

<飯島泰男／小泉章夫>

維管束植物の進化と原始の森に生きた広葉樹

　われわれのまわりに普通にみられる花の咲く植物、これらは被子植物とよばれる植物群です。被子植物は、現在、地球上でもっとも繁栄している植物群で、全植物相の90％以上を占める一大勢力です。けれども、被子植物はずっと昔から我が世の春を謳歌していたわけではありません。

　地球上で最初の植物（原始シダ植物）が陸上に進出し始めたのは、約4億年前のシルル紀といわれています。その後、デボン紀はシダ植物の時代、三畳紀からジュラ紀にかけてはソテツ綱などの裸子植物の繁栄期を迎えます。一方、裸子植物から最初の被子植物が生まれたのは約1億4千万年前、白亜紀前期と考えられています。そして、白亜紀後期から第三紀にかけて被子植物は爆発的進化をとげ、その種数を増大させたのです。

　さて、このような進化の過程を経て登場した裸子植物（針葉樹）と被子植物（広葉樹）ですが、両者の木材においてもっとも決定的な違いはどこでしょう。それは、水分通導組織が針葉樹では仮道管で広葉樹では道管であるということです。しかし、針葉樹と同じように仮道管しかもたない、いわば原始的な広葉樹も少数ですが存在します。

　これらは無道管双子葉類とよばれ、北半球では日本、韓国、台湾に分布するヤマグルマ（*Trochodendron aralioides*）、中国、ヒマラヤに分布するスイセイジュ（*Euptelea pleiosperma*）の2樹種がそれに該当します。実はこれらの無道管双子葉類の材化石はアメリカ大陸や日本などの第三紀（2億3千万年～160万年前）の地層から多数見つかっているのです。今ではそのほとんどが絶滅してしまった無道管双子葉類ですが、かつては針葉樹に混じって世界中の原始の森で生きていた植物、だったのかもしれません。

　　　　　　　　　　　　　　　　　　　　　　　　　　　　　　＜高田克彦＞

III. 木材と木質材料

37. 木材製品にはどのような種類があるか？

◆**分類と規格体系**

木材製品はさまざまな形で使われている。これらを大きく分けると、樹木の幹を単に長さ方向に切断した「素材（いわゆる丸太・原木）」、これを鋸などによって加工した「製材」、さらに素材を物理的・化学的・機械的に加工した「木質材料」になる。主な木材製品は日本農林規格（JAS）または日本工業規格（JIS）などで製品の規格化がされている。その区分を表1に示す。木材製品を使い方から大きく分類すると、建築物などの強度を受けもつ部分に使用されることを前提とした「構造用」と、それ以外の「造作・下地用」になるが、前者に関してはより厳しい品質基準が設けられ、建築基準法関連法令で許容応力度（→§119）が設定されている。

表1. 主な建築用木材製品とその規格体系（2010年7月現在）

	規格等	名称と種類
軸材材料	JAS	素材（針葉樹、広葉樹）
		製材（造作用、目視等級区分構造用、機械等級構造用製材、下地用、広葉樹）
		枠組壁工法構造用製材（甲種枠組材、乙種枠組材）、枠組壁工法構造用たて継ぎ材
		集成材（造作用、化粧ばり造作用、構造用、化粧ばり構造用）
		単板積層材（造作用、構造用）
	JIS	処理木材（建築用防火材料、土台用加圧式処理木材）
	法37条	木質接着成形軸材料（PSL、TJI、LSL）
面材材料	JAS	合板（普通、コンクリート型枠用、構造用、天然木化粧、特殊加工化粧）
		フローリング（単層、複合）
		構造用パネル
	JIS	ボード・パネル類（パーティクルボード、ファイバーボード、建築用構造材）
	AQ	防虫合板（AQ）、防腐合板（AQ）

2010年7月現在、JAS：日本農林規格、JIS：日本工業規格、法37条：建築基準法第37条第2項の規定による大臣認定、AQ：日本住宅木材技術センター性能認証

◆**素材と製材**

素材・製材を加工の状態から分類すると「丸太・円柱」「たいこ材」「押角（おしかく）」「製材」などがある。その断面形状を図1に示す。

素材（丸太）のJASでは、丸太は末口径（材の細い方の直径）によって小丸太（14cm未満）、中丸太（14cm以上30cm未満）、太丸太（30cm以上）に分けられる。この規格は従来、製材用原木としての評価基準を示したものであったが、2007年の規格改正時に構造材料としての利用を意識した素材のヤング係数区分法が導入されている。

製材JASのうち、「枠組壁工法構造用製材」と「枠組壁工法構造用たて継ぎ材」は、用途を枠組壁工法建築物用の構造材に限定した規格である。その他の一般建築物の造作、構造、下地の各用途に対応した「製材」のJASでは、材種を「板類」「角類」「円柱類（構造用に限る）」に分けた品質区分方法が示されており、たいこ材等についてもこの規格を援用して行うことになっている。なお、1996年に廃止になった旧版の「製材のJAS」では、製材を断面寸法によって板類・ひき割類・ひき角類に区分し、ひき角類の正方形断面のものをとくに「正角（しようかく）」、そのほかを「平角（ひらかく）」とよんでいた。現行規格ではこのような名称はなくなっているが、慣用的にはよく使われる言葉である。

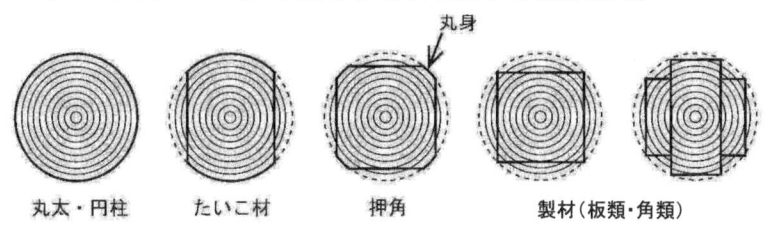

図1. おもな製材の断面性状

◆ 木質材料（再構成木材）

　木質材料には2つの意味がある。狭義には原料を一度細分化し、これを改めて接着剤などで再構成したものを指し、「再構成木材」と呼ぶこともある。広義には、前項で述べた製材などの機械加工された材を含めたものを示す。

　木質材料には面材料として合板、パーティクルボード（PB）、PBの一種である配向性ボード（OSB）、ウェファーボード（WB）、ファイバーボード（FB）、軸材料としては集成材、単板積層材（LVL）、PSL、さらにこれらを複合化した各種梁材（Iビーム、ボックスビーム）、工場生産トラス、複合材料（パネルなど）があり、木質構造を構成する上で不可欠のものとなっている。これらを構造用材として考えた場合とくに重要なことは、この構成原料（エレメント）の品質や配列（組合せ）を決めることによって、材料の特性を人為的にコントロールでき、製材に比べて高強度でばらつきの少ない材料の生産が可能になることである。以上の詳細は§46～52に述べる。なお、JASまたはJISで規格化されていない材料については、建築基準法第37条第2項の規定に基づいて定められた試験（国土交通省告示第1446号に詳細が記載されている）を行い、必要な性能を有していることが確認されれば国土交通大臣認定の取得も可能である。　　　　　　　　　　　　　　＜飯島泰男＞

38. 製材の規格を細かくみる

◆製材規格の分類

§37 で述べたように、旧「製材の JAS」は 1996 年に廃止になり、この規格で取り扱われていた「製材」はその後、針葉樹の「構造用製材」「造作用製材」

表1. 製材 JAS 体系の概要（2010 年 7 月現在）

分類			名称と種類	
針葉樹	構造用（たいこ材を含む）	目視等級区分材	甲種構造材（主として曲げ用）	
			乙種構造材（主として圧縮用）	
		機械等級区分材		
	造作用	耳付材を含む		
	下地用	押角（丸身が50%以上）、耳付材を含む		
広葉樹		耳付材を含む		

「下地用製材」「広葉樹製材」の4種類に再編成、さらに 2007 年に再統合された。これらの規格の概要を表1に示す。これとは別に枠組壁工法用に特定された製材規格として「枠組壁工法構造用製材（機械により曲げ応力等級区分をおこなう場合も含む）」「枠組壁工法構造用たて継ぎ材」の2種類がある。

◆構造用製材

枠組壁工法用を除く構造用製材に関する規格の骨格は 1991 年に策定された「針葉樹の構造用製材」の JAS である。これは、それまでの「製材の JAS」による製品が、

・足場用板、床下地、敷居なども柱、梁桁と同じ規格の中で取り扱われており、どちらかというと見かけの等級であった「×面無節」とか「小節」といった区分法が重要視されていた。
・寸法の種類がほとんど無限に近いほどある。たとえば、105mm 角といっても、実寸で 102、103mm 角のような材が流通しており、精度にばらつきもあった。
・「乾燥材」として出荷される材が増えてきたが、規格が明確ではなかった。
・ある等級の柱ならどれだけの荷重に耐えられるか、という保証がはっきりとは示されていなかった。

というような状態であり、たとえばプレカット、大手建築メーカー、設計者などの利用者側からの不信感がでてきていたからである。そのため、規格では寸法が標準化、簡素化され、乾燥規定がより明確なものになっている。また、等級区分法も強度性能をかなり意識したものになっている。2007年の改正では「たいこ材」「円柱類」の基準が追加された。

構造用製材のうちの目視等級区分材は、主として高い曲げ性能を必要とする「甲種構造材（比較的小断面の構造用Ⅰと比較的大断面の構造用Ⅱに分けられる）」と主として圧縮性能を

必要とする部分に用いる「乙種構造材」に分けられ、それぞれにに必要な性能を保証するための区分法が規定されている。

枠組壁工法住宅用（→§124）の構造材としては、先に述べた3種類がある。「枠組壁工法構造用製材」は一般的な目視区分によるもの、「機械により曲げ応力等級区分を行う枠組壁工法構造用製材」がいわゆるMSR材（→§106）である。これらは、現在のところアメリカ・カナダからの輸入材が大半である。また「枠組壁工法構造用たて継ぎ材」は通常の製材をフィンガージョイント（→§44）によってたて継ぎした材である。

以上の概要を表2に示す。

表2. JAS構造用製材品の分類と概要

区分・主用途		等級	寸法形式	含水率
構造用製材	甲種（目視・曲げ用）	1〜3級の3等級	規定寸法、139種類（甲種は寸法によってⅠ、Ⅱに区分）	15、20、25%を境界に区分（→§73）
	乙種（目視・圧縮用）			
	機械等級区分	E50〜E150の6等級		
枠組壁工法構造用製材	甲種（目視・曲げ用）	特〜3級の4等級	11種類	19%を境界に乾燥材と未乾燥材に区分（→§73）
	乙種（目視・圧縮用）	3等級	3種類	
	MSR（機械等級区分）材	29等級	6種類	
枠組壁工法構造用たて継ぎ材	たて枠用（目視）	1等級	2種類	すべて乾燥材（19%以下→§73）
	甲種（目視・曲げ用）	特〜3級の4等級	6種類	
	乙種（目視・圧縮用）	3等級	2種類	

◆造作用製材・下地用製材・広葉樹製材

造作用製材とは「敷居、鴨居、外壁その他の造作に使用するもの」、下地用製材とは「建築物の屋根、床、壁などの下地（外部から見えない部分をいう）に使用するもの」をいう。

造作材と下地用は「板類」と「角類」に分けられる。板類とは木口の短辺が75mm未満で、かつ木口の長辺が短辺の4倍以上のもの、角類はそれ以外のものをいっている。このいずれの用途の材に対しても、乾燥材の規定があるが、JASではいずれも仕上げ材（SD）と未仕上げ材（D）のそれぞれに対して含水率が規定されている（→§73）。また、材面の品質によって造作材では「無節」「上小節」「小節」「×方無節」などの化粧等級が付記され、下地用では「1級」と「2級」に区分される。

なお「広葉樹製材」は家具などの用途を想定したものであり、やはり「板類」と「角類」に分けられるが、乾燥材は含水率13%以下のものを指す。また材面の品質によって「特等」「1等」「2等」に区分するものとしている。

<飯島泰男>

39. 製材の木取り

◆木取り

　素材（丸太）を外観の形状から見てどのような挽き方をするかを判断し、実際に最もふさわしい墨付けをし、製材していくことを一般に「木取り」という（口絵写真4）。

　木取りの際、もっとも重要なことは、採材された材がその時点での需要にマッチし、市場で実際に価格的に適正な水準で売れることにある。そのため、一般に「材積（計量）歩留り」と「価値歩留り」（→§40）の両者を勘案した木取り方法が選択されている。しかしこの方法は、製材機械の台数や配置、その性能や能力、主要生産品目によってさまざまであり、主要生産品目ごとに、投入される丸太の形状（長さ・径級）や品質（変形、節、腐れ、割れなどの欠点とその大きさ、位置）が変わる。

　木取り方法を大きく類型化すれば、少品種大量生産型と多品種少量生産型になる。

　かつて国内の小規模製材工場では後者が多く、さまざまな品目を生産するため、投入丸太に応じた木取り方法が選択され、極端な場合には1日のうちに何回も木取り方法が変えられることも珍しくはなかった。またその方法も経営者または製材作業員の永年の経験と勘、もしくはそれに裏打ちされた技量に基づいて行われることが多かった。

　最近では前者が増え、生産性の向上、コスト削減のため、投入丸太の形質・形状を自動計測し、生産品目の品質や歩留りを念頭に置いた最適木取りを行うようになっている。さらに、これらをすべて自動制御によって行う工場も出現している。

◆径級別丸太からどのような製品ができるのか

　末口30cm未満のスギ丸太に対する径級別の木取り例を図1に示す。

　一般に小丸太からはタルキ、間柱、母屋角などを、中丸太のうち柱適寸丸太（14～18cm）からは105および120mmの心持ち柱角を木取りしながら、副材（側材）からヌキなどの小幅板を採る。中丸太のうち、末口径20cm以上の丸太からは主製品として心持ち角を採るには径級が大きすぎ、かつ節が出現して強度的に耐力材としては使用しにくい。といって敷居・鴨居や化粧タルキ、廻縁などの造作材を採るには、比較的高樹齢の良質材で末口径26cm以上なければ、いわゆる役物（節がない材など、高く売れる製品）としての商品的な価値が望めない。したがって、この径級の主体を占める一般材（並）丸太からは板類や断面の小さい割物（羽柄材ともいう）を中心とした木取りとなるケースが多い。

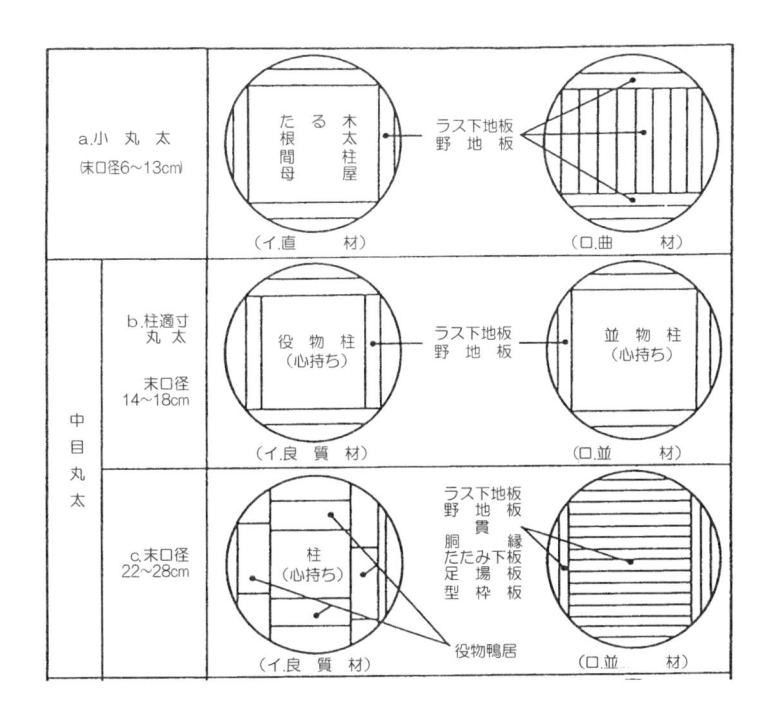

図1. スギ丸太の形質別製材木取り例

「尺上」といわれる大丸太では造作材を優先した木取りが選択されることが多い。

◆**銘木製材とは**（口絵写真4、5）

「銘木類」を定義すれば「形状、色沢、木目、材質が珍奇で特殊な風趣をもつ高価な木材」の総称である。これは現行の素材のJASで規定され、銘木製材とは「銘木類の素材からの製材品」ということになる。ただし「銘木類」は「素材のJAS」の適用外である。

秋田県では1948年に業界独自の「銘木識別基準」を策定し、特殊性のある墨掛け、木取り・製材など採材技術を広く普及させて天然秋田スギ銘木の名声を裏打ちしながら支えてきた。この「基準」では「銘木はあくまでも銘木として製材されたもので、銘木としての価値を100%もつものに限る」と強調している。今もなお、この基準を守るために板子（盤・フリッチ）を採るための廻し挽きなど時間と手数を必要とする銘木製材に徹する者が少なくはないが、現実には、資材となる原木の減少と材質の低下などの実情から、本来の意味での銘木製材業者の数は少なくなってきている。　　　　　　　　　　　　　　＜飯島泰男・薩摩鉄司＞

40. 製材の生産

◆生産工程

製材工場の生産工程は、工場の規模、使用原木、生産品目、生産量などによってかなり異なるが、おおむね、原木→玉切り・仕分け・剥皮→大割・中割・小割・耳摺りなど→製品選別・結束→刷込・包装→製品出荷、の順になっている。

国内の製材工場数は 2009 年時点で約 6,800、従業員数は約 35,000 人、年間製品出荷量約 9,300 千 m^3 で、次第に減少の傾向にある（図1）。用途別の出荷量では建築用材 83%、土木用材 4%、梱包用材 11%、家具建具用材 1%、その他 2% である。また 1 工場平均でみると、従業員数は約 5 人、製品出荷量約 1,350m^3（10.5cm、3m 柱材換算で 41,000 本）である。

規模は製品出荷量のほかに、機械の総出力（kW）で評価できる。図1に示す小、中、大規模の区分と年間素材消費量との関係の目安は 2 千 m^3 未満、2 千〜1 万 m^3、1 万 m^3 以上である。国産材生産工場では 100kW が平均的規模であり、輸入材では数 100kW におよぶものも珍しくはない。ちなみに、北米での一工場あたりの製品出荷量は、アメリカ（ワシントン州）で日本の 36 倍、カナダ（ブリティッシュコロンビア州）で 70 倍程度といわれている。

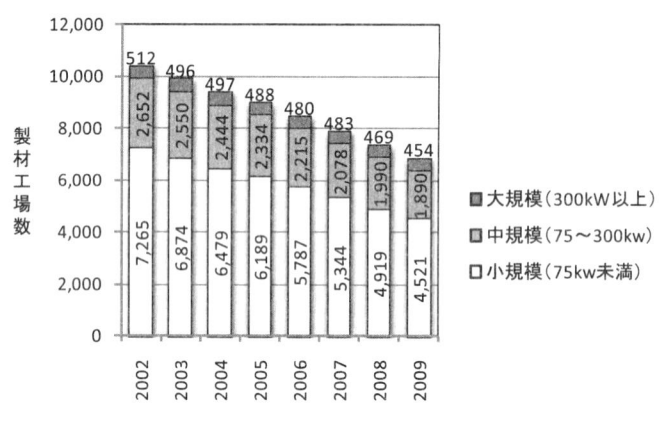

図1. 出力規模別製材工場数の推移

機械のレイアウトも千差万別である。図2はスギ材中丸太から一般建築用材を挽いている中規模（年間丸太消費量約 2,000m^3）の国産針葉樹材工場の一例である。ここでは機械①で大割したのち、主要部分は機械③でタルキなどに、また、背板は機械④で小幅板などに小割

りされている。この生産ラインは、比較的単価の安い製品（「並物」という）の生産を目的としたものであり、基本的に１本で、国産材工場としては非常にシンプルなものである。最近では製材機①として、ツインバンドソー（口絵写真16）とよばれる機械が採用されることが多くなっている。しかし、高級品（「役物」という）を指向する場合には、これとはかなり異なっていることが多い。

輸入材工場では国産材工場に比較して生産量がかなり大きいことが多く、北米材、南洋材、北洋材などによっても工場のレイアウトが違ってくる。

◆製材歩留りと製造原価

製材歩留りには、使用原木材積に対する製品材積の割合で示した「材積（計量）歩留り」と、これに製品単価を考慮した指数を乗じた「価値歩留り」がある。「歩留り」といえば前者を指す場合が多い（→§41）。

製材工場における計量歩留りは生産の内容によってかなり異なるが、スギの一般材製材の場合、主製品で50〜65%、副製品（主製品を採材した残りの部分から採った材）を加えると70〜75%くらいである。

製造原価構成は原木などの材料費が約70%、労務費が約10%、残りが動力費や減価償却費などの工場経費でといわれている。したがって、採算性においては原木価格の動向が最も大きな要因となる。海外と国内を比較してみると、国内の生産能力が低く、労務費が大きい。

＜飯島泰男＞

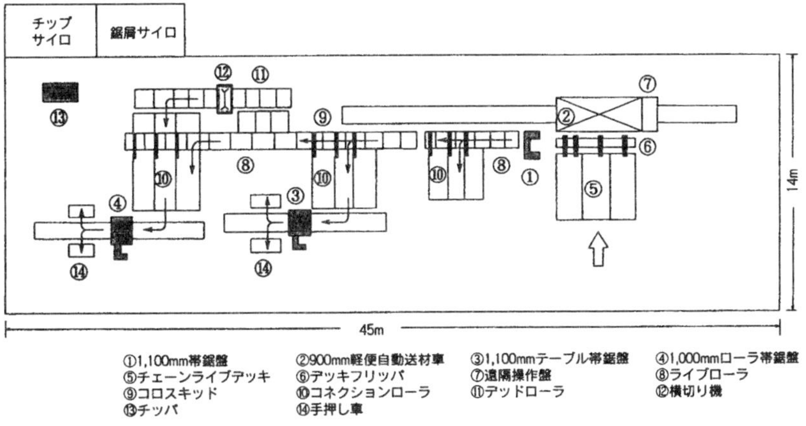

チップサイロ
鋸屑サイロ
14m
45m
①1,100mm帯鋸盤
②900mm軽便自動送材車
③1,100mmテーブル帯鋸盤
④1,000mmローラ帯鋸盤
⑤チェーンライブデッキ
⑥デッキフリッパ
⑦遠隔操作盤
⑧ライブローラ
⑨コロスキッド
⑩コネクションローラ
⑪デッドローラ
⑫横切り機
⑬チッパ
⑭手押し車

図 2.　国産針葉樹材工場のレイアウト例（森林総研製材研究室資料による）

41. 木材の材積と寸法

◆木材の材積

　木材の体積を「材積」という。さて、この材積の測定法をご存じであろうか。単に「断面積に長さをかければよい」のは、集成材・LVL・合板・ボード類など、断面寸法が環境によって大きく変化しないものだけである。

◆丸太の材積

　製材用の丸太（素材）の材積計算は、日本では「素材の日本農林規格」に定められており、長さ6m未満の材に関しては、材積は丸太径の2乗に長さを乗じて求める。材積の単位は通常m^3で、商取引上、小数第4位まで求め、四捨五入することとなっている。

　さて、このときの丸太径の測定法である。まず、木材は立木のときには、上部にいくにしたがって細くなっているわけであるから、切り出された丸太の太さは両側で異なり、しかも真の円形とはならない場合もある。そこで、細い方の断面（これを「末口」という、なお太い方は「元口」である）を対象にし、この樹皮を除いた部分の最小径を丸太の径（単位：cm）と考えるのである。さらに、この数値を§37で述べた小の丸太では1cm、中および大の丸太では2cmごとに切り捨てていく。ただし、中・大の丸太で、最小径と最大径の差が6cm以上のとき、若干の補正計算を必要とすることがある。この方法を末口2乗法とよんでいる。

　以上の具体例を示す。末口最小径が21cm、それと直角方向の径が23cmなら公称径は20cm、長さが4mであれば、材積は0.160m^3となる。同様に、末口最小径が11cm、それと直角方向の径が14cmのとき、公称径は11cmであり、長さが3mであれば、材積は0.042m^3となる。このことを知らずに「$\pi r^2 \times$長さ」などと単純に材積を出すと、原価計算を巡っての行き違いがおこる。数学的には変な感じもするだろうが、これは古くからの慣習のようで、簡単には変わりそうもない。それに、丸太は末口側から元口側に向かって長さ1mにつき1～2cmずつ直径が大きくなっていくので、実体積とも結構一致している。また、材中に空洞やそれに準ずる腐れがあるときは、素材の材積から控除する。

　なお、丸太の体積計算方法は世界各国で独自の規格をもっているので注意されたい。

◆製材の材積

　製材ではいろいろ厄介な問題がでてくる。まず、「丸身」といって材の角に丸太のときの外周部が残っているものがある（まったくないものを、俗に「ピン角」という）。これは、等級

格付けに関係し、丸身の多いものは、当然等級が下がる。しかし、材積的には丸身がないものとして計算する。

さて、通常の製材の寸法に関して、製材の日本農林規格では表1のように乾燥仕上げ材（SD－Surfaced Dry の略、含水率 15、20%以下）、乾燥未仕上げ材（D－Dry の略、含水率 15、20、25%以下）、未乾燥材に分け、断面寸法を規定している。なお、材長方向は材種区分に関係なく、表示寸法以上であればよい。

表1. 製材 JAS での寸法に関する規定

材種区分	寸法区分	表示寸法との許容差 (mm)	
乾燥仕上げ材 (SD15・20)	75mm 未満	+1.0	-0
	75mm 以上	+1.5	-0
乾燥未仕上げ材 (D15・20・25)	75mm 未満	+1.0	-0
	75mm 以上	+1.5	-0
未乾燥材	75mm 未満	+2.0	-0
	75mm 以上	+3.0	-0

この表でみると、同じ105mm と表示されていても、工場製材（「挽きたて寸法」という）の直後、そのまま未乾燥材として出荷する場合、実寸が 105〜108mm の範囲ならば規格上の問題はないわけである。しかし、その後、乾燥の経過に伴い、あとで少なくとも 3%程度は収縮してくることになる（→§25、72）。したがって、もし、出荷時に 108mm あったとしても、乾燥収縮と鉋加工などによって最終的は 102〜103mm になってしまうことになる。

しっかりと乾燥してある材ではこういったリスクは少ないが、いずれにしてもこれらはすべて「105mm 材」として流通しているのが現状である。なお、挽きたてで 105mm の場合もあって、そのとき、最終的な使用寸法が 100mm くらいになってしまうこともある。これも仕様書では「105mm」と書いてあるので、往々にしてもめる原因になりがちである。

このようなことから、2001 年 5 月、国土交通省は「木造住宅に関する寸法問題の検討結果について」という報告を出しており、その中で「木材の寸法には＜ひきたて寸法＞と＜仕上がり寸法＞があり、＜呼称寸法（設計仕様書・発注書上の寸法）＞がこのどちらを指しているかあいまいである。さらに、未乾燥材を使った場合、事後に寸法が変わるため、完成引き渡し時に＜呼称寸法＞になっているようにするには、発注時にはその分を見越しておかなければならない」というようなことをいっている。さらに、「完成引き渡し時に 120mm 角材とするためには、見え隠れ材・含水率 30%の場合、発注先が製材工場なら 124〜126mm 角、プレカット工場なら 123mm 角として発注するのが望ましい」とも記されている。製材寸法の件は今後も尾を引きそうな問題である。

＜飯島泰男＞

42. 集成材(1) －概要－

◆集成材の定義

　集成材はJASによれば「ひき板または小角材をその繊維方向を互いにほぼ平行にして、厚さ、幅および長さの方向に集成接着した一般材をいう。」と定義されている。この製法は§43で示すが、ここでいう「ひき板（以下、ラミナとよぶ）」とは、原則として厚さ5cm以下の「板」のことで、実大強度試験または実証実験を伴うシミュレーション計算等による強度確認がされた場合には6cmまで許容されている。これを超える厚さ5cmの板などを使用したもの、釘などを用いて積層したものなどは、規格上「集成材」の範疇に入らない。また、アメリカやカナダなどでは、集成材（Glulam：グルーラム）といえば、大断面構造用集成材のことを指す。一方わが国では、関税率表の44.18項に規定された建築用木工品に分類される集成材（最低断面が幅70mm以上、高さ140mm以上で加工されたもの）をグルーラムと称している。なお、英語の＜laminated wood＞をそのまま訳せば「積層材」ということになるが、最近の外国文献ではむしろ＜glulam（グルーラム）＞と書かれていることの方が多い。これは＜glued‐laminated timber＞の略である。

◆集成材の種類

　集成材は階段の手すり、カウンター、壁材、パネルの心材、長押、敷居、鴨居、上りかまち、床板などに使用される「造作用」、柱、梁桁、湾曲アーチなどに用いられる「構造用」に分類される。その概要を表1に示す。

　構造用と造作用の違いは「所要の耐力が保証されているかどうか」という点であり、構造

表1. 集成材の種類と基準の概要

規格	集成材		構造用集成材		
	造作用集成材・化粧ばり造作用集成材	化粧ばり構造用集成柱	小断面集成材	中断面集成材	大断面集成材
用途	造作用・主として内部造作	主として在来軸組工法住宅柱材	構造耐力用部材		
使用環境条件	住宅内部		温湿度環境・風雨・火災の可能性によって2条件に区分		
寸法	－	9～13.5cmの正方形断面	短辺7.5cm未満、長辺15cm未満	短辺7.5cm以上、長辺15cm以上で大断面集成材以外	短辺15cm以上、断面積300cm²以上
等級	1・2等	1等級	ラミナの樹種・配置・強度性能に応じた多くの等級		

用においては、ある強度を保証するために、ラミナ、接着剤の種類、積層数、配置が厳しく制限され、さらに表2のような性能保証試験が義務づけられているのに対し、造作用では基準がかなり緩やかなものとなっている。したがって、かりに同じような外観形状であっても、造作用材は強度的な品質保証がまったくされていないといってよく、造作用の柱材などを耐力上重要な部分に使うことは避けなければならない。

表2. 集成材の主な品質試験

規格	造作用・化粧ばり造作用集成材	化粧ばり構造用集成柱	構造用集成材
接着の程度	浸せきはくり試験に合格	化粧単板は浸せきはくり、ラミナは浸せきはくり・煮沸はくり・ブロックせん断・減圧加圧	
含水率試験	平均15%以下		
ラミナの品質	—	節その他の欠点	目視および機械等級
曲げ性能	—	曲げ破壊試験	集成材の曲げ破壊試験 ラミナの曲げ剛性試験 ラミナの曲げまたは引張試験
見付け材面の品質	節その他の欠点	節その他の欠点	—
材料	—	ラミナ数5以上、等厚、対称構成	本文参照
寸法	±1.0mm	+2.0%、−0.5%	短辺±1.5mm、長辺±1.5%（ただし±5%未満）

◆**集成材の特徴**

　集成材は木材のよさが損なわれておらず、まったく普通の木材と同じように扱うことができるが、製材に比べたときの一般的長所としては、

・ラミナの乾燥が容易になるため、材料を十分に乾燥することができる。

・使用環境さえ間違えなければ、接着剤がはがれたりすることはほとんどない。

・材の形状と長さが自由になり、曲がり材（アーチ）などの製造が可能になる（口絵写真19、20、21）。

・構造用ではラミナの欠点分散・除去と合理的構成によって、要求された強度性能のものをばらつき少なく生産することができる。

・造作用では好ましい木目模様をもった他材料を表面に接着することによって、これまで表面材料としてはふさわしくなかった材を芯材（コア材という）として使用することができる。

　などである。一方、短所としては、材料の切削、欠点除去などによる歩留り低下、接着剤などの副資材の使用、製造エネルギー代など、製品価格が高くなりがちで、生産性が低い、などがある。

〈飯島泰男〉

43. 集成材(2) －生産の工程と構造用集成材の分類－

◆集成材の製造法

　集成材の製造工程は、種類や生産量などによって多種多様であるが、おおむね原木から製材されたラミナを、乾燥→仕分け→たて継ぎ（→§44）・横矧ぎ→積層・接着→仕上げ→検査→出荷、という工程になる。最近では、乾燥ラミナを購入する工場も増えている。図1、2はそのうち「ラミナの乾燥」以降についての例を示したものである。

　造作用では一度積層・接着した芯材（コア）をつくる。このまま、あるいは種々の形状に加工して出荷されるのが「造作用集成材」、さらに表面に単板（薄板・つき板）を接着したものが「化粧ばり造作用集成材」である。後者を製造する工場では、芯材を外部から購入している場合もある。なお、広葉樹による製品にはカウンター、階段、手すりなどがあり、湾曲加工の工程が含まれていることがある。

乾燥ラミナ	乾燥ラミナ
↓	↓
欠点部除去	機械等級区分
↓	↓
たて継ぎ	目視等級区分
↓	↓
横矧ぎ	欠点部除去
↓	↓
ラミナ組み合わせ	たて継ぎ
↓	↓
積層・接着	ラミナ強度確認
↓	↓
芯材仕上げ	ラミナ組み合わせ
↓	↓
化粧単板接着	積層・接着
↓	↓
化粧ばり材仕上げ	＜初期試験＞
↓	↓
検査・出荷	検査・出荷
図1. 造作用の工程	図2. 構造用の工程

　構造用では集成材の強度性能を担保するため、造作用に比べてやや複雑なものになっている。まず、ラミナを強度性能に応じた等級に区分（→§105、106）する工程が重要で、利用不適材はこの段階で除去される。つぎの、たて継ぎ材（→§44）についても、強度性能が所定の値を満足しているかどうかを、日常的な抜き取り試験によって監視する。また、「構造用集成材 JAS 認定工場」では、JAS に規定されたすべての構造用集成材の生産が可能というわけではない。当該工場で生産できる品目は、図中の＜初期試験＞で基準値に達していることが確認されたもののみである。なお、大断面集成材製造工場では、このほかに部材接合用の加工ラインや設計施工関連の技術部門を擁しているところも多くなっている。

　このように集成材の製造工程は比較的単純であるが、労働集約的で、小断面構造用集成材の製造工程を除いて、高度に自動化された一貫製造システムが採用されることはまれである。

また製品歩留りは丸太からの換算で20～30%といわれている。

◆JASによる構造用集成材の分類

構造用集成材には「ラミナの構成」「使用環境条件」「樹種群」による区分がある。使用ラミナはあらかじめ等級区分される。JASでは「目視等級区分（→§105）」と「機械等級区分（→§106）」の2つを規定しており、後者はさらに「MSRラミナ（等級区分機を用いて長さ方向に移動させながら連続して曲げヤング係数を測定）」と「E‐ratedラミナ（材全体の平均ヤング係数を測定）」に区分される。

・ラミナの構成：「異等級構成集成材（対称構成と非対称構成がある）」と「同一等級構成集成材」の2種類がある。異等級構成集成材用ラミナは「最外層用」「外層用」「内層用」「中間層用」の4種類がある。等厚16層対称構成の場合、ラミナは両外側から上記の等級の順に1、1、2、4枚を配置する。図3はスギE75-F240のひき板配置の例である。なお、ラミナ等級L（→§106）はラミナヤング係数基準値（単位：1,000kgf/cm^2）、集成材等級Eはヤング係数の保証値（単位：1,000kgf/cm^2）、Fは曲げ強さの保証値（単位：kgf/cm^2）を示す。曲げ材の場合、とくに引張側に使用する材の強度性能には注意を払う必要がある。

最外層	L90（φ≦17%）
外層	L80（φ≦25%）
中間層	L70（φ≦33%）
中間層	L70（φ≦33%）
内層	L50／60（φ≦50%）
内層	L50／60（φ≦50%）
内層	L50／60（φ≦50%）
内層	L50／60（φ≦50%）
内層	L50／60（φ≦50%）
内層	L50／60（φ≦50%）
内層	L50／60（φ≦50%）
内層	L50／60（φ≦50%）
中間層	L70（φ≦33%）
中間層	L70（φ≦33%）
外層	L80（φ≦25%）
最外層	L90（φ≦17%）

図3. スギE75-F240のひき板配置

・使用環境：使用環境の苛酷さによって表1に示すA、B、Cに区分されている。

・集成材の樹種群：A～Fの各群があり、その順におおむね強度が低くなるように評価される。たとえば針葉樹ではベイマツはB、アカマツ、カラマツ、ヒノキ、ヒバはC、スプルースはE、スギはFである。

＜飯島泰男＞

表1. 構造用集成材の使用環境区分

使用環境	部材含水率	要求性能	接着剤
A	常時または継続的に19%以上	火災時にも高度な接着性能	レゾルシノール系・メラミン（たて継ぎ部に限る）
B		火災時にも通常の接着性能	
C	時々19%以上	通常の接着性能	積層部にはレゾルしノール系・水性高分子イソシアネート（商談面に限る、たて継ぎ部にはメラミン・メラミンユリアの使用が可

44. 集成材(3) −ラミナのたて継ぎ−

集成材を生産する際、ラミナの長さを自由に調整するため、接着剤を用いた「たて継ぎ」という重要な工程が含まれる。

◆たて継ぎの方法

かつて、たて継ぎ方法の主流であったのは図1に示したスカーフジョイントである。これは、理論的に応力集中は存在せず、木材の接着継ぎ手としては強度的に最もすぐれた接合法である。スカーフ比（スカーフ部分と材の長さ方向がなす角度）を十分に小さく（1/16以下）すると、母材強度と同等の強度を発揮することも可能である。

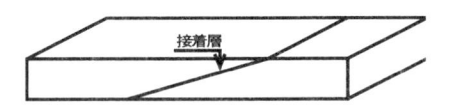

スカーフジョイントは強度性能としては優れているが、材料の歩留まりが悪いこと、加工と接着管理が難しいことなどから、集成材用ラミナの生産や枠組壁工法構造用たて継ぎ材ではほとんどがフィンガージョイント（FJ）を用いられている。

FJには図2のような2種類のタイプがあり、フィンガーカッターとよばれる特殊な刃物で木口部分を歯型状に切削し、そこに常温硬化型の接着剤を塗布したのち、フィンガー同士を組み合わせて縦方向に圧縮圧力（エンドプレッシャー、$1N/mm^2$前後）を作用させる。この工程によってフィンガー同士が互いにくさびのようになり、接着剤が未硬化であってもかなりの接合力が生じる。このため接着剤の完全な硬化を待たずに次の工程に材料を流すことができ、生産の効率化が図れる。構造用では図2中のジョイントス

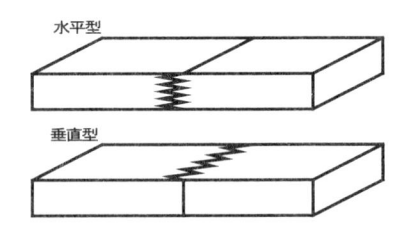

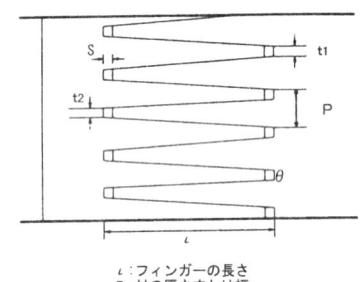

図1. スカーフジョイント

図2. フィンガージョイントと構成要素

l ：フィンガーの長さ
T ：材の厚さまたは幅
$t1$：フィンガーの先端長さ
$t2$：フィンガーの底部の幅
S ：ジョイントスペース
P ：ピッチ
θ ：傾斜比

ペースSが0.5mm程度になるように設定する。

　水平型と垂直型の得失はさまざまで、前者では刃物の数が少なくてもよく、ジョイント部が目立ちにくい、後者では強度的な信頼性が高く、歩留まりがよい、などの利点がある。このため、構造用集成材では垂直型が一般に用いられる。FJ材強度は一般にフィンガーが長いほど高いが、製品の歩留まりは逆に低下する。わが国では造作用で8～12mm、構造用で12～30mm、傾斜角1/7～1/10程度のフィンガーが一般に用いられている。

◆FJ材の性能

　FJ材の接合効率（FJ材がどのくらいキッチリとついているかの指標）は、曲げや引張強さでは無欠点材の60～80%程度である。したがって、もともと欠点がきわめて少ない材料を切り刻んで、これを再度FJしたときには強さは低下する。JASでは、強さの接合効率を下回るような強度低減を示す節、繊維走行の傾斜、腐れ、割れなどの欠点部を切断・除去し、この部分をFJ化する方法を示している。

　図3は集成材用のスギラミナ（L70以上）の非接合材（NJ材）と、節径比25%以上の部分を切断してFJ加工した材の引張強さの分布を比較して示したものである。結果から、FJ材とNJ材では平均値がほぼ等しい（両者とも27N/mm²程度）が、FJ材の分散幅はかなり狭くなり、下限値はNJ材の13.1N/mm²に対しFJ材では16.2N/mm²と、24%も増加する。

◆プルーフローディング

　上記のFJ材の性能はたて継ぎ工程がほぼ完全であったときのことである。しかし、たとえば接着剤が塗布されていなかった、圧縮が不十分であった、などの場合には接合効率0%に近い材料の生産もあり得る。したがって、こうした工程上の品質管理が同時に行われなければならない。この方法として抜き取り試験によるもののほかに、製品として出荷する前に一定の応力を製品に作用させ、安全性を確認する方法（プルーフローディング：保証荷重負荷法）がある。もし、製品中に許容応力以下で破壊が生じるような弱いものが存在するなら、この処理によって確実に除去することができる。

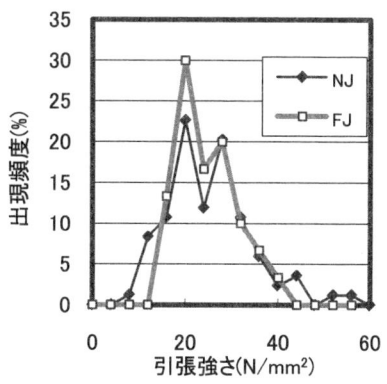

図3. フィンガージョイントの強さ

<飯島泰男>

45. 集成材(4) –集成材の生産動向–

◆最近の集成材の生産量

建築に用いられる集成材といえば、以前は鴨居・長押などの「化粧ばり造作用集成材」であり、数年前では、大断面構造用集成材による「大規模建築物」のイメージが強かった。しかし、最近の集成材生産量の推移（表1）をみると、造作用の減少に対し、構造用がここ数年順調な伸びを示していることがわかる。とくに小・中断面集成材の生産量の増加は著しい。

これは比較的小規模な住宅にも「小断面」（主に柱用）と「中断面」（主に梁桁用）の「構造用集成材」が使われる例が急増しているためである。その最大の理由は、最近、住宅の耐震性、気密性・断熱性そして耐久性に対する性能保証がクローズアップされてきたことである。これに伴って、強度性能が保証され、かつ、十分乾燥していて狂ったり縮んだりしにくい材が求められているために、集成材がそれに見合った性能を有しているからである。

表1. 集成材の生産・輸入量の推移（単位：1,000㎥）

	国内生産						輸入			総供給量
	造作用	化粧ばり集成柱	構造用				集成材	構造用（グルーラム）	計	
			小断面	中断面	大断面	計				
1989	301	101	11	13	9	135	9	5	14	149
1990	323	89	9	16	12	127	17	10	27	154
1991	329	84	9	17	17	127	17	18	34	161
1992	324	84	9	18	17	127	18	21	39	166
1993	357	88	10	22	20	140	18	59	77	217
1994	377	102	20	29	23	174	26	90	116	290
1995	374	97	44	37	30	208	42	148	190	398
1996	380	102	142	61	35	340	44	231	276	616
1997	371	96	195	66	29	385	80	267	347	732
1998	307	68	179	93	34	374	59	148	207	581
1999	283	81	247	121	35	484	78	271	350	833
2000	270	71	326	189	36	622	98	445	542	1,165
2001	249	58	391	293	40	782	95	498	593	1,375
2002	227	47	444	408	46	945	107	516	624	1,569
2003	217	37	574	526	54	1,191	156	541	697	1,888
2004	212	36	607	582	52	1,276	158	611	769	2,045
2005	202	28	646	594	41	1,310	153	671	724	2,034
2006	186	23	646	791	30	1,490	159	806	964	2,454
2007	174	14	519	619	19	1,171	172	642	814	1,985
2008	169	9	539	560	17	1,125	130	404	534	1,659
2009	160	9	501	576	21	1,107	80	457	537	1,644

また、輸入量も急激に伸びている。グルーラムは構造用全供給量の約 1/3 であり、国別輸入比率は 2005～2009 年の総計でオーストリア 32%、フィンランド 27%、中国 17%、スウェーデン 7%、ロシア 5%であり、北米からの輸入はきわめて少ない。またこのうちの数社が構造用集成材の JAS を取得している。

◆集成材に用いられる樹種

集成材に用いられる樹種は、輸入材ではスプルース・ファー類（＝ホワイトウッド）、欧州アカマツ（＝レッドウッド）が中心である。国内生産集成材では 2000 年では北米材 30%、国産材 15%、欧州材 45%であったが、2006 年には北米材 12%、国産材 18%、欧州材 62%と、とくに構造用としては欧州材が激増している。また、最近、国産材による構造用集成材の生産が増加の傾向を示している。

針葉樹樹種としては、北米材ではダグラスファー、サザンパイン類、ロジポールパイン、ポンデローサパイン、欧州材ではスプルース・ファー類（＝ホワイトウッド）、欧州アカマツ（＝レッドウッド）、国産樹種ではスギ、エゾマツ、トドマツ、カラマツなどである。

◆構造用異樹種集成材

2002 年、国内で集成材生産をする 2 工場が、曲げ部材を対象に外層に高強度のベイマツ、内層にスギを配置した異樹種構成の JAS 構造用集成材の製造認可を初めて受けた。その後、集成材 JAS の規定にこのような異樹種構成に対応した「特定対象異等級構成集成材」の項目が追加され、所定の技術水準が認められた場合に限って、JAS 製品の生産が可能となった。

このようなラミナ配置の集成材で、とくに外層と内層のラミナの強度特性に大きな差がある場合、外層部の負担が大きくなるため、外層ラミナの FJ 性能の担保など、生産上の管理が極めて重要となる。

なお、1995 年、秋田県立大学木材高度加工研究所の建設の際、極めて限定的ではあるが、異樹種集成材の性能検証を行った後、建設省の了解のもとに、実際に製造がされ、使用が行われている。

＜飯島泰男＞

図1. 異樹種構造用集成材（中国木材HPより）

46. 合板(1) －概要－

◆合板とは

　合板（ごうはん、plywood）は「木質材料」の中で歴史的に最も古くから用いられ、日本では木質の板材料としては最も多量に使用されている、なじみの深い材料である。合板は原木を薄く剥いた板（単板、ベニア、veneer）を何枚か積み重ね（図1）、接着剤で貼り合わせたもので、たとえば単板が5層のとき「5プライ合板」とよぶ。通常は各単板の繊維方向を1枚ごとに直行させ、奇数枚になるようにしている。これは、反りに対する安定性を確保し、強度・収縮に対する異方性を減少させるためである。

　製造方法はおおむね、原木の剥皮、長さ切り（玉切り）、芯出し、単板の

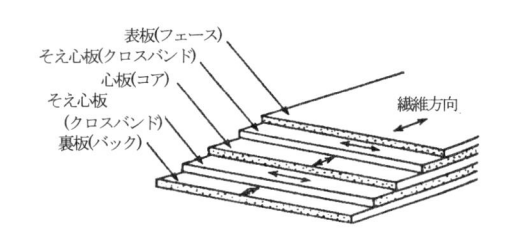

図1. 合板の構成（5プライ合板の場合）
（浅野ほか 1979[1]）による）

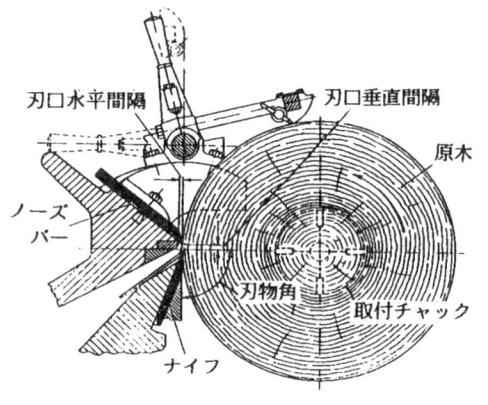

図2. 原木からのロータリー単板の切削
（F. Kollmann ほか 1974 による）

切削、裁断、乾燥、選別・補修・仕組み（調板）、接着剤の塗布、合板接着および仕上げ、の順序で行われる。単板は、通常、ベニヤレース（ロータリーレース、図2）を用いて原木を桂剥きにすることにより得られる。このほかに、表面の化粧用として、スライサーを用いて平削りで得られるスライス単板（突板、つきいた）が用いられる。

◆合板の歴史

　資料[2]によれば単板を剥く技法は、BC3500年頃の中国に既にあったといわれ、BC1500年頃のエジプトでは単板で棺をつくる手法が発達していて、それが現代にまで残っている。ギリシャではBC100年頃、家畜を煮てニカワをつくる方法が一般化しており、さらに14世紀にはヨーロッパ中にその技術が伝わって、内装材や家具の加工に使われていた。現在の「合

板」は19世紀末のヨーロッパに出現した。第1次世界大戦頃には飛行機に多く用いられており、その設計のための基礎的研究やデータブックが刊行されている。ちなみに、木質材料と切っても切り離せない「接着剤」分野では、今世紀初頭に「合成樹脂接着剤（1909年；フェノール樹脂―いわゆるベークライト、1930年；ユリア樹脂）」が開発され、合板をはじめ木質系諸材料の接着耐久性は著しく向上した。

◆合板の特徴

合板の特徴をまとめると以下のようになる：1）一般の製材や集成材では得られないような大きな寸法の面材料（板）が得られる。 2）他の板状製品に比べて強度の平均値が高い（但し、そのばらつきは木質ボード類より大きい）。 3）素材に比べて長さ、幅方向の異方性が大幅に低減されている。 4）直交積層の効果により面内では割裂しにくい。5）構成要素の単板が薄く、裏割れが存在するため薬剤処理が簡単に行える。

◆合板の現状

・合板用原木：国内で生産される合板の原木は、以前は断面が円形に近く切削が容易なこと、大径のものが得られることから南洋材（主にラワン材などの広葉樹）が主流であったが、良質な原木の枯渇や丸太生産国の輸出規制などからその量は減少し、現在は針葉樹が80％以上を占めるようになってきている。針葉樹としては米材や北洋材が中心であったが、厚物合板のコア用としてスギの利用が増え、最近は国産材の比率が50％以上になっている。一方で、国内生産量を超える合板が輸入されており、その原木のほとんどは南洋材である。

・接着・積層数：接着剤は使用条件によって多くの種類のものが使い分けられるが、最近はフェノール樹脂やユリア・メラミン樹脂接着剤を用いたものが多くなっている。合板の厚さは特殊用途を含めると1〜100mmの広範囲にわたるが、一般には、2.7mm〜28mmのものが多く用いられており、6mm以下の薄物で3プライ、7.5〜12mmのもので5プライ、15mm以上では7プライかそれ以上になることが多い。最近では厚さ12mm以上の「厚物」が増えており、生産量では80％を占める。これは主に構造用（床など）に用いられる。

・生産量：普通合板の供給量は2008年に大幅に落ち込んだものの、ここ数年間、7〜800万m^3前後で推移している。このうち、インドネシアをはじめとする海外からの輸入割合が60％近くに達している。その分、国内生産量は減少しており、2008年にはついに300万m^3を割り込んだ。

<佐々木　光／飯島泰男／山内秀文>

【文献】1）浅野ほか："木材と住宅"，学会出版センター（1979），2）たとえば日本合板連合会："合板七十五年史"，林材新聞（1985）

47. 合板(2) －生産の工程－

◆生産の工程

　通常の合板工場は切削・乾燥・接着の3つの主要な工程と、それらの間をスムースに連結して効率よく良質の合板を製造するための副次的な工程や機械からなっている。それぞれの工程とそこで用いられている機械・装置の概要は以下のとおりである。

　1）原木の調整

　合板用の原木としては、過去にはセラヤ、メランチ、アピトン、カポールなどラワン類の南洋材が多く使われてきたが、最近は国内生産される合板用原木のほとんどが針葉樹に切り替わっている。原木の剥皮機械には、刃先が鈍い角度の刃物で、丸太の回りを回転しながら剥皮するタイプ（リングバーカー）や水圧を利用して剥皮するタイプ（水圧バーカー）などがある。玉切りは一般にチェーンソーで行われる。芯出しは、断面形状が正円でない丸太を回転切削する際に、一定幅以上の単板を最高の歩留まりで得るための回転中心を決定する作業である。最近の機械ではレーザー光線で数カ所の断面形状を読み込み、コンピュータで回転中心を算出し、レースの正確な位置に丸太をセットする機能が付与されている（XY チャージャーなど）。

　2）単板の切削

　単板の切削は、丸太を回転させ、その中心に向かって刃物を進めることによって行われる（ロータリーレース）。最も一般的なものは、原木の両木口の中心にスピンドル・チャック（取り付けチャック→§46 図 2）を噛み込ませ、これにより丸太へ回転力を与える方式である。機構が単純なので大径木対象のレースのほとんどがこれであったが、剥き残り（剥き芯）をあまり小さくできないことから、針葉樹のような小径木には不適であり、国内ではあまり使われなくなっている。最近は、小径木の歩留りを向上させるために外周駆動方式を採用したレースが多く使用されている。外周駆動の方式にはいくつかあり、主なものとしては、刃口の前に丸鋸のブレードのような円盤をたくさん駆動させ、原木を刃口の方に引き込む方式のもの（名南製作所）、原木の後方に 2 本の駆動ローラー（バックアップロール）を押しつけてチャックの駆動を補う方式（田之内鉄工、口絵写真 17、18）、またはバックアップロールのみで駆動するセンターレス方式（ラウテ社）などがある。

　単板の厚さは一般に 0.5〜5mm 位の範囲で、いずれのレースでも丸太 1 回転に対する刃物

台の送り量で厚さが調節される。単板は自動的に厚さがチェックされ、有効幅に切断され（クリッパ）、幅矧ぎされて定尺に整えられる（ベニヤコンポーザー）。工場によっては、単板を連続で巻き取り、長いまま連続乾燥機に送ることもある。

3) 単板の乾燥

通常は、乾燥後の単板含水率が概ね5%以下になるように乾燥される。特に最近はフェノール樹脂接着剤を使う機会が増えており、単板の含水率はできる限り低くなるよう乾燥される。乾燥機は、単板を金網に挟んで熱風の中を通過させる方式、ローラーで挟んで熱風の中を通過させる方式、熱板で圧縮して乾燥する方式、などがある。乾燥機内の温度は150～200℃の範囲で、乾燥に要する時間は初期含水率や厚さによって異なるが、その平均は数分から10分前後である。

4) 接着・圧締工程

接着に先だって、単板の選別、補修などの作業がある。接着剤の塗布は、一般にロールタイプの塗布機（スプレッダー）を用いる。3プライ合板では芯板（コア）、5プライ合板では2枚の添え芯板（クロスバンド）を接着剤が付着している2本のゴムロールの間に通し、その表裏両面に接着剤を塗布する。このほかに櫛状またはカーテン状に接着剤を落とす方式やスプレー方式などがある。

熱圧の前工程として、コールドプレスによる仮圧締を行う。普通$0.7～1N/mm^2$程度の圧力で20～30分間行う。熱圧は40～50段の多段ホットプレスで圧力$0.5～1N/mm^2$程度の圧力で行う。ユリア・メラミン樹脂を用いた合板の場合、温度は110℃前後、時間は合板の厚さ1mm当たり20秒程度でプレスされる。通常は、ホットプレスの前後に挿入装置（ローダー）と取り出し装置（アンローダー）を設備して生産性を高めている。

合板用接着剤（→§57）として代表的なものは、ユリア・メラミン共縮合樹脂接着剤およびフェノール樹脂接着剤である。ユリア樹脂接着剤は、ホルムアルデヒド規制の関係で、単体ではほとんど使用されなくなっている。メラミン樹脂接着剤で製造された合板は煮沸・乾燥の繰り返しに耐え、屋外に暴露しても4～5年では剥離しない。さらにフェノール樹脂接着剤で製造された合板は72時間の連続煮沸や10年以上の屋外暴露にも耐える。

5) 仕上げ工程

プレスからでた合板はダブルサイザーで幅と長さを整え、サンダーで表面を仕上げ、検査後等級などのマークを打って出荷される。

〈佐々木光／山内秀文〉

48. 合板(3) －種類と用途－

◆合板の種類

合板の日本農林規格（JAS）には、以前は普通合板、難燃合板、防火戸用合板、コンクリート型枠用合板、構造用合板、足場板用合板、防炎合板、パレット用合板、および特殊合板に対する9種類の規格があったが、現在は「合板」という統一の規格内に収められた。その中では用途に必要な品質や材質の最低基準、試験の方法などが示されている（表1）。

表1. JAS における合板の品質と基準の概要

	構造用合板	コンクリート型枠用合板	普通合板	特殊合板
接着力分類	特類：屋外または常時湿潤状態使用に耐える 1類：屋内使用に耐える	1類：長期間外気および湿潤露出に耐える	1類：左欄に同じ 2類：通常の外気および湿潤露出に耐える 3類：通常の耐湿性をもつ	1～3類：左欄に同じ
等級分類	1級：構造耐力上主要な部材、板面基準によりA1～C3までの8等級 2級：各種下地用、板面基準によりAB～CDまでの8等級	1種：仕上げ精度・美観が要求される 2種：1種以外	1等～3等：表面単板の品質による分類、A・B・ABといった区分をすることがある Fc0～Fc2：ホルムアルデヒド拡散量による分類、数値の小さい方が拡散量が少ない	摩耗性、表面性などによって、F、FW、W、SWに分類 Fc0～Fc2：左欄に同じ
市場流通製品寸法(mm)	幅・長さ：900×1818(2級のみ)、910×1820、910×2440、910×2730 厚さ：5、7.5、9、12、15	幅・長さ：900×1800、600×1800 厚さ：12、15	幅・長さ：910×1820 厚さ：2.3、2.5、3、4、5.5、9、12、15	幅・長さ：910×1820、61～608×2430、61～608×2730 厚さ 2.5、2.7、3、4、5.5、12、15

合板の接着強度は、短冊型の試験片の両表面から位置をずらして当該接着層まで鋸目をいれ、引張力を加えるタイプの引張せん断試験によって評価される。曲げ剛性・強度の試験は中央集中荷重方式で行う。ホルムアルデヒドの放散量は、デシケーター中に24時間静置し、底にはった蒸留水に捕らえられたホルムアルデヒド量の定量を行う。そのほかの試験については省略するが、最近はこのような合板の性質についての規格のほかに、使用場所や用途に応じた性能についての基準がつくられ、建築部材の評価などに用いられている。これによれば、たとえば合板を床に使う場合、ヤング率の低い合板でも厚さを増すことによって必要な

曲げ剛性を充たすことが許されるのである。

◆合板用接着剤と構造用合板の利用法

　構造用合板では厚さを5～24mmの範囲で9段階に規定するとともに、それぞれの単板の厚さと構成まで決めている。また、構造用合板では接着性能に関して特類と1類に分類している。特類はフェノール系の接着剤を対象としており、72時間の連続煮沸試験などで判定される。1類はメラミン系の樹脂接着剤を対象としており、4時間煮沸－20時間乾燥（60℃）－4時間煮沸の一連の試験などで判定される。普通合板では上記1類（タイプ1）のほかに2類（タイプ2）などの分類がある。2類は屋内で水分や湿気が一時的にしかこない条件に耐えるものである。ユリア系の樹脂接着剤が対象で、60℃の温水中3時間浸せきの試験で判定する。

　構造用合板の特徴は「面として力に耐える」ことで、最も重要な利用部位は「壁」、とくに「耐力壁」である。耐力壁は構造物に加わる水平力（地震や風のように横方向から加わる力）に耐えられるように配置されたものである（→§120、127）。また、木質プレハブ住宅の壁、床、屋根に、パネルとして多く使われているが、在来工法、枠組壁工法でも合板を枠材に貼ることによって、ほとんど同じ働きをさせている部位が少なくない。このほかにボックスビームのような梁材、接合用部材（合板ガセット）などに利用する方法もあり、これらも合板の優れた面材料としての性質をいかしたものである。

◆特殊合板

　特殊合板には、

　・構成が特殊なもの：中芯が矧ぎ合わせ板やボードの合板（ランバーコア合板、コンプライ）、中芯がハニカムや発泡体のサンドイッチ合板

　・表面が特殊なもの：表面に溝や穴を開けた合板、表面に化粧単板、樹脂含浸紙、樹脂フィルム、樹脂化粧板、紙・布類、金属板その他を貼ったオーバーレイ合板、プリントを含む塗装合板

　・薬剤処理されたもの：防火剤、防腐剤、防虫剤、寸法安定剤などによる処理合板

　・成型されたもの：椅子など家具にみられる高周波積層成型合板

　などがある　　　　　　　　　　　　　　　　　　　　＜佐々木光、飯島泰男＞

49. LVL(1) －特徴と製造方法－

◆LVL とは

LVL は (Parallel) Laminated Veneer Lumber の略称で、「単板積層材」と訳されている。製造規準は JAS に「単板積層材」として記されている。LVL は一般に、合板用 (→§46) の構成要素として用いるロータリー単板やスライス単板を、その繊維方向がほぼ平行になるように重ねて積層接着した材料で、合板やボードのような板材料としてではなく、集成材や製材のような軸材料を用途として指向した材料である。

◆LVL の特徴

LVL は OSB (→§53) とともに、木質材料中で最も高い合理性を持つ材料といわれている。それは以下の理由による。

・LVL は生産ラインが簡明で、プラントの規模、投資額も小さく、機械・装置の扱いもあまり複雑ではないので、製材や合板のエクステンションに適当である。

・原木として、集成材用に比べてかなり低質、小径の丸太でも利用できる。

・ロータリーベニヤを剥く段階で木材の未成熟部分 (→§21) を剥芯として除外したり、節を最小断面の丸節として分散させることになるので、一般に欠点の削除は不必要である。原木の適性範囲が広いことと合わせて、高い歩留りでの生産が期待できる。

・製材や集成材に比べて装置産業化が容易であるため、省力的で迅速な生産ラインが設計できる。また、要素が単板であるため乾燥エネルギーも少ない。このため、接着剤の必要量は多くなるが、全体としての生産コストは比較的低い。

・木材の異方性をそのまま継承しており、主軸方向の強度や剛性は構造材料として十分に高い値をもつ。また、積層数が多いため、材質のばらつきは小さくなる。

・構成要素が単板であるため、液体浸透性がよく薬剤処理が容易である。また、単板の樹種や構成を変えたり、高い曲率での曲がり材など、性能や成型の設計自由度が高いことから、広範囲の需要に対応できる。

一方、LVL の問題点として以下のようなことがあげられている。

・木質ボード類に比して装置産業化の程度が低く、生産性があまり高くない。また、製材廃材や剥き芯など単板化できない原料は使用できない。

・製品に占める接着剤のコスト比が高い。この傾向は、材質を高めるために積層数を増す

とより顕著になってくる。

・単板切削で生ずる裏割れにより、LVL の横方向の割裂強度や繊維に沿うせん断抵抗が低くなる。このため、釘の保持力や仕口の強度などに弱点が生じる可能性があり、構造上の扱いに特別の配慮が必要である。

このように、いくつかの問題があるものの、比較的低投資で省力、省エネルギー、高歩留りの加工ができる LVL の製造技術は、国産材の利用を促進する上で重要と考えられる。

◆LVL の製造

LVL は合板とほぼ同じ工程で製造することができる。合板と同様にホットプレスでバッチ式に製造する方法は、家具の骨組や前板、ピアノの脚、建具の芯材などの生産に一応定着している。このときの工程には、厚物用としてプレス時間短縮に高周波加熱を併用するものや、10m 以上の長尺プレスで生産性を高めているもの、長尺プレスの開閉を繰り返し、単板を断続的に送り込んでエンドレスの LVL を生産するものなどがある。しかし、本格的な構造材料として用いるためには、連続プレスによりエンドレスの材料を供給することが望ましい。

米国トラスジョイスト社では長い加熱炉の中をキャタピラープレスで圧縮しながら送る方式でエンドレスの構造用 LVL（商品名：マイクロラム）を生産している。わが国では高周波を板面から与えて加熱するキャタピラー式プレスや側面から高圧蒸気を接着層に吹き込み高速加熱する連続式ベルトプレスが試みられたが、まだ実用化には至っていない。

単板の長さより大きい LVL を製造する場合には、通常、同じ層にある単板の縦方向の端を突きつけ接合（バットジョイント）とし、その位置を材料内で分散させることにより、たて継ぎ部分による強度低下の影響を少なくしている。単板のたて継ぎ性能を高めるために、スカーフジョイント（→§44）などが用いられる場合もある。単板の厚さは 1〜20mm 程度までの使用例がある。一般に単板の厚さを薄くし、積層数を多くすると接着剤の使用量は増えるが、LVL の性質のばらつきは小さくなる。逆に、厚くすると接着剤の使用量は減るものの、単板の乾燥に必要なエネルギーが多くなったり、性質のばらつきは大きくなるといった問題がある。そのため、工業的には厚さが 3〜5mm の単板が使われることが多い。

単板積層材では、基本的には単板の繊維方向を材料軸方向に平行させるが、幅反りや表面割れ防止、接合部の耐摺裂補強などの目的で、一部の層の繊維方向を他と直交させることが行われている（クロスバンド）。これを一層ごとに行ったものが合板である。LVL と合板の定義上の区別は明確ではないが、LVL は平行層が直交層に比べて支配的であり、製品の指向するところが「材」であって「板」でない点であろう。　　　　　　　＜佐々木光／山内秀文＞

50. LVL(2) －種類・性能・利用－

◆LVL の種類

　LVL（単板積層材）の JAS 規格は 1978 年にまず制定された（1985 年に一部改正）が、これは非耐力部材に関するものであり、その後 1988 年に至って「構造用単板積層材」の JAS が制定されている。2009 年現在での国内企業数は 17（17 工場）、生産量は約 3.1 万 m^3 で、用途別では構造用が約 58%である。なお、輸入量は約 4.8 万 m^3 である。平成 20 年には、スギを用いた構造用 LVL 工場も操業したこと、また、スギ以外の国産材を用いた LVL も検討されており、今後が期待される。表 1 には、JAS の LVL 品質基準を示した。これによれば構造用 LVL は主に単板の積層数によって 3 種類に区分されており、構造用集成材および合板の場合と同様、接着と曲げ性能の品質試験が義務づけられている。なお、LVL の JAS 規格は 2008 年 5 月に改正されたが、ここでは構造材としての用途をさらに意識し、材料に曲げヤング係数とこれに対応した強度値および水平せん断性能を記載するものとしている。

　造作用では、表に示したものの他に表面性や防虫処理についての細かい記載がある。

表 1. LVL の JAS 規格概要

	構造用			造作用
	特級	1 級	2 級	
厚　　　　さ	25mm 以上			9mm〜50mm
含　水　率	14%以下			同左
単板の積層数	12 層以上	9 層以上	6 層以上	－
隣接する単板の長さ方向の接着部の間隔	それぞれの単板の接着部が、単板厚さ（等厚でないときは最も厚い単板）の 30 倍以上離れていること			－
同一横断面の単板の長さ方向の接着部の間隔	直交単板を除き 6 層以上	直交単板を除き 4 層以上	直交単板を除き 2 層以上	－
単板の長さ方向の接着部の品質	スカーフまたはラップジョイント	－	－	－
材　　　　質	接着剤は使用環境により異なる			表面の品質に基準がある
反りまたはねじれ	極軽微			利用上支障ないこと
寸法	厚さ：厚さ 15mm 以上、±1.5mm 　　　厚さ 15mm 未満、+1.5mm、−0.5mm 幅：±1.5mm 長さ：+10mm、−1.0mm			厚さ、幅；仕上げ材 +1.0、−0.5mm、未仕上げ材 +3.0、−0mm、長さ：+制限なし、−0mm

◆構造用LVLの強度的特徴と使用部位

　LVLの強度的特徴は、
・積層数が多くなるため、製品のばらつきが減る。これはLVLの大きな利点である。非常に大まかにいえば、LVLのばらつきは単板のばらつきを積層数の平方根で除した値になる。つまり、かりに積層数が9であれば、ばらつきは1/3になるということで、§103で述べる材料の基準強度の誘導には非常に有利になる。
・集成材、合板と同様に用途に応じた単板構成が可能である。
・横引張（割裂性）、せん断耐力の低下が顕著である。これは主に単板の裏割れに起因する。この、有効な解決方法としては積極的に交錯木理（→§24）をつくることぐらいであるが、合板のような平板材料では、製造上の手間が大きく、実現性は乏しい。§51で述べる円筒LVLの場合は交錯木理が利用されている例である。

　LVLの使用方法はほぼ集成材に準じ、柱、梁・桁、といった「軸材料」になるが、他の材料との競合もあって、わが国ではこれを単独で使用した例であまり目立ったものはない。むしろ話題になっているのはアメリカのトラスジョイスト社のIビームである（商品名「TJI」）。

◆I型ビーム

　I型ビームは図1のようにフランジにLVL（商品名：マイクロラム）、ウェブにはウェファーボード、OSB、合板などが使われており、こうした発想はかなり古くからあったが、LVLの高い曲げ性能とウェブ材のせん断耐力をうまく組み合わせた例であろう。I型ビームは同社の商品名「TJI」に対し、それらの実験データをもとに、旧法では建設大臣の38条特認による値が定められていた。これを表2に示す。

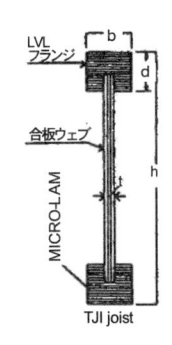

表2. TJI-joistの許容耐力 （標準使用例・旧基準による値）

h (mm)	b (mm)	d (mm)	t (mm)	W (kgf/m)	Ma (10^3kgf·m)	Sa (kgf)
235	44	38	9.5	2.8	393	357
241	44	38	9.5	2.8	406	365
286	44	38	9.5	3.0	507	428
302	44	38	9.5	3.0	544	449
356	58	38	9.5	4.2	892	526
406	58	38	9.5	4.5	1,047	596
457	58	38	9.5	4.6	1,202	667
508	58	38	9.5	4.9	1,359	737

注）W：重量、Ma：許容曲げモーメント、Sa：許容せん断力

図1. TJIの概要

<佐々木　光／飯島泰男／川井秀一／中村　昇>

51. 円筒LVL

◆開発の背景

　社殿、仏閣あるいはホールのロビーや玄関の柱には円柱が多く用いられている。しかし、これら木造大架構に用いられるような大径、通直で良質な丸太はほとんど得られなくなっている。たとえ得られたとしても、それを割らずに乾燥するには多大な時間と経費が必要である。これらの問題を解決する方法の1つとして、中空断面をもつ円筒LVLの製造技術の開発が進められてきた。種々の製造方法が検討された結果、紙管などの製造に用いられているスパイラルワインディング法を応用した能率的な製造方法が開発された。

◆円筒LVLの製造方法と装置

　スパイラルワインディング法とは、金属製の円筒芯(マンドレル)に帯状の原料を巻き重ねて円筒状の材料を製造する方法をいう。この方法でつくられる円筒LVLの一例を図1に示す。円筒のねじれ狂いや割れを防止するために一層ごとに逆巻きにし、いわゆる交錯木理としている。秋田県立大学木材高度加工研究所では、以下の方法でこれを製造する技術を開発してきた。製造工程の概要を図2に示す。図の装置は回転するマンドレルと移動するステージからなっている。交錯木理を付与するためにステージを往復運動させ、ミシン掛けされたベニアテープをマンドレルに被せた脱着可能なスリーブ上に巻く。単板を巻き終えたのち、ゴムベルトなどで圧締する。この際、スリーブごと加熱処理を行うことにより内部からも圧力をかけることができる。この方法は生産効率が高く、装置が単純で設備投資も少ないため、最近、実用化に向けた技術移転によって民間会社による生産が開始された(口絵写真24～27)。

◆円筒LVLの特徴

　1) この方法で製造すれば、素材で得難い大径、通直な材料を任意に得ることができる。また、その性質は素材よりも軽く、強靱である。単板樹種の選択や、積層数などを変化させれば、必要な性能の円筒材料を製造できる。さらに寸法精度が高く、性能が安定しているので、一般建築用材を始め、中空部分を利用したさまざまな用途が提案、検討されている。

　2) 原料は繊維方向が短い単板を横に継いで用いるので、単板廃材などを利用できる点、資源の有効利用率が高い。また、ベニヤレースの種類によっては原木寸法が小さい曲がり材や小径材も、単板化して原料に利用できる。

　3) 中空円形断面は座屈に強いので、柱材として合理的である。また、各層の単板の繊維

方向が円筒の長軸方向に対して傾斜しているが、一層毎に単板の繊維が交錯するように積層されているので、ヤング率の低下はなく、通常の LVL にみられる繊維平行方向の割裂しやすい性質も著しく改善されている。

◆問題とその解決に向けた取り組み

特別な配慮を必要とする点、およびその解決に向けた研究を以下に示す：

・他の部材との接合には特殊金物を用いるか、中空部に埋め木して仕口をつくる必要がある。これらの方法については具体的な開発が進められてきており、種々の仕口接合を用いた試験的な施工も行われている（口絵写真 26）。また、RC 建築の丸柱成型用型枠兼化粧材料として用いる方法も試験されている。

・中空であるため、火災に対する配慮が必要である。シェルの難燃化については耐火薬剤の注入による方法が検討され、薬剤の種類や注入量によっては準不燃レベルを満たす処理方法がみいだされている。　　　　　　　　　　　　　　　　　　　　　＜山内秀文＞

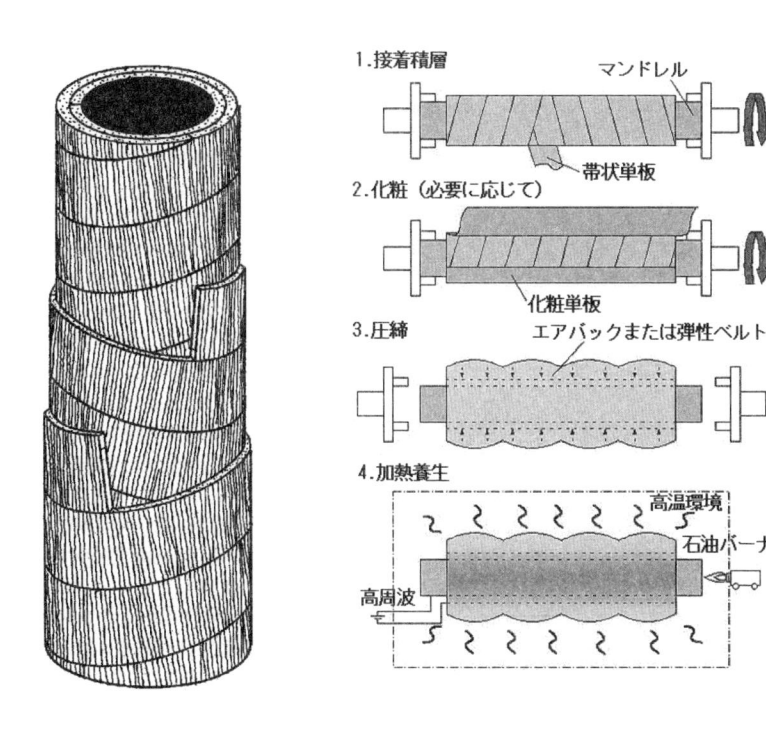

図1. 円筒LVL

図2. 円筒LVLの製造概要

52. パーティクルボードとファイバーボード

◆パーティクルボード（PB、口絵写真22）

　木材小片（パーティクル）に接着剤を添加し、熱圧成形した板状の材料がPBである。その用途は家具や下地材などの造作用のほか、最近では耐力壁・床などの構造用途に用いることができるものも開発されている。接着剤にはユリア樹脂（造作用）やフェノール樹脂・メラミン樹脂（構造用）系接着剤が多用される。その他、非ホルムアルデヒド系接着剤としてイソシアネート樹脂も使用されている。添加量は接着剤の種類により異なるが、ホルムアルデヒド系樹脂では10％程度である。構造用のものには壁倍率の認定を取得しているものがある。その数値は工法（在来あるいは枠組み壁工法）や釘打ち間隔などによって異なるが、壁倍率で4.5を超えるものもあるなど、概ね合板と同等以上の数値が得られている。

　パーティクルボードは、その開発目的が製材廃材や合板残材の有効利用であったこともあり、異物の混入に比較的強い生産システムを持つ。日本で生産されるPBもその製造原料のほとんどが廃材由来となっており、木質系廃棄物のマテリアルリサイクルにおいて最も有効な手法・材料の一つになっている。

◆ファイバーボード（FB、口絵写真23）

　FBは木材繊維の集合体（ファイバーマット）をそのまま乾燥または熱圧して板状にしたものである。FBは密度によって3種に区分され、低、中、高密度のものを、それぞれインシュレーションボード（IFB）、中密度ファイバーボード（MDF）、ハードボード（HB）とよぶ。

　IFBは、密度が$0.35g/cm^3$未満の低密度FBで、畳床、断熱・吸音材料として天井や壁内装材に用いられる。これにアスファルトを含浸したものがシージングボードである。シージングボードは耐水性、防湿性に優れ、厚さ12mm以上のものを張った耐力壁は壁倍率の認定を取得しているものもあり、壁倍率2.0を認められるものも出てきている。HBはFBの中で最も高い$0.80g/cm^3$以上の密度を持ち、家具や梱包材、住宅の外壁（サイジング）や下地などのほか、自動車内装材として用いられている。自動車用には3次元的な成形加工を施して用いられることもある。IFBとHBは木質パネル類としてはその歴史が古く、1920年代には大規模に生産されるようになったとの記録が残っている。

　MDF（Medium Density Fiberboard）は、1960年頃に開発され、日本では1970年代に

生産が開始された比較的新しい材料である。密度が 0.35〜0.80g/cm³ の中密度 FB で、薄物から厚物まで生産の自由度が高く、表面が平滑で加工性もよいため、家具用やオーバーレイ下地などの造作用としての需要が伸びている。また、構造用として壁倍率認定を取得した製品もあり、合板を上回る壁倍率が得られている。

◆PB および FB の製造

PB および MDF は、原料（パーティクルあるいはファイバー）や工程中の原料の搬送方法などに違いがあるものの、木材小片／ファイバーの調製→乾燥・接着剤の添加→フォーミング→熱圧成形、という類似のプロセスにて生産される。この工程は乾式法と呼ばれ、自動化が進んでおり、木材工業のなかでは、最も装置産業化された生産形態をもっている。MDFの製造ラインを図1に示す

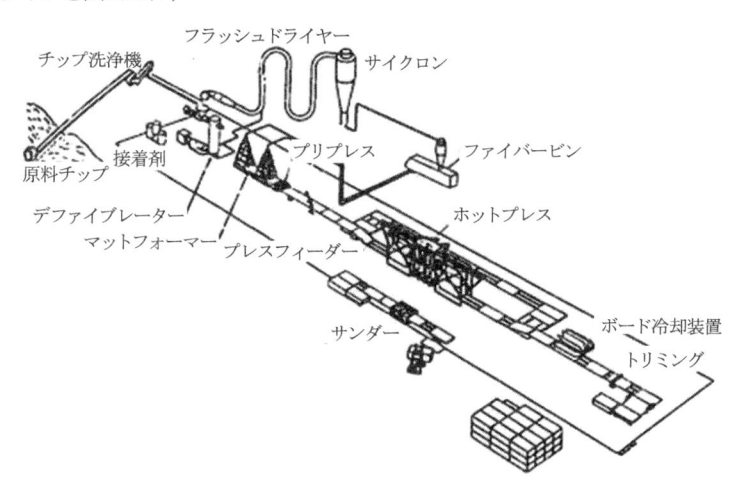

図1. MDF の製造ラインの一例（スンズデファイブレータ社提供）

同じ FB でも IFB と HB は湿式法と呼ばれる紙の製造法に似た方法によって生産される。これは、木材チップを解繊した後、ファイバーを水中に分散させ、これを漉きあげて脱水→成型する工程によるものである。脱水後のマットを乾燥機にて乾燥させた製品が IFB で、高温・高圧にて圧縮成型した製品が HB である。この方法で製造される HB には、片面に抄造・脱水の目的で使われる網目の痕跡が残る。両表面を平滑にできる乾式法で製造される HB もある。

<川井秀一／山内秀文＞

53. 構造用木質材料と製造技術

◆OSB と WB（口絵写真 22）

　配向性ストランドボード（Oriented Strand Board, OSB）は、厚さ 0.5～1.0mm、幅 20～30mm、長さが 10cm 前後のストランドに方向性を与えて接着成形した面材である。類似のものに配向性を持たないウェファーボード（WB）がある。主として北米や欧州で生産されるパネル材料で、力学的な性質に優れることから、合板に替わる材料として木質住宅の構造用面材料として用いられており、わが国でも需要を伸ばしている。また、優れたせん断性能をいかした耐力部材、I 型ビームのウェブ材（→§50）などにも利用されている。

　OSB は、概ねパーティクルボードに準じた工程により製造されるが、プレス前のマットを形成する際に、エレメントとなるストランドの形状（長方形）を利用してストランドの繊維方向を一方向に配列させる（これを配向という）。通常は、3 プライ合板と同様に表層と芯層を直交配向させた 3 層構造で製造されている。

　我が国で消費される OSB は全て輸入品であり、国内での生産は行われていない。しかし、スギの間伐材利用などを想定した国産 OSB 生産システムの研究はいくつか行われている。秋田県立大学木材高度加工研究所でも、OSB 向けのストランドを製造する装置として、フレーキングミルという愛称を持つ加工機械を開発した（図 1）。この装置は、2 対のドラムフレーカーを用い、製材における背板部分をストランドとして切削し、製材とストランド製造を同時に高速で行うことで、製材と OSB 原料の組み合わせによって OSB の国産化を図ろうとするものである。この装置で切削に要する時間は非常に短く、直径 250mm の原木を厚さ 120mm の盤に切削するのに要する時間はドラムの回転速度により異なるが、ドラムフレーカー 1 対あたり 3～7 秒ほどである。従って 5～10 秒ごとに製材が加工されることになる。

◆PSL と OSL

　PSL と OSL は、それぞれ厚さ 2～3mm、幅

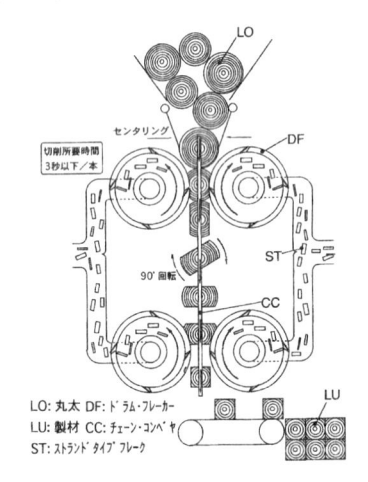

図 1. フレーキングミルの概念図

15mm、長さ 600〜2400mm 程度のスティック状木片やOSB と同様のストランドを要素とし、これにフェノール樹脂などの高耐久性接着剤を塗布したのち、一定方向に並べて、熱圧成形した材料である。これらは要素の繊維方向が材料軸方向に配向され、かつ構造欠陥となるたて継ぎを分散していることから、材料としての信頼性が高いという特長を持ち、柱や梁といった木質構造用の軸材料として用いられる。

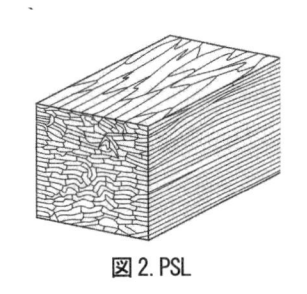

図2. PSL

PSL や OSL は長大な材料を連続的に製造する必要があり、さらに圧縮成型時の断面（厚さ）はパーティクルボードなどの木質ボード類に比べ著しく大きくなる。そのため、熱伝導を利用してマットを加熱する通常の熱圧成型法では十分な生産性が得られない。そこで、これらの材料の製造には特殊なプレス方法が用いられている。

その一つは蒸気噴射プレス法である。図1にその概要を示した。蒸気噴射プレスは、高温高圧の蒸気を熱圧時に熱板表面の小孔などからマット内に噴射浸透させる機構を備えたプレスである。高温高圧水蒸気の浸透によりマット内の温度は均一かつ瞬間的に上昇し、嵩高いマットを短時間で一様に加熱することができる。また、蒸気噴射のタイミングを調整することでマット内の圧密条件を調整できることから、軸材の成型時には、成形方向の密度分布を比較的均一化するなどの調整も容易である。

さらに、蒸気噴射法により成形された材料は、吸湿・吸水に伴う厚さ膨張率が小さくなる。これは、圧締中にマットが高温高圧水蒸気に暴露されることで圧縮変形した細胞壁が軟化し、分子間で再構成がおこり、圧縮応力が緩和された状態で変形が固定されるためと考えられている。

大断面材料の熱成型には、この他にも高周波加熱などの方法が用いられている。

＜川井秀一／佐々木光／山内秀文＞

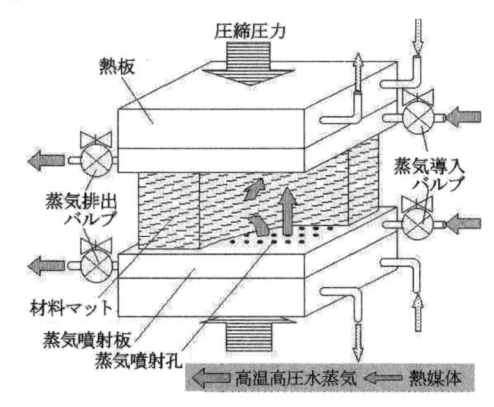

図3. 蒸気噴射プレスの概要

54. その他の木質材料と非木材系原料の利用

◆木質複合ボード類

　木質材料の中には木質系の原料を他の材料と複合的に用いることで、木質のみでは得られない性質を付与したものがある。代表的なものとして、耐火性の付与を目的に無機材料と木片を複合した窯業系複合ボードがある。このうち、特に外壁材として木片セメント板の普及が著しい。これは、木片セメント板の耐候性、耐水性、寸法安定性、防腐防虫性が他の木質ボードに比べて格段に優れているうえ、高い防耐火性を有するためである。

　その他の窯業系複合ボードとしては、内装材として石膏フレークボードや石膏ファイバーボードが北ヨーロッパで開発され、使用されている。代表的な木質ボード類の基礎的な材質を表1に示す。

表1. 木質パネルの基礎的な物性

品　目	密　度 g/cm³	MOR N/mm²	MOE kN/mm²	寸法安定性(%) 厚さ方向	寸法安定性(%) 面内方向	その他
合板	0.50～0.60	40～60	5～8	4～8	0.15	
パーティクルボード	0.60～0.80	10～25	2～3.5	10～15	0.4	
OSB／WB	0.60～0.80	20～40	4～7	10～30	0.2～0.4	
ハードボード	0.80～1.05	30～40	2.8～5.6	20	0.4	
MDF	0.65～0.80	30～40	2～3	7～15	0.4	
インシュレーションボード	0.25～0.35	1.4～5.6	0.2～0.9	―	―	
木片セメント板	0.80～1.20	10～15	3～4	1～3	0.2	準不燃
石膏フレークボード	1.00～1.20	6～9	3～4	3	0.07	準不燃

注）合板・OSBは表層単板または配向方向の値、寸法安定性は24時間水中浸せき(石膏フレークボードのみ厚さ方向は2時間水中浸せき、面内方向は相対湿度30→85%)

◆非木材系原料の材料利用

　米や麦、トウモロコシなどの主要穀物の年間収穫量は全世界で約15億トンの量がある。穀物を収穫したのちに捨てられるそれらの茎の量は、統計資料がなく明確な数字は不明であるが、穀物収穫量から類推して、相当な量になると考えられる。米や麦、トウモロコシなどは1年性の植物であり、毎年ほぼ同じ量の茎が発生すると推定される。自然環境と希少動植物の保護を目的として森林資源を保全する動きが活発になってきた昨今、木材資源の代替として、これらの非木材系植物を材料原料として利用する動きがある。また、森林資源に乏しい地域、特に農業を主要産業とする開発途上国では、非木材系植物による建築材料の生産が

もたらす恩恵は大きいことから、現在も盛んに研究が行われている。

たとえば、サトウキビの絞りかす（バガス）を原料としたバガスチップボードやファイバーボードであり、実際に実用化され、世界の各地においていくつかのボード工場が操業している。稲わらや麦わらは、すでに中国などの国では製紙原料として多量に利用されている。これは、木材と比べて一般にリグニンの量が少なく、また茎に含まれるセルロース繊維が広葉樹の繊維と同じような長さを有しているためである。さらにこれらのチップをボード状に圧縮成型した材料なども海外で考案されており、実際に市販もされている。また、コーリャンの茎をそのまま並べて接着剤により固めたボードも開発されており、茎の強さと軽さを生かした軽量ボードとしての利用が進んでいる（口絵写真32）。

また、最近は農産廃棄物の利用に止まらず、迅速な成長・収穫が見込める植物を積極的に育成し、材料の原料に用いようとする試みがなされている。その代表的なものとして、ケナフボードがある。これは、ケナフの外皮に含まれる靱皮繊維を原料にしたボードで、ケナフ繊維の持つ高い力学性能を生かした材料である。繊維方向を一方向に配向して熱圧整形されたケナフボードは、構造用材料として壁倍率の認定も受けており、構造用合板の半分(4.5mm)の厚さで合板を超える壁倍率が得られている。

さらに、非木材系植物は木材に比べリグニンが少なく、ヘミセルロースや糖が多く含まれている。糖類は熱変性により接着性を示すため、この加熱処理を工夫することで接着剤を使用しない材料製造技術が検討されている。半面、リグニンが少ないことで腐朽しやすい性質を持つ可能性があり、構造用途ではその耐久性を十分に評価しておく必要がある。

上述した非木材原料は木材とは異なり、平坦な田畑で発生するために、集荷システムを確立しておけば原料入手は容易であると考えられる。しかし、工業的な利用ではその消費量が莫大になることから、実際の集荷には困難を伴うことが多い。また、農産廃棄物の一部は肥料や土壌改良材として土壌に還元されていることから、その収奪によるマイナス面も十分に考慮する必要がある。さらに、非木材系植物の一部には、重金属類などを蓄積する性質を持つものがあることが知られており、これらをボードなどの原料に用いる際には、廃棄に伴う公害問題などを引き起こすことがないように、十分に検討しておく必要がある。

<川井秀一／田村靖夫／山内秀文>

55. 木材の塗装

◆木材の塗装

　塗装は木材の表面に美観を与えるとともに、汚れ、磨耗、腐食などから保護する役割を果たしている。素材はもちろん、合板やパーティクルボードなどの木質材料でも、その表面を塗装することで、耐久性能などを改善できる。特に屋外などの過酷な条件下で、木材や木質材料を使用する際には、塗装をしておくことが望ましい。

◆木材用塗料

　木材用塗料は、顔料・染料・充填剤などを、木材表面に固着させるための接着剤となる種々の乾性油（液状の油で、空気中の酸素などを取り込み酸化固化する）や合成樹脂液（これらをビークルと総称する）に混合分散させたり、溶剤や水で希釈したものである。昔は主に漆や柿渋などが木材用塗料として用いられたが、現在では以下のようなものが使用されている。

・油性ペイント：顔料などをアマニ油、大豆油やキリ油など、酸素の吸収により酸化皮膜を形成する油に分散させた塗料で、酸化重合によって塗装面に定着する。

・水性ペイント：顔料などを水に溶けるミルクカゼイン、大豆タンパク、デキストリンやアラビアゴムなどの水溶液に分散させた塗料で、乾燥により塗膜を形成する。

・油性ワニス：セラック、ロジン、テルペン樹脂のような天然樹脂、フェノール樹脂やフタル酸樹脂などをアマニ油などの油類（主に植物油）と加熱溶融させて、さらに溶剤で希釈したもので、油分の酸化と重合反応によって塗膜を形成する。

・精ワニス：セラックや松ヤニなどの天然樹脂をそのまま適当な溶剤に溶解したもので、溶剤の気散によって塗膜を形成する。

・ラッカー：ニトロセルロースや酢酸セルロースなど化学変性させたセルロースを溶剤に溶かし、それに顔料などを分散させたもので、溶剤の気散により塗膜を形成する。

・合成樹脂塗料：酢酸ビニル樹脂、アクリル酸エステル樹脂、フェノール樹脂やポリウレタン樹脂などを溶剤などで希釈して、それに顔料などを分散させたもので、溶剤の気散、樹脂の重合などにより塗膜を形成する。最近の合成樹脂塗料は、原料樹脂を水に乳化させたエマルジョン系のものも多くなっている。これは、溶剤による火災の危険性排除のほか、作業環境の改善や溶剤気散による大気汚染の防止などへの関心が高まってきたためである。

　塗料は、塗膜の劣化や剥離などの問題に対応して再塗装することを前提にしており、接着

剤ほどの長期耐久性は要求されない。しかし、接着剤と同様に屋内・屋外などの使用条件により塗料の種類を使い分けることが行われている。たとえばアクリル樹脂やポリウレタン樹脂塗料のように耐久性の高い樹脂を基材とする塗料は屋外用として使用されることが多い。最近は再塗装の費用を低減するメンテナンス・フリー塗料として、汚れ難く耐久性を有するフッ素樹脂塗料なども開発されている。この種の高耐久性塗料は木材用としてはまだ一般的ではないが、再塗装が困難な高層建築や海峡大橋などの性能維持には不可欠である。

◆塗料の環境対策

木材製品は人が直接接触する用途に多く使用されるため、特に木材用の塗料には人体に対する安全性が求められることが多い。最近は、健康への影響を懸念して、塗料の成分や溶剤に使用されているトルエン、キシレン、エチルベンゼンなどの室内大気中における濃度が厳しく制限されるようになっており、柿渋、亜麻仁油、シェラック、松ヤニなどの天然系材料を利用した塗料が見直されてきている。すでにドイツで開発されたオスモカラー、リーボス社やアウロ社の製品は、自然系塗料として広く流通・使用されており、国内塗料メーカーでも開発・市販してきている。　　　　　　　　　　　　　　　　　　　＜田村靖夫／山内秀文＞

表1. 自然系塗料に使われている原料の例

種類	原料	備考
油脂	亜麻仁油（乾燥性）	亜麻の種子から採取
	桐油（乾性油）	アブラギリの種子から採取、乾燥性良好
	荏の油（乾性油）	エゴマの種子から採取
	サフラワー油（乾性油）	紅花の種子から採取
	米糠油（半乾性油）	米糠から採取、変性剤
	ヤシ油（不乾性油）	ココヤシ樹果実核の乾燥物（コプラ）から採取
	ひまし油（不乾性油）	トウゴマの種子から採取、可塑剤
	ひまわり油（乾性油）	ヒマワリの種子から採取
	大豆油（乾性油）	大豆の種子から採取、やけが少ない
	アザミ油（半乾性油）	アザミの種子から採取
	綿実油（半乾性油）	繊維を採取したあとの綿実の種子から採取
	トール油（半乾性油）	南米産マメ科のトールバルサムの木から採取
	菜種油（半乾性油）	菜の花の種子から採取
	魚油（乾性油）	イワシ、ニシン、サンマなどの魚類から採取
樹脂	コーパル	種々の樹液が化石化したもの
	ダンマル	スマトラ産フタバガキ科の樹脂、半化石化したもの
	セラック	ラックカイガラ虫の樹脂
	コハク	植物の樹脂が化石化したもの、最も硬質
蝋	密蝋	ミツバチの巣から抽出
	カルナバ蝋	カルナバ椰子の葉の裏から採取、硬質
	キャンデリラ蝋	北米やメキシコ産のトウダイグサ科の植物から採取
	木蝋	ウルシ科のハゼノキ果皮から採取

(木材塗装研究会資料より抜粋)

56. 接着の原理

◆接着とは

「接着」は「接合される物質（被着材）の接合面間に物理的・化学的あるいはその相互作用が働いて結合した状態」と定義される。しかしながら、2つの被着材間が被着材のみで十分な結合力を発揮できることは希で、より実用的に「接着」を表現するならば、上記の定義に加え「被着材の表面間に結合を媒介する物質が存在しながら結合している状態」のことを指すといえる。このとき、結合を媒介する物質を「接着剤」と呼んでいる。木質材料製造や木材加工時に行われる「接着」も接着剤を介して行われることが一般的である。

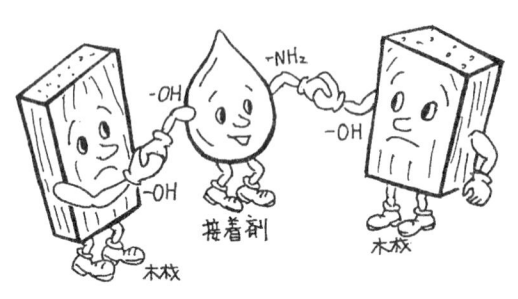

◆ぬれと親和性

接着の分野では、被着材と接着剤との馴染み具合（＝親和性）を表すのに「ぬれ」という言葉を使う。良好な接着性を得るためには、接着剤によって被着面を十分に濡らす必要があるため、接着剤は少なくとも被着材を勘合する時には液体である必要があるのだが、接着剤が液体であれば被着材が必ず濡れるとは限らない。例えば、木の表面に水を少量たらすと、水が徐々に表面を広がって木材を濡らしていくが、これとは逆にワックスをかけた自動車に水をかけると、丸い水滴になってこぼれ落ちる。このように、水が木材面をぬらしながら薄く広がっていく状態を「ぬれがよい」といい、丸い玉ころになって転がるような状態を「ぬれが悪い」と称し、被着材と接着剤間の親和性を測る指標となっている。

物質間の親和性の高くなる条件の一つに「似通った化学成分や分子構造を持つ」ということがある。木材について考えれば、親和性が高い物質とは木材を構成する化学成分と類似した成分をもつこと、すなわち、セルロースやリグニンなど木材を構成する成分に近い性質を持つ物質を選べばいいことになる。木材の主要成分は、主として炭素（C）、水素（H）、酸素（O）であり、特に酸素と水素が結合した水酸基（-OH）を多く含んだ構成になっている。したがって、水酸基と親和性の高い酸素あるいは水酸基を多く持つ化学組成の物質であれば、木材との親和性もよく、良好な接着剤になる可能性があることがわかる。

◆接着機構

　接着のメカニズムについては諸説あり、全ての接着現象を統一的に説明できる理論は未だ確立されていない。しかし、いくつかの有力な仮説が提起されている。

　一つは機械的結合（＝投錨効果あるいはアンカー効果）と呼ばれるもので、被着材の表面の凸凹に接着剤が浸入・固化することにより、被着材間をリベット止めしたような効果が生まれ、接着力が発現するというものである。この接着機構は、特に木材などの多孔質材料における接着を説明する仮説としてよく使われてきたが、木材接着においても接着界面が平滑であることにより接着力が高くなることは広く知られており、今日の木材接着においてその効果は、存在するとしても限定的なものであると考えられている。

　接着剤と被着材間の接着機構を説明するもっとも有力な仮説は、物理的相互作用と呼ばれるもので、被着材と接着剤の安定した分子間が、静電気的あるいは水素結合の様な形で化学結合を伴うことなく引き合う力により接着力を発現しているとするものである。このうち、水素結合とよばれるものは、結合する互いの分子中に存在する酸素と水素、あるいは窒素(N)と水素との間に特別に働く力で、ファンデルワールス力に比べ大きな結合力を持つとされており、ユリア樹脂接着剤のように分子中に水酸基や窒素から成るアミノ基（$-NH_2$）を持つ接着剤が、木材との間に良好かつ強固な接着が得られることを上手く説明できる。逆に、これらの力が働かないような物質、たとえば、炭素と水素のみからなり酸素を持たないポリエチレンは、木材との間に水素結合や電気的引力が働かず、接着剤として機能しない。また、先に機械的結合の効果が薄いと述べた投錨効果が、接着剤が木材の細孔に浸透することにより、接着剤が木材と接触する面積を増やすことで、結果的に水素結合や電気的引力が働く機会が増え、より強固な接着に寄与している可能性があることなども想像できるのである。

　接着力の発現には上述したような被着材と接着剤の親和性のほか、被着面の仕上げや性状、接着剤の粘度や分子量など、多くの因子が関係している。このため、現在ではその接着機構も一つの機構のみで生じているのではなく、いくつかの現象が複合的に関係しながら発現しているものであると考えられている。　　　　　　　　　　　＜田村靖夫／山内秀文＞

57. 接着剤の種類とその使用法

◆接着剤の使い方による分類

　接着剤には多くの種類があり（表1）、その硬化機構によって下記のように分類できる。

　1) 溶剤散失型：接着成分が水や溶剤に分散して液状になっているもので、これを材料表面に塗布したのちに貼り合わせて加圧しておくと、時間の経過とともに接着層が乾燥し接着にいたる。木材用としては酢酸ビニル樹脂エマルジョン（木工業界ではよくボンド※と呼ばれる）が代表的なもので、でんぷんのり、ゴムのりもこれに属する。

　2) 化学反応型：接着剤が化学反応により硬化する接着剤。性状や使用法は1) とほぼ同じだが、硬化が化学反応により進行する点が大きく異なる。これらは、常温で接着するものと、接着操作時に加熱するものに分けられる。前者は常温硬化型と呼ばれ、集成材（→§42）の接着に使用されているAPI（水性ビニルウレタン接着剤）やレゾルシノール樹脂接着剤、湿気で硬化するポリウレタン系接着剤やシアノアクリレート接着剤、エポキシ樹脂などがこれにあたる。一方、貼り合わせ時に、接着時に加熱を要するものを熱硬化型と呼ぶ。尿素（ユリア）樹脂、メラミン樹脂やフェノール樹脂などがこれにあたり、合板（→§46）やパーティクルボード、ファイバーボード（→§52）などの接着剤として多量に使用されている。

　3) ホットメルト型：室温で固体の接着剤を加熱融解にて液状にし、材料に塗布する接着剤。塗布後は速やかに貼り合わせ・加圧して、接着剤の冷却固化により接着にいたる。エチレン・酢ビ共重合樹脂やポリアミド樹脂などが主成分として使用される。昔から接着剤として使われてきたニカワは、最終硬化に水の揮発が伴うものの、この分類に属する接着剤といえる。

◆接着剤の選択と使用法

　過去には接着剤の原料として天然物が使われていたが、近年はその多くが石油などを用いる合成品にとなっている。このような合成品で作られる樹脂を合成樹脂と呼ぶが、合成樹脂には、一度固化しても熱を加えることによって再び軟化あるいは融解する熱可塑性樹脂と呼ばれるものと、固化した後はいくら熱を加えても軟化・融解しない熱硬化性樹脂といわれるものがある。乾燥や冷却により固化する接着剤の主原料となる樹脂の大部分は熱可塑性樹脂で、取り扱いが簡便であるため一般造作や工芸用などとして幅広い製品が作られている。一方で、化学反応によって固化する接着剤の多くは熱硬化性樹脂を主成分としており、その耐久性や耐水・耐薬品性の高さから、建築材料などの耐久用途に使用されている。

接着剤を使用するときは、接着面に所定量の接着剤を可能なかぎり均一に塗布したのち、接着するものを重ねて、均一に圧力を加え貼り合わせることが重要である。いかなる接着でも、接着面に塗布された接着剤が相手材料の接着面に均一に転写されなければ、確実な接着強度は得られない。その意味で、接着剤は貼り合わせる時点では必ず液状である必要があり、その後に固体化することによってはじめて接着効果を発揮するものである。

表1. 木材用の主な接着剤

化学組成		接着剤	配合	使用温度	硬化方法	強度
合成高分子化合物	熱硬化性樹脂	ユリア樹脂	2液	常温・加熱	付加縮合反応	非構造用
		メラミン・ユリア共縮合樹脂	〃	加熱	〃	構造用
		フェノール変性アミノ樹脂	〃	〃	〃	〃
		フェノール樹脂（レゾール）	1液	〃	〃	〃
		フェノール樹脂（レゾール）	2液	常温	〃	〃
		レゾルシノール樹脂	〃	〃	〃	〃
		エポキシ樹脂	〃	〃	付加反応	〃
		ウレタン系樹脂（湿気硬化）	1液	〃	縮合反応	〃
	熱可塑性樹脂	酢酸ビニル樹脂エマルジョン	1液	常温	乾燥固化	非構造用
		エチレン・酢ビ共重合樹脂（エマルジョン）	〃	〃	〃	〃
		〃（ホットメルト）	〃	高温	冷却固化	〃
		シアノアクリレート	〃	常温	付加反応	〃
	複合系	α-オレフィン・無水マレイン酸樹脂	2液	常温	架橋反応	非構造用
		API（水性ビニルレタン）	〃	〃	〃	構造用
		酸硬化変性酢ビエマルジョン	〃	〃	付加縮合反応	構造用
	合成ゴム	クロロプレンゴム	1液	常温	乾燥固化	非構造用
		スチレンブタジエンゴムラテックス	〃	〃	〃	〃
天然高分子化合物	タンパク	にかわ	1液	常温	冷却固化	非構造用
		カゼイングルー	〃	〃	乾燥固化	〃
		大豆グルー	〃	〃	〃	〃
	炭水化物	デンプン	1液	常温	乾燥固化	非構造用
		カルボキシメチルセルロース	〃	〃	〃	〃
		アラビアガム	〃	〃	〃	〃

◆これからの接着剤

　これまでの接着剤は、一旦接着したら決して剥がれない性能を求めてきた。しかし最近は、人や動植物に害を与えないこと、自然の力で分解されること、リサイクル時には容易に剥がせることなど、これまでにない性能が望まれてきており、また、安全性や易廃棄性などの観点から天然高分子の良さも見直され、広く研究されている。　　　　＜田村靖夫／山内秀文＞

※「ボンド」はコニシ（株）製の接着剤に付けられた商品名

58. 接着剤とホルムアルデヒド

◆接着剤とホルムアルデヒドの関係

 ホルムアルデヒドは HCHO の化学式で表される物質で、これに尿素、メラミン、あるいはフェノールを加えて化学反応させることで尿素（ユリア）樹脂、メラミン樹脂やフェノール樹脂などの接着剤が得られる。そのため、これらの樹脂を主成分とする接着剤をホルムアルデヒド系接着剤と呼んでいる。ホルムアルデヒド系接着剤は、安価で優れた耐水接着性能を有するために、合板、パーティクルボードなどの建築用木質材料の製造に多量に用いられている。しかし、これらの接着剤液中には、合成時に反応しなかったホルムアルデヒドが遊離した状態で残るため、接着作業中の臭気の原因になったり、時間の経過と共に製造後の材料から少しずつ放散されてくることが問題視されたりしている。

◆ホルムアルデヒドの有害性

 人間の感覚はホルムアルデヒドに対して敏感に反応し、このガスが大気中にわずかに 0.05ppm (なお、1ppm は 100 万分の 1、すなわち空気 $1m^3$ 中に物質が $1cm^3$ 存在する量)存在するだけでも臭気を感ずるといわれる。また、このガスはアレルギー体質の人の皮膚に、湿疹のような赤い発疹を起こさせることもあるとされる。

 ホルムアルデヒドの有害性を調べた例としては、種々の濃度でホルムアルデヒドを含むように調整した室内に、マウスを日中 6 時間だけ閉じ込める試験を長期間くり返す試験を行った例がある。その結果、5ppm 以上のホルムアルデヒドガスを含む大気に曝されたマウスの咽喉部にガン状の腫瘍ができているのが観察された。一方で、2ppm 以下の室内に飼われたマウスでは何ら変化がみられないという結果が報告されている。また、それと同時にホルムアルデヒドを扱う職業に従事した人の発ガン性を調べる追跡調査も行われたが、ガンによる死亡率はとくに他の職業の人たちと大差がない結果であったとされている。

 実際、1ppm 以上の濃度になる環境とは、人間ならば激しい刺激で涙や鼻水が止まらなくなるような環境であり、この実験結果をもってホルムアルデヒドが具体的な健康被害を及ぼすとは必ずしもいえない。しかし、少なくともこのガスが刺激性をもつ不快物質であることは間違いなく、木材工業製品から発散するホルムアルデヒドは世界各地においても問題になっている。そのため、国連の世界保健機関(WHO)によって、室内環境中におけるホルムアルデヒドガス量は 30 分平均値で $0.1mg/m^3$ 以下(23℃の空気換算で約 0.08ppm 以下)とするよ

うにとの指針値が示されている。この指針を十分に守った住環境を得るために、住宅部材などに使われる合板や構造用パネル、パーティクルボードなどの材料は、規格によって表1に示すような区分を設け、ホルムアルデヒドの放散量が厳密に管理されている。

表1. 材料に含まれるホルムアルデヒドの量を示す表示区分

JAS（日本農林規格）の表示基準		JIS（日本工業規格）の表示基準（測定法の違いからJASと単位が異なる）	
表示区分	ホルムアルデヒド放散量	表示区分	ホルムアルデヒド放散量
F☆☆☆☆	平均値0.3mg/l以下、最大値0.4mg/l以下	F☆☆☆☆	0.005mg/m^2h 以下
F☆☆☆	平均値0.5mg/l以下、最大値0.7mg/l以下	F☆☆☆	0.005超0.02mg/m^2h 以下
F☆☆	平均値1.5mg/l以下、最大値2.1mg/l以下	F☆☆	0.02超0.12mg/m^2h 以下
F☆	平均値5.0mg/l以下、最大値7.0mg/l以下		F☆の表示はない

◆ホルムアルデヒドを減らす技術

　ホルムアルデヒド系接着剤を用いた木質材料から、ホルムアルデヒドが発生する原因としては、未反応のホルムアルデヒドが木材の内部に吸着されていて、それが時間と共に少しずつ空気中に放散されてくることが挙げられる。この対策として、すでに接着剤製造時のホルムアルデヒド添加量を減らすことが行われており、元々の接着剤に含まれる遊離ホルムアルデヒド量はかなり少なくなっている。それに加え、接着操作時にホルムアルデヒドキャッチャー剤(代表的なものに粉末尿素がある)を使用することで、現在では合板やボードから発散するホルムアルデヒド量を大幅に減らすことができるようになった。

　また、硬化条件が厳しいことや濃色であることが嫌われていたフェノール樹脂も、アミノ系樹脂に比べて未反応のホルムアルデヒドが少なく、硬化後に樹脂が分解する可能性が低いことから、ホルムアルデヒド対策として使用される機会が増えている。

　さらに根本的な対策として、ホルムアルデヒド系以外の接着剤を用いることにより、木材接着製品からのホルムアルデヒド発生を抑制する試みがなされている。非ホルムアルデヒド系接着剤の代表的なものにイソシアネート系樹脂があり、ボード類の製造に用いられている。

　遊離ホルムアルデヒドに対して十分な対策をとった接着剤を用いた木製品は、製造後に放散されるホルムアルデヒド量が時間の経過とともに減少していくとの報告がある。このことから、家屋を新築した際などには、建築初期の段階で十分な換気を行い、また同時に暖房などを利用して熱を加えるなどすることにより、新築時のホルムアルデヒド量の大幅な軽減とその後の放散量を少なくできる可能性がある。　　　　　　　　　　　＜田村靖夫／山内秀文＞

59. 接着剤の耐用年数

◆接着剤は何年もつ？

「この接着剤で接着したものは一体何年間使えるのであろうか？」

これは誰もが感ずる疑問である。最近使用されている多くの合成樹脂系接着剤は、使用され始めてから最大でも100年程度の歴史しかなく、長期間の耐用年数を実証することは不可能である。そのため、研究者などによって、様々な方法で接着剤の耐用年数を推定する試みがなされてきている。

接着剤の耐用年数を測る一つの手法として、ある接着剤で接着したものを種々の温度で加熱して接着強度が半減する時間を調べ、そこから耐久性を推定する方法がある。この方法で合板に用いられる接着剤の耐用年数を調べてみると、50℃の温度条件では尿素(ユリア)樹脂接着剤で5～25年、フェノール樹脂やレゾルシノール樹脂接着剤は300～1,000年の耐久性があると推定されている。

また、接着剤の耐水性、特に湯浴や煮沸後の接着力の低下を調べることは、接着剤の耐久性を測る一つの指標になる。耐水性に優れた接着剤を耐久性にも優れていると考え、接着剤を耐久性に優れた順に並べてみると、フェノール樹脂、レゾルシノール樹脂接着剤≧イソシアネート系接着剤(水性高分子イソシアネート系接着剤を含む)＞メラミン樹脂接着剤＞尿素樹脂接着剤≧ポリ酢酸ビニル樹脂接着剤（ボンド）、のようにまとめられる。

◆耐用年数と環境条件

実際に接着の耐用年数を議論するときは、接着剤そのものの耐久性ではなく、その接着剤を使用して接着したものの耐用年数で示すのが普通である。しかし、接着剤の耐久性と実際に接着したものの耐用年数とは異なっているのが普通である。接着したものの耐用年数には接着する材料（＝被着材）の性質（密度など）、接着するときの条件（温度など）および接着されたものが使用されるときの環境（屋内or屋外）などによって大きな影響を受ける。

種々の接着剤を使用して接着した合板を屋外に暴露して、その接着性能の経日変化を調べてみると、同じ接着剤でも九州・沖縄と北海道では耐用年数が異なり、温暖な気候の南の地方ほど耐用年数が短くなることが知られている。

また、一般にレゾルシノール樹脂やフェノール樹脂系接着剤で貼り合わせた接着物は、高温・高湿度条件下での使用に強いとされている。また、メラミン樹脂で接着したものも、尿

素樹脂やポリ酢酸ビニル樹脂で接着したものに比べて水に対して強いと考えられている。しかし、たとえ耐久性が高く耐水性に優れるとされるレゾルシノール樹脂接着剤を用いても、レゾルシノール樹脂が通常は常温硬化で用いられるため、必要な養生期間を与えて十分に硬化させておかないと、常温の水に濡れただけで剥がれることがある。また、耐水性に優れていると考えられているメラミン樹脂を用いて接着した合板も、湿度が常時高くなる場所で使用されると4～5年で剥離をおこすこ場合がある。

　逆に、接着したものを温湿度変化が比較的少なく乾燥した場所で使用した場合には、たとえ耐水性に劣るとされる尿素樹脂やポリ酢酸ビニル樹脂で接着したものでも30～40年の長期にわたって十分な接着強度が保持される。また、正倉院の御物のように唐櫃内の温度や湿度の変化が外気と比べて大きく緩和された場所では、デンプンやニカワのような天然系接着剤で接着したものでも1,000年以上の耐久性を示している。これは、接着したものを使用する環境が接着剤の耐久性に大きく影響していることをまさに物語っている。

　したがって、接着製品の性能を長期にわたって維持するためには、より高い耐水性能を持つ接着剤を選択する必要があるのと同時に、その接着製品が長持ちするよう、使用場所の温湿度環境がなるべく高くならないようにコントロールする、あるいは塗装を施すなどの二次的処置を行うことも大切である。

◆**接着条件と接着耐久性**

　接着操作時の被着材の状態は、接着性能に大きな影響を与える。木材であれば、例えば、密度の高い木材を接着した場合や、高含水率状態で木材を接着した場合に接着耐久性が短くなる傾向がある。また、ある接着剤が特定の樹種に対して十分な接着性能を発揮できないことがあることもよく知られている。さらに、種々の文献や経験に照らし合わせてみると、接着剤の塗布量を減らしていく場合、塗布量がある一定以下では塗布量が低下するに従って接着したものの耐用年数は短くなる傾向があるとされている。このことから、木材接着では一般に、接着層が厚くなるような条件で接着する方が、より接着耐久性は高くなると考えられている。

　しかしながら、冒頭に述べたように、合成樹脂接着剤の中で最も古くから使用されているフェノール樹脂であっても、それが開発されてからまだ100年程度が経過したにすぎない。そのため、合成接着剤およびそれを用いた製品の真の耐久性実証は、今後のさらなる検討を待つ必要があるということであろう。　　　　　　　　　　　　　＜田村靖夫／山内秀文＞

60. 木材の整形技術と応用

◆原理

　木材を構成する化学成分のうち、ヘミセルロースとリグニンのマトリックス (→§78) は、ある程度の水分を含んだ状態の時に約80℃以上の熱が与えられると軟化し、可塑性を帯びる。この時、木材に外部から力を加えると、自由な形に変形させることが可能である。この方法を用いて密度、硬さあるいは強度などの材質を改善するとともに、材料を利用目的に合致した形状や大きさに整えたり、表面に加飾しようとする加工が整形木材の基本的な考え方である。また、木材の表層圧縮処理は、乾燥割れの防止にも効果的であることも確認されている。

◆材質の改善あるいは制御

　木材は中空の細胞で構成された空隙体であるので、含水率あるいは温度などの条件を整えたうえで、プレスなどで外力を加えて機械的に圧縮することにより、細胞や組織などの構成要素の破壊を伴わない状態で圧縮・変形させることが可能である。このとき、細胞内腔が消滅するほどに大きな圧縮変形を与えると、密度が著しく増加し、結果的には固さや単位面積あたりの強さを向上させることができる。したがって、圧縮率を調節することによって、密度などの物理的性質や強度などの機械的性質を制御することができる。このことを上手に利用すると、とくに軽軟であるために用途が限られるスギなどの国産針葉樹材の材質改良が可能となり、用途拡大のために役立てることができるであろう。

　たとえば、写真1に示すように、スギ丸太（写真右）をその断面の約60%程度まで圧縮して、丸太の直径を対角線長さとする正角材に圧縮整形すれば写真左に示すように、元の丸太の密度約 $350 kg/m^3$ から、部分的には $700〜800 kg/m^3$ 程度の正角材を得ることができる。その結果、重厚で耐磨耗性に富んだ建築用材が得られる。その理由

写真1. スギの整形木材

は、スギのような軟質材では、早材仮道管は大型で細胞壁が薄いので、圧縮によって細胞が内こうを失うほどに変形されると、早材も晩材と大差がない程度までに密度が増加するため

である。圧縮によって密度が増加する現象を効果的に応用すると、硬さや強さを自由にコントロールできて、さまざまな新しい木質材料の加工が可能になる。

◆表面性の改良

スギをはじめとする国産針葉樹材の材質的な欠点の1つに、軟質なために耐磨耗性に劣ることがあげられる。しかし一方では、軟質であることは、触れたときの柔らかさを意味しているので、この長所も失いたくない。そこで、柔らかさを保ちながら、耐磨耗性を付与する1つの方法として、表層のみを圧縮して密度を高くすることにより耐磨耗性を与える一方で、材の内部は軟質のままに保持して歩行時の柔らかな感触を残す方法がある。この方法は薄い単板の全体を圧縮して硬くしたうえで、その圧密された単板を、別の素材の表面に接着することによって可能となる。また、圧密したい表層のみを可塑化してから圧縮すると、表層のみが硬く内部は柔らかな材料が得られる。

◆整形

木材をそれぞれの用途に適した形状に整えながら、かつ高い性能を付与することを目的に、外力を加えて圧縮する加工を「整形」という。材全体を大きく圧縮して密度を高くすることにより、木材に大きな強度を付与することが可能であるが、この場合には材積の著しい減少が生じるので、高い付加価値を付与する必要がある。そこで扁平で曲がりの大きな丸太を真円・通直化したり、若齢材に老齢材のような褶曲した木目をつけた造作用材を生産する、さらには表面に天然絞りのような優美な模様を付与することなどが可能である。

◆スギのフローリング材への適用

フローリングの具備すべき条件には種々あるが、その主なものは、次のような点である。
・表面の硬さや耐磨耗性などの物理的諸性質に優れていること。
・水分変化に対する寸法安定性に優れていること。
・美観や触感などの居住性に優れていること。

これらの因子から考えると、スギのように軽軟な木材はフローリング材としては不適当のように思えるが、前述のような適切な物理的、機械的加工を施すことによってスギ材の欠点を補うとともに、もともとスギ材がもつ長所を引き出して高性能なフローリング材を開発することも可能である。

<小林好紀>

法令37条に基づく材料の認定

　平成12年の建築基準法改正により、建築物の構造上、防火上、衛生上重要な部分のうち、大臣が定める部分（令114条の3）に用いる指定材料にあっては、その品質が、大臣が指定したJIS、JASに適合するか、あるいは大臣が定めた品質基準（平成12年建設省告示1446号）に適合するものに制限（法37条）された。指定建築材料のうち、木質系の4材料（木質系接着成形軸材料、木質複合軸材料、木質断熱複合パネル、木質接着複合パネル）の品質の測定方法は、事務連絡に基づいて規定され、かつ、同等以上の方法が認められている。

　品質基準の項目は、寸法の基準値、各構成要素の品質、接着剤の品質、面内圧縮強さの基準値、曲げ強さ・曲げ弾性係数の基準値、せん断強さ・せん断弾性係数の基準値、耐熱性の基準値、めり込み強さの基準値、含水率の基準値、含水率の調整係数、荷重継続時間の調整係数、クリープの調整係数、事故的な水掛りを考慮した調整係数、接着耐久性の関する強さの残存率、防腐処理による力学特性値の低下率の基準値である。ただし、上述した木質系4材料の全てがこれら全ての項目の測定を行なう必要はない。しかし、この中で、「荷重継続時間の調整係数」および「クリープの調整係数」の測定はたいへんである。何しろ、「荷重継続時間の調整係数」では、曲げ強さ、せん断強さ、めり込み強さに関する調整係数を求めなければならず、試験体数は10体以上、その半数以上の試験体に対し6ヶ月以上荷重を載加し続けなければならない。また、「クリープの調整係数」では、曲げ弾性係数及びせん断弾性係数について調整係数を求めることになっており、10体以上の試験体に変形を荷重を加え始めてから、1分、5分、10分、100分及び500分並びにその後24時間ごとに5週間以上測定しなければならない。

　新しい木質建築材料を開発しても、このようなハードルを超えなければならない。民間の木質系企業で、このハードル超えようとする企業はどれくらいあるであろうか？例えば、JASで認められた製品を接着剤で複合して、建築材料を開発した場合、JAS同等と見なせないのであろうか？

<中村　昇>

Ⅳ. 木材の乾燥

61. 木材中の水分状態と用語

◆立木の含水率

伐採直後の立木の含水率は、おおむね表1のようになっている。針葉樹材では辺材の含水率は心材に比べて著しく高い。広葉樹材では樹種によって異なっており、心材の方が高いものもある。

表1. 立木の含水率[1]

樹種		立木含水率		
		辺心材の比	辺材 (%)	心材 (%)
国産針葉樹	スギ	辺材>心材	150〜200	50〜70
	エゾマツ		150〜200	40〜60
	ヒノキ		130〜160	30〜40
	カラマツ		70〜150	40〜50
	アカマツ		120〜150	30〜40
国産広葉樹	カツラ	辺材≒心材	110〜130	70〜80
	ホオノキ		80〜100	40〜60
	シナノキ		80〜100	90〜110
	ハリギリ (セン)		90〜110	80〜90
	ウダイカンバ		70〜90	60〜70
	ミズナラ		70〜90	60〜80
	トチノキ		110〜130	150〜170
	ヤチダモ	辺材<心材	50〜60	70〜100
	ハルニレ		60〜80	100〜120
	ドロノキ		70〜90	150〜200

1) 矢沢 (1950)、蕪木 (1956) らのデータから作成

◆結合水と自由水

木材中の水分は、その存在する場所によって大きく2つに分けられる。細胞壁中にあって木材を構成する各種成分と物理化学的な結合（水素結合またはファンデルワールス力）をしている「結合水」と、細胞の内こうや細胞壁の間隙にあって、比較的自由に移動できる「自由水」である。

木材細胞内の水分状態変化を模式的に示したのが図1である。材を伐採し、大気中に放置しておくと、まず自由水が蒸発し始める。自由水が蒸発しきった状態——含水率25〜35 (平均28)％——を繊維飽和点 (fiber saturation point, FSP) という。ついで結合水が蒸発を始め、やがて外気の温度・湿度の条件に見合った水分状態になるまで水分蒸発は続き、含水率はほぼ安定する。このときの含水率を平衡含水率 (equilibrium moisture content, EMC) とよび、日本では含水率15％程度である (→§63)。さらに木材をオーブン中などで強制的に乾燥させると、残りの結合水も外気中に放出され、最終的に木材中の水分がまったくない状態（含水率0％）に到達する。これを全乾（または、絶乾）状態という。

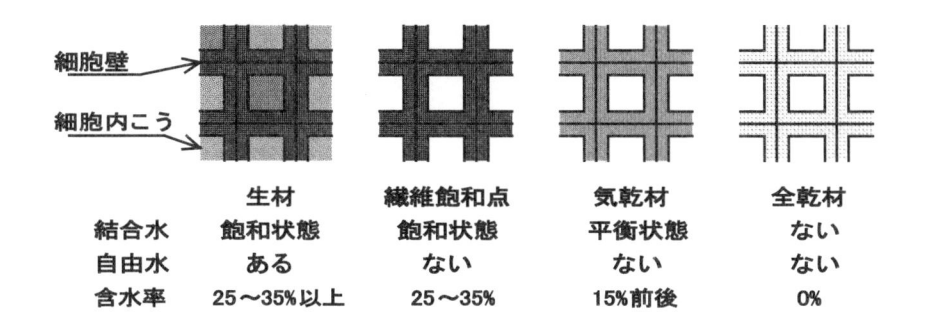

	生材	繊維飽和点	気乾材	全乾材
結合水	飽和状態	飽和状態	平衡状態	ない
自由水	ある	ない	ない	ない
含水率	25〜35%以上	25〜35%	15%前後	0%

図1. 木材中の水分状態

◆平衡含水率（EMC）と履歴現象（ヒステリシス）

　平衡含水率とは、木材中の水分（結合水）が安定した状態における含水率のことで、外気の温湿度条件によって変化する。外気条件と平衡含水率の関係を表2に示す。

　この平衡含水率は樹種にかかわらず一定であるが、生材から乾燥される場合（放湿過程）と、その平衡含水率よりも低含水率までいったん乾燥されたのちに吸着する場合（吸湿過程）とでは値が異なり、前者の方が後者よりも2〜3%程度高い。この現象を水分の履歴現象（ヒステリシス→§76）という。

表2. 外気条件と平衡含水率の関係

相対湿度(%)	温度（℃）				
	0	10	20	30	40
95	25.5	24.5	24.0	23.5	23.0
80	16.8	16.5	16.0	15.6	14.9
60	11.3	11.1	10.8	10.5	10.0
40	7.9	7.8	7.6	7.2	6.9
20	4.7	4.6	4.5	4.2	4.0

◆生材と乾燥材

　本書では「生材」とは「含水率が繊維飽和点以上の材」、「気乾材」とは「含水率が平衡含水率条件に達した材」、また、それぞれの規格などで決められた木材の分類法に準じた区分として「乾燥材」「未乾燥材」というように、言葉を限定的に使用する。

<飯島泰男／小林好紀>

62. 含水率とその測定法

◆含水率の計算法

　樹木が生きているとき、その材内には大量の水分が含まれている。これを伐採し、大気中に放置しておくと、この水分が次第に蒸発し、木材の性質が徐々に変化していく。

　木材中に含まれる水分量は含水率（moisture content, MC）で表わされ、一般に次の式で示される（化学的組成などを示すときには、下式の分母を Wu とした計算式を用いることがある）。

$$u = 100 (Wu - Wo) / Wo$$

　ここで、u：含水率（％）、Wu：ある水分状態での見かけ重量、Wo：全乾状態での重量

　したがって、図1のように、もし木材中に含まれる水分重量が木材の全乾重量と同じであれば、含水率は100％ということになる。また、密度が異なれば Wo が異なるので、含水率が同じでも材内に含まれている絶対水分量は変わる。

◆木材製品含水率の測定法

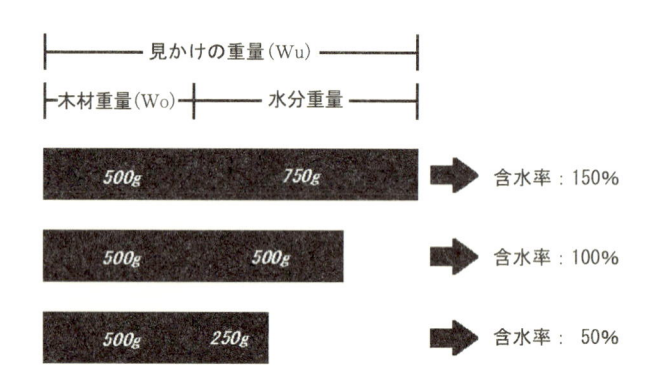

図1. 含水率の計算法

　木材の強度や収縮などの諸性質は含水率によって異なり、木材を加工する場合には含水率が製品の品質を握る鍵になる。そのために木材を加工してよい製品をつくるためには、まず含水率を知ることが重要である。

　上に述べたように、木材の含水率を知るためにはまず木材自体の重量（全乾重量）を知ら

ねばならない。しかし、現実には大きな木材を全乾にすることはできないので、それに変わる方法がいろいろ考えられてきた。それらの主なものは、①小さな試験片で代用する方法、②木材の密度とそのときの重量から計算する方法、③木材に電流を流して、その流れにくさから知る方法、④木材に高周波電圧をかけて、電極間に蓄えられる電気量から知る方法、⑤木材にマイクロ波を放射して、その減衰量から知る方法などがある。それらの方法のうち、①の方法は建築用材のような大きな材料の含水率を直接測ることができないために、生産現場では用いられない。含水率計とは、②〜⑤のどれかの性質を応用して、非破壊的に、あるいは軽微な破壊を与えるだけで含水率を知ろうとする装置である。

◆全乾法

　測定対象の木材から小さな試験片を切り出し、JIS Z 2101に準じて含水率を測定する方法である。これは木材の含水率をほぼ正確に測定できるが、大きな測定対象材の含水率を小さな試片で代表させること、および試験片を切り出すことによってその材が破壊されてしまうことが欠点で、生産現場ではほとんど利用されない。

◆電気抵抗式含水率計

　木材に電気を流すと、木材中の水分が少ないほど電気が流れにくい性質を応用して、含水率を測定しようとする方法である。一般に、針状をした2本または4本の電極を木材に打ち込み、その間に直流電流を流してそのときの抵抗値を測定し、含水率に換算したものである。そのために、打ち込んだ周辺のみの測定に限られること、含水率が30%以上では精度が低下する欠点がある。また、材温によっても影響を受けるので20℃を基準に温度補正を要する。

◆高周波式含水率計

　高周波式含水率計には、容量式と抵抗式の2種類がある。木材の含水率計としては一般に前者が用いられる。これは木材に高周波を印加すると、その含水率によって電極間に蓄えられる電気エネルギーの容量が異なることを応用している。この方式のものは、かなり高い含水率領域でも高周波電界中の平均含水率が得られるうえ、電極は一般的に押し当て型なので材に傷が付かず、生産現場では常用されている。しかし、材の密度の影響を受けるので、密度の設定値には十分に注意する必要がある。(財)日本住宅・木材技術センターでは、建築用針葉樹材を対象とした含水率計の性能認定事業において、数種の含水率計（2010年8月現在で携帯型3機種、設置型2機種）を認定機種に定めている。　　　＜小林好紀・川井安生＞

63. 平衡含水率と木材製品の最終到達含水率

◆日本国内での平衡含水率

　一般に「日本では平衡含水率は15％くらい」といわれているのは、各地の気象台の観測結果（百葉箱の中）をもとに、一ヶ月ごとの平均気温と湿度から計算されたもの（図1）の全平均値で、たとえば秋田では、最低は4月で14.0％、最高は7月で18.5％、年平均で15.5％程度になる。外気の条件にはさらに日変化や直射日光、雨水の有無などがあり、これらを考慮に入れると、計算上の平衡含水率はさらに広い幅で変動しているものと考えられる。しかし、木材の平均含水率は前述の履歴現象の影響もあって、外気の状態から計算された値にシャープに追随するわけではなく、材厚が数cmを超えると平均含水率の日変動はきわめて少ないことがデータから明らかにされている。そこで、平均値である15％を平衡含水率として考えているわけである。

　ただ、住宅内部では少し話が変わってくる。たとえば、これまでのいくつかの調査結果によれば、住宅内での材平衡含水率は、いわゆる在来工法住宅では、土台20％、家の中の柱・梁・桁で12～15％くらいである。この平衡含水率から逆算すると、20℃の場合の湿度は、床下では90％、室内では65～75％くらいになる。つまり、これまでの住宅は、室内でも、先の「百葉箱」に似た環境状態であったことを意味し、床下ではそれよりかなり湿っぽい状態であることがわかる。しかし、最近のように断熱化と空調によって、年間通じて20℃、湿度

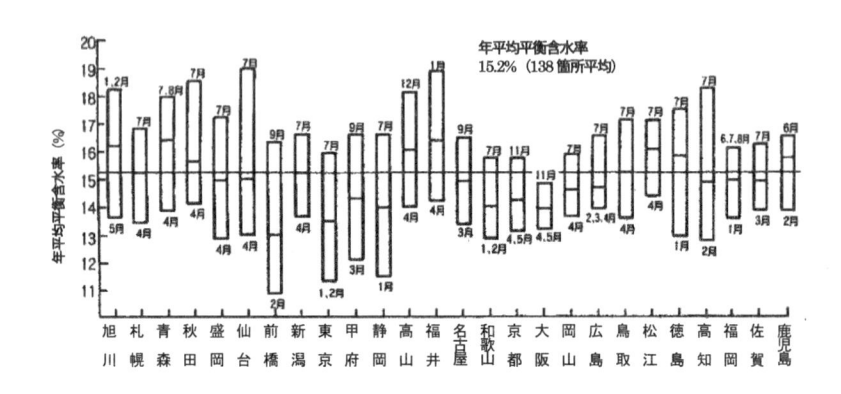

図1. 日本各地の平衡含水率（寺澤・鷲見, 木材工業1970.7による）

50〜60%といった条件になる住宅内では平衡含水率は 9〜11%くらいになるため、含水率を15%にまで乾燥して出荷したとしても、材はさらに収縮する可能性が強く、施工後、トラブルの原因にもなりかねない。

一方、使用状態が屋外暴露条件、あるいは温泉やプールのような多湿環境（この場合、平衡含水率は20%を超える）では、乾燥し過ぎた材の場合、逆に材が膨潤して、これがトラブルの原因になることもある。

◆主な木材製品の出荷時含水率と最終到達含水率

ある温湿度環境下に木材を放置した場合、その木材は最終的に平衡含水率条件となるまで、乾燥が進行する。平衡含水率は環境条件によって異なるが、これと各種木材製品の出荷時含水率の関係を図示すると図2のようになる。

木材に変形・収縮現象がおこるのは繊維飽和点以下のときであるから、出荷時含水率が15%であったとしても、環境条件によっては施工後に材の変形がおこる可能性があること、逆に土台などでは20%の乾燥状態でも十分であることなどがわかる。

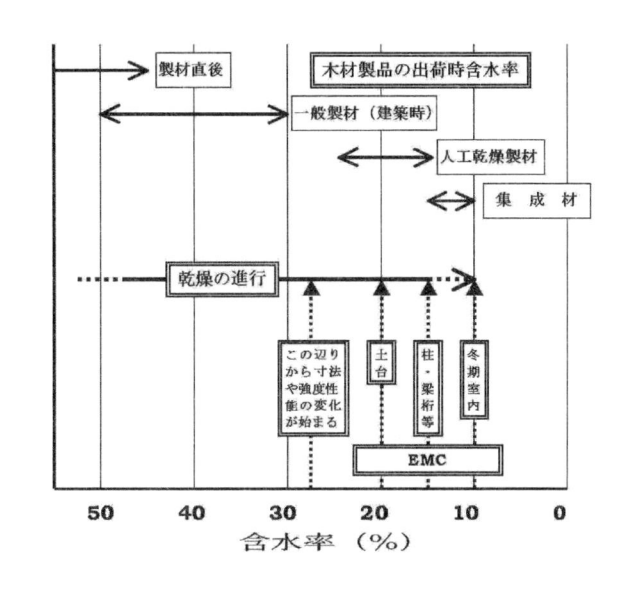

図2. 各種木材製品と含水率の推移

　　　　　　　　　　　　　　　　　　　　　　＜小林好紀／飯島泰男＞

64. 天然乾燥と乾燥前処理

◆天然乾燥の考え方

　天然乾燥の考え方には2つある。1つは「最終用途に見合うまでじっくりと乾燥する」ことであるが、天然乾燥の所要時間は地域・季節・材種によって異なり、たとえば、厚さ40mmのスギ板を、春・秋に含水率20%まで乾燥させるのに必要な時間は65日、また100mm角の柱を夏に含水率40%まで乾燥させるのに必要な時間は40日程度であり、内部まで20%以下にするには数年間はかかる。もう1つは「人工乾燥の前処理としての低コスト処理法」としての位置づけである。この考え方は次の理由による。すなわち、木材の生材含水率は個体によって異なり、大きなばらつきをもつため、これらを一緒にして同時に人工乾燥すると、乾燥後の仕上がり含水率に大きなばらつきが残りやすい。これを抑えるために、通常は人工乾燥に先だって種々の前処理を行うことが多く、天然乾燥をこれらの乾燥前処理の1つとして考えるのである。ただ、短期間の天然乾燥では含水率のばらつきをむしろ助長しかねなく、比較的長い時間をかけることが必要である。

　このように考えると、巻枯らし、立枯らしおよび葉枯らしなどの古来の方法を含め、天然乾燥のあり方を見直す必要がある。

◆葉枯らし

　葉枯らしは、伐採した丸太を葉のついたままで林内に放置し、生材丸太に含まれる水分を葉から蒸散させる方法である。このことにより丸太の重量を減らして集材作業や運搬を容易にするとともに、林内に放置する間に心材の発色（渋抜きという地方もある）効果を期待することにある。図1は、樹齢約70年生、直径25〜35cmのスギ、ヒノキの丸太の、夏季における葉枯らしによる含水率低下の様子を示したものである。結果をみると、伐採後40〜50日頃までは、辺材部のみの含水率低下が急速であるが、その後はほとんど変

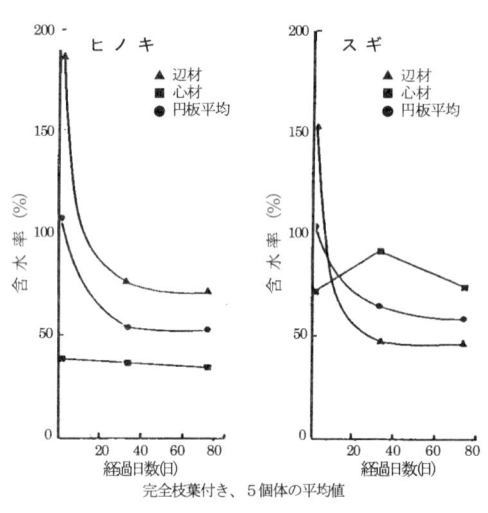

図1. 夏季の葉枯らしによる乾燥経過[1]

化しないので、葉枯らしはこれ以上行っても効果は期待できないことがわかる。また、この程度の期間では、心材の含水率まで低下させることは不可能で、心材色の発色まで期待しようとするなら、年単位の葉枯らし期間を要する。秋季、冬季の含水率低下量は夏季に比べて小さく、3ヶ月近くの葉枯らしでも、辺材の含水率でさえ100%以下にはならない。年単位の期間では、割れや腐朽によって辺材の利用はほとんど不可能になるので、用途や目的によっては、葉枯らしが有効でない場合もある。

葉枯らしによる丸太の重量減少は、かりに直径30cm、辺材幅4cm、長さ4mのスギ丸太であれば、辺材含水率のみが150%から50%まで下がったとき30kg程度である。伐採直後の丸太全体重量は250kgくらいであるから、10数%軽くなっていることになる。

葉枯らしによる製材の乾燥性への寄与評価は複雑である。たとえば、直径30cm程度の丸太の中央部分から心持ちの柱または梁用の構造材、その周囲から鴨居材などの造作材、樹皮近くの辺材から野地板をとるような場合では、心持ち材への効果はほとんどなく、鴨居などの造作材でも、それが源平材である場合にはわずかに人工乾燥経費を削減できる可能性があるくらいである。最も効果的なのは野地板であるが、この場合は薄板であるため人工乾燥も容易であって、葉枯らし材としてのメリットが大きいとはいえない。

◆水中貯木

針葉樹の場合、辺材部分にある仮道管（長さ3mm、幅0.05mmほどの大きさ）に空いている壁孔（ピット）とよばれるごく小さな孔を通って他の仮道管に水が移動する。壁孔の部分を拡大すると図2のようになっており、水はマルゴとよばれる網状の部分を通って流れていくが、木を切ると内部の水をなるべく失わないように、トールスとよぶ水を通さない部分が孔に蓋をするように動く。その結果、水の流れが止まってしまい、木材内部に水が保持されることになる。伊勢神宮では1200年前から、遷宮時の用材は3年間ほど池に浮かべた状態で放置したのち、天然乾燥させたものを用いてきた。水中細菌、バクテリアが繁殖した池に丸太を漬けることにより、水分移動を阻害する壁孔（ピット）がバクテリアに破壊され、水が通りやすくなる。その結果乾燥速度が速くなる。実際に池に3年間つけた丸太とそうでないものの乾燥速度を比較したところ、処理したものの方が、乾燥速度が速いという結果が得られている。

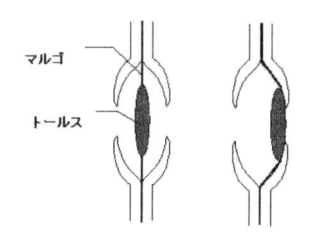

図2. 木材中の壁孔の状態

【文献】1) 鷲見博史ら："昭和61年技術開発試験成績報告書", (1988)　　＜小林好紀／中村　昇＞

65. 人工乾燥の方法(1) −特徴と乾燥スケジュール−

◆乾燥速度

　木材の乾燥経過は、最初自由水が、ついで繊維飽和点を下回った頃から結合水が蒸発し始める。繊維飽和点以上の乾燥期を「恒率乾燥期間」、繊維飽和点以下の乾燥期を「減率乾燥期間」とよぶ。減率乾燥期間は、内部の結合水が§61で述べたように外部から与えられる熱エネルギーなどによって木材構成成分から離脱し、木材中の空隙や壁孔を伝わって、順次、材表面に到達していくため、乾燥速度は急に遅くなる。

　乾燥速度は、温度（乾球温度）・湿度（乾湿球温度差）・風速によって変化し、温度が高いほど、湿度が低いほど、風速が大きいほど、乾燥速度が速くなる。また、木材側では樹種・密度・材の厚さが関係し、一般に密度の高い材ほど乾燥速度が遅い（例外もある）。材の厚さの影響では、乾燥速度は厚さの1.5～2乗に反比例するとされている。すなわち、厚さが倍になれば乾燥時間は3～4倍になる。なお木取りの影響に関しては、針葉樹では差がないが、広葉樹の減率乾燥期間で板目板より柾目板の乾燥速度が大きい傾向がある。

◆人工乾燥の特徴

　種々の人工乾燥法については、あとで詳しく述べるが、それらをひとまとめにして人工乾燥の長所をあげると、

・被乾燥材の材質や材種に合致した適切な乾燥処理が可能であること
・目的とする低含水率まで短時間で仕上げられること

である。人工乾燥では被乾燥材の材質、断面の大きさ、初期含水率あるいは乾燥履歴の有無などにあわせて、温度・湿度・風速を調節して、トラブルを抑えながら、なるべく短時間で乾燥が終了するように乾燥方法を制御するので、天然乾燥に比べて乾燥効率がよい。

　また、必要とする含水率以下にまで乾燥できることは、人工乾燥材の大きな特徴でもある。生材と乾燥した木材とを同じ場所に放置しておくと生材は徐々に乾燥し、乾燥材は徐々に吸湿して、やがて同じ含水率におちついてしまう、と考えがちである。しかし実際には、木材はヒステリシスという特有の水分挙動を示し、両者が一致することはない。通常は乾燥材が吸湿して到達する平衡含水率の方が、生材が乾燥して到達するそれよりも常に低い（図1）。木材乾燥とは寸法安定性の付与を目的とする加工であるので、木材がヒステリシスをもたなければ、人工乾燥の意義は大きく失われる。

しかし一方、短所としては後述するように、特殊な乾燥設備を要するうえに、乾燥のために消費するエネルギーは天然乾燥に比較して著しく大きく、直接経費が高くなることである。また、乾燥室内に各条件のむらが存在すると乾燥むらの原因になるので、配置のバランスと精度が重要になる。

◆乾燥スケジュール

乾燥に伴って材内には乾燥応力（→§72）が生じ、乾燥経過とともにその大きさと状態が変化する。このとき乾燥条件の与え方を誤ると、乾燥応力に起因する乾燥割れが生じる。したがって、蒸気式乾燥では被乾燥材の性質と乾燥度に応じた乾燥条件を適切に与える必要があり、その目安が決められている。それを乾燥スケジュールという。

これには、含水率スケジュールとタイムスケジュールとがあり、前者は被乾燥材の含水率に応じて、また後者は経過時間に応じて、乾球温度と乾湿球温度差とを変化させてゆく。乾燥スケジュールの基本的な考え方を図2に示す。これによると、たとえば割れやすい樹種を乾燥するときには、低い乾球温度、高い相対湿度（小さな乾湿球温度差）の乾燥条件を与える必要がある。また被乾燥材が厚材であるほど乾球温度を低く、乾湿球温度差を小さくしなければならない。

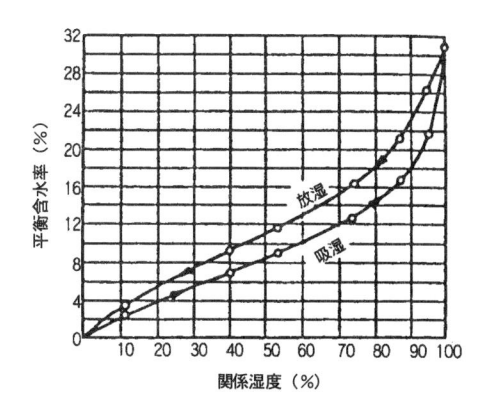

図1．木材の吸放湿曲線 （F. Kollman, 1968）

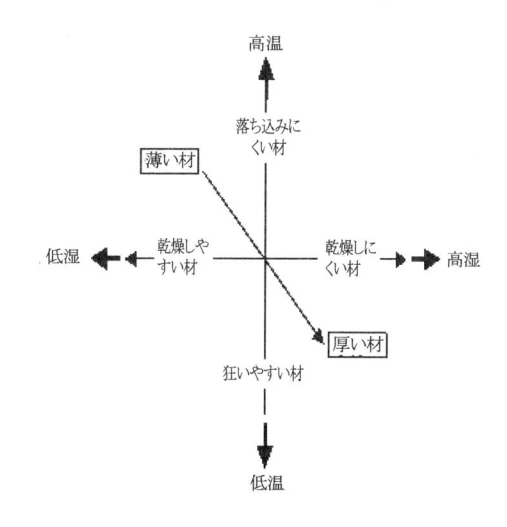

図2．材の性質と温湿度の関係

<小林好紀>

66. 人工乾燥の方法(2) －蒸気式乾燥－

◆蒸気式乾燥

蒸気式乾燥は、エネルギー付加法で分類した人工乾燥法の種類でいえば外部加熱乾燥法の1つである。一般的な蒸気式乾燥装置は、図1に示すような構造で、断熱パネルの本体内に加熱装置、加湿装置、送風装置、排気装置および温・湿度制御装置を付属したインターナルファン（IF）式である（口絵写真36、38）。

乾燥室内の空気を蒸気あるいは電熱などで加熱し、高温、低湿度化した空気を循環させることによって木材を加熱して、木材内部から表層への水分移動と木材表面からの蒸散をさかんにしようとする乾燥法である。循環空気の相対湿度は、生蒸気を噴射することによって調節し、乾燥割れの発生を抑制する。この方法は、樹種、材質、材種を問わず汎用性のある乾燥法である。その特徴として、以下の点があげられる。

・幅広い乾燥条件をつくり出せるので、種々の樹種、材質、材種に適用できる。

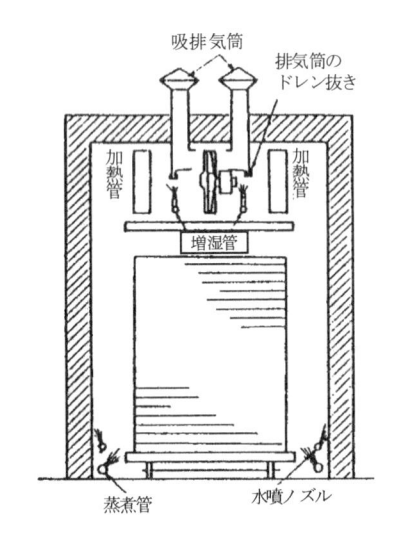

図1. 蒸気式乾燥装置の構造

・乾燥の仕上げのための調湿処理（イコライジング、コンディショニング）ができる。
・同時大量に処理でき、比較的低コストな乾燥法である。

◆調湿処理

木材乾燥では、乾燥仕上がり状態を均一化することは重要な問題である。被乾燥材を代表する試験材が目標含水率に達して乾燥が終了した時点でも、個体間には乾燥のばらつきが存在したり、乾燥過程に生じた乾燥応力が残留して、二次加工の際のトラブルの原因になる。したがって、乾燥の終了時にはこれらを除去あるいは緩和する処理が行われる。この処理には2つの異なった目的がある。1つは木材を一時的に高湿状態に曝すことによって、低含水率材の乾燥を停滞させながら高含水率材の乾燥を促すイコライジングである。他の1つは残留応力を緩和させるコンディショニングである。調湿処理は、乾燥室内に生蒸気を噴射して

乾湿球温度差を小さくし、木材を一時的に蒸煮する操作である。

◆高温乾燥法

　針葉樹材の急速乾燥法に位置づけられる高温乾燥は、乾球温度100℃以上の高温を用いる蒸気式乾燥である。海外では、一般に乾球温度140〜180℃、湿球温度100℃以下の乾燥条件が常用される。わが国では、主にスギ心持ち材の表面割れ防止のための乾燥法として、乾球温度110〜120℃、湿球温度90〜95℃の乾燥条件で普及している。以下では、わが国における高温乾燥について説明する。前述した乾燥条件は、従来の中温乾燥の条件と比較して高温低湿であるので、高温低湿乾燥法とも呼ばれる。木材にとっては非常に厳しい乾燥条件であるので、それに伴って以下にあげるようなさまざまな長所や欠点が生じる。

・割れ：乾燥初期に高温低湿条件で材表層を急速に乾燥することで、表面割れを少なくすることができる（→§74）。その理由は、100℃以上の高温では水分を含んだ木材のリグニンとヘミセルロースのマトリックスが軟化して、変形しやすくなることにある。木材が軟化することによって乾燥応力を緩和し、自由収縮するときよりも伸びた状態で表層が割れずに乾燥される。これをドライングセットという。温度の高いまま乾燥末期に至ると、内部に強い引張応力が生じて内部割れが増加するので、高温低湿条件で24時間程度乾燥した後、中温乾燥を行うことが多い。これを高温セット法と呼ぶこともある。

・乾燥時間の短縮：100℃以上の乾燥温度では、温度較差に比して平衡含水率が著しく低いために、中温乾燥（乾燥温度70〜80℃）の2〜3倍の乾燥速度が期待できる。瞬間的な投下エネルギー量は大きいが、乾燥時間が短いことによる総エネルギー量の低減効果が得られる。

・強度変化：スギ心持ち正角材の実験例では、120℃の高温乾燥を続けた場合、曲げ強度には72時間までは有意な低下が認められないが、96時間では平均値で約18％低下している[1]。

・変色・化学成分変化：高温度による木材成分の酸化による明度の低下と色相の変化が原因で、心材は褐色を呈し、辺材では黄色が強くなる。また、耐蟻性・耐朽性の低下を指摘する実験例も多い。

・乾燥むら：高温乾燥では通常の蒸気式乾燥の場合よりも乾燥むらが生じやすい。もともと生材含水率にばらつきの大きなスギ製材では、短い乾燥時間の間に高含水率材が低含水率材に追いつくことができず、最後までばらつきが解消されずに乾燥むらとして残る。この傾向は、とくに心材含水率が高い心持ち材が混在する場合に生じやすく、この材には大きな水分傾斜が残っていることが多い。　　　　　　　　　　　＜小林好紀／川井安生＞

【文献】1）川井安生ら：第56回日本木材学会大会研究発表要旨集，(2006)

67. 人工乾燥の方法(3) －除湿式乾燥と太陽熱乾燥－

◆除湿式乾燥

　乾燥温度をあげると材の変色や割れ、あるいは横方向の大きな収縮による断面減少などのトラブルを引きおこすことがあるので、スギやヒノキのような建築用造作材では、本来は天然乾燥、しかも冬場の気象条件で行うことが望ましい。そこで人工的に冬の気候をつくり、低温でゆっくりと乾燥する方法が考案された。それが除湿式乾燥である。

　その原理はエアコンと同様で、図1に示したように乾燥機本体と除湿器によって構成される。蒸気式乾燥が乾燥温度を40〜100℃以上まであげることによって相対湿度を低くして乾燥を速めるのに対して、除湿式乾燥では、低温型で40〜50℃、高温型で約60〜85℃の温度に維持しながら空気に含まれた水分を除湿機によって除去し、木材からの水分蒸発を促そうとする乾燥法である。低含水率まで速く仕上げる場合には補助ヒーターを稼働して、乾燥温度を上げなければならない。

　乾燥にあたっては、乾燥室から吸い込んだ循環空気をまずヒートポンプ内の蒸発機部分に送り込み、ここで空気中の水分を結露させて除去する。このとき循環空気は冷却されるので高湿化する。つぎに凝縮器部分を通して適温まで加熱することによって相対湿度は低下する。この空気を乾燥機内に吹き出して循環させる構造になっている。

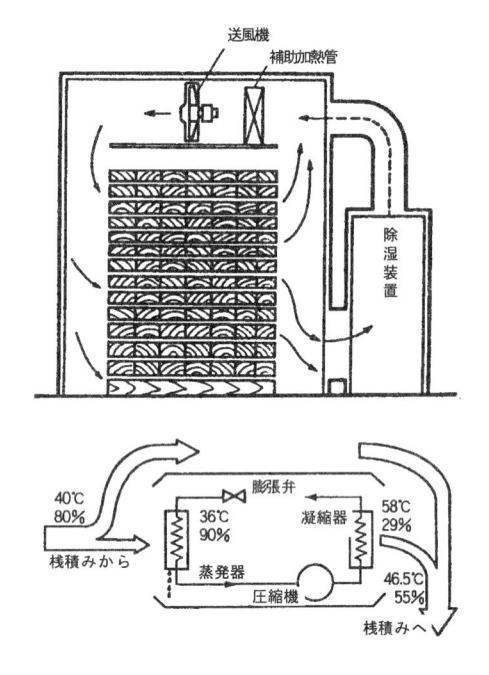

図1. 除湿式乾燥機の構造

　乾燥の速さは、高含水率で比較的薄い製材（たとえば鴨居材）では天然乾燥よりも格段に乾燥が速いが、正角材のような厚材では大きな差がみられない。たとえばスギ110mm角の

実験結果をみると、表面はよく乾燥しているが、内部はほとんど乾いておらず、2週間で中心部分の含水率は60%であった。したがって、スギの正角材のようなものの乾燥は無理であり、銘木類の乾燥にしか使われない。もともと生材含水率の低いヒノキ心材でも同様である。しかし、辺材の多いヒノキ正角材の乾燥は著しく速く、損傷も少なく、除湿式乾燥はヒノキに適した乾燥法である。

これらの点からいえば、除湿式乾燥は、割れや変色あるいは大きな歩減りを抑制することを目的にした人工乾燥と考えたほうがよい。

◆太陽熱乾燥

これは太陽エネルギーを利用した、いわば「人工乾燥」と「天然乾燥」の折衷的な乾燥法で、単に太陽熱で直接乾燥機の空気を加熱する「簡易型（パッシブタイプ）」と集熱器や除湿器を備えた「集熱器型（アクティブタイプ）」がある。図2に示すのは簡易型の一例で、乾燥室の屋根を光を透過する材料で作成し、乾燥したい材料をこの室内に置く。すると、太陽のエネルギーをうけて室内温度は5℃～10℃上昇し、その結果相対湿度が下がって木材が乾燥する。木材からでた水分を吸って湿った空気を外にだし、新たな空気と入れ変える。これを繰り返すことにより木材を乾燥させる方法で、基本的な原理は先に述べた除湿式乾燥と同じである。

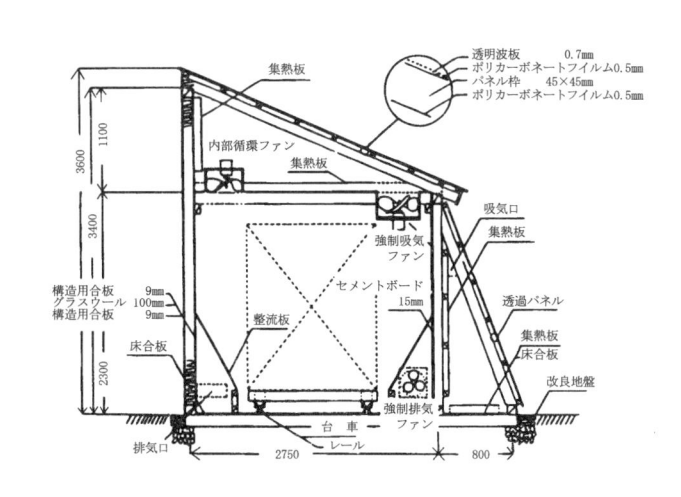

図2. 簡易型太陽熱乾燥機（北海道立林産試験場）

この方式は乾燥コストが安く、天然乾燥と比較して乾燥時間も短くなる。しかし、所詮はお天気任せの方法であり、冬場の日照時間が短い秋田のような日本海側では難しい。

<小林好紀／川井安生>

68. 人工乾燥の方法(4) －高周波加熱乾燥－

◆高周波加熱乾燥

　高周波などの電磁波を、電極板で挟まれた木材などの誘電体に印加すると、その誘電体は発熱する。発熱しやすさは誘電体（外部から電圧が加わると電流が流れない代わりに、正負の電荷に分極する物質のこと、絶縁体とも言う）の誘電率（分極する割合）の大きさによって決まる。木材の誘電率は 2～3、水のそれは 81 であるので、水分を多く含むほど木材は加熱されやすい。また、大きな断面の木材でも全体を均一に加熱できるが、表層よりも内部の温度が高くなるので、内部から先に乾燥が進行する。高周波加熱乾燥はこのような原理を応用した乾燥法である。

◆高周波・真空乾燥

　高周波・真空乾燥は断面が大きくて内部まで乾燥しにくい材料や、変色や割れを嫌う高価な材料の乾燥に古くから用いられてきた乾燥法である。

　乾燥装置は基本的には真空缶体と真空ポンプおよび高周波発振機から構成される。木材は密閉缶体内にべた積みして収容し、真空ポンプで 40～50mmHg に減圧して水の沸点を 30～40℃程度に下げながら、上下からアルミなどの電極板で挟み、周波数 13.56MHz の高周波を印加して低温加熱する。含水率の高い生材に減圧下で高周波を印加すると、材の表面は、その減圧度に応じた温度と平衡する蒸気圧以上にはならないが、材内部では材表面のような熱ロスがないために蒸気圧が上がる。表層と内部との間に生じたこの蒸気圧差により、内部水分は表層へと押し出され、乾燥過程では一見内部の方が先に乾燥する現象がおきる。そのために表面割れができにくいので厚材の乾燥に適しているが、逆に内部割れは発生しやすい。また乾燥速度は蒸気式乾燥の 10 倍程度である。

　缶体は通常円筒形で、収容材積を多くする必要があるときには箱形が使われる。この場合には壁体の耐圧力の補強が必要なので設備費がかさむ。缶体には各種センサー類、電気リード線などが取り付けられるが、重要な点は真空に耐えられる密閉性が要求されることである。また、高周波の漏れを防ぐための防漏シールが必要である。真空缶体と高周波発振機との 2 種類の装置を組み込むうえに、一度に大容量を乾燥できない点などが災いして、針葉樹製材の乾燥に利用できる程度の容量のもので、設備費は 4,000～5,000 万円程度になる。

　乾燥エネルギーには主に電気が使われるため、電気料金の高いわが国ではランニングコス

トが高くなりがちである。また乾燥速度が速いので、材の乾燥特性に応じた個別の管理が難しく、使いこなすためには高度な技術が要求される。

◆蒸気・高周波複合乾燥

この方法は同じ高周波を用いているが「高周波・真空乾燥」とは異なり、常圧下で高周波加熱し、これに従来の蒸気式乾燥法を複合する方法である。装置の構造は図1に示す。高周波の周波数は真空式と同様の

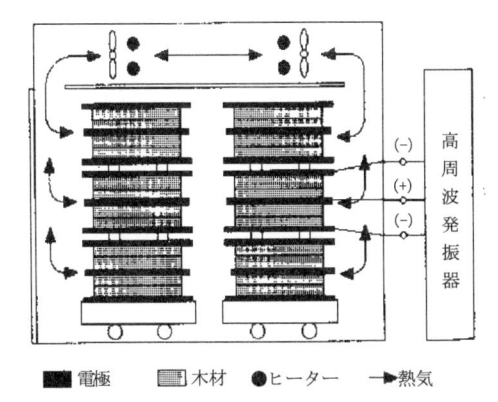

図1. 蒸気・高周波複合乾燥装置の構造

13.56MHz である。内部の被乾燥材の配置には、開発初期には高周波加熱の効加熱率を上げるためべた積みを採用していた。現在では、被乾燥材の負荷に合わせて効率よく高周波加熱できるようになったため、蒸気式乾燥と同様に桟木を入れて乾燥する。また、乾燥機内のグループごとに切り替えて高周波加熱し、投入電力量を調整できるので、仕上がり含水率のばらつきを抑えることができる。常圧下で高周波を加えて内部温度を100℃程度まで上げながら、同時に通常の蒸気式乾燥あるいは高温乾燥で外周空気を80〜120℃に制御する。この方法の特徴は以下のとおりである。

・内部から表面までの均一乾燥

木材に高周波を加えると材は均一に加熱されるが、材の内部には表面のような熱損失が生じないので温度も高くなり、内部の蒸気圧のほうが表層よりも高くなる。その蒸気圧差によって内部の水分は内部から表層に向かって移動する。そのため、乾燥は内部から先に進行するような現象が生じ、最終的には材内水分傾斜の小さい状態で終了する。

・短時間乾燥法

スギ正角材は生材含水率が高く、心材の水分通導性が悪いことが原因となって、内部に水分が残留しやすいので、外から熱を加えて水を引き出す蒸気式乾燥法では限界があった。高周波・熱気複合乾燥法では、中心付近の水分を液体のままで外に向かって移動させることができる。そのために、水分がいったん蒸気になったあとに拡散で移動する蒸気式乾燥に比べて乾燥速度が大きく、短時間で乾燥できる。

<小林好紀／川井安生>

69. スギ材乾燥の決め手はないのか？

　これまで代表的な人工乾燥方法を紹介してきたが、これぞ最適なスギ材の乾燥方法だと言う決め手はないのであろうか？そんななかで、参考になるのが次に示す大分乾燥方式であろう。以下、大分乾燥方式を紹介し、今後のスギ材の乾燥方法について述べよう。

◆**大分乾燥方式**

　高温低湿処理によるドライングセットと天然乾燥等を組み合わせた、大分方式乾燥システムが提案されている。大分方式乾燥材は、低コストで高品質なスギ乾燥材（表面割れ、内部割れが少なく、木材本来の色や香りが損なわれていない材）生産システムの構築に向けた検討を重ねて辿り着いた方式である。温度が100度近い蒸気で約6時間加熱した後、湿度を極端に下げた状態で12時間前後、機械乾燥。さらに天然乾燥（3～6カ月間）を組み合わせ、表面割れのない乾燥柱材になると言うことである。

　表1に示すような試験1～3を行なっている。試験1は、「蒸煮時間と材の品質の関係」に関する試験で、スギ心持ち柱材140本（13×13×300cm，モルダー仕上）を、試験2は、「セット時間と材の品質の関係」に関する試験で、スギ心持ち柱材180本（13×13×300cm，モルダー仕上）を、また、試験3は、「短時間の蒸煮・セット時間と材の品質の関係」に関する試験で、スギ心持ち柱材100本（12×12×400cm，モルダー仕上）を用いている。これらの試験より、次のような結果を得ている。

1) 蒸煮時間と材の品質の関係

　含水率は、どの蒸煮温度でも平均約20%以下となる。また、セット18時間の場合、6ヶ月後には蒸煮時間の長短に関わらず割れが少なくなった。しかし、蒸煮時間6時間と9時間で大小が逆転していた等のセット直後の表面割れ蒸煮時間との関係について不明な点がある。

2) セット時間と材の品質の関係

　セット時間の長短に関わらず、2か月間の天然乾燥期間を設けることで、セット2か月後で各セット時間の平均含水率がほぼ等しくなることからも、セット時間の短縮を図ることにより燃料等の削減につながる。また、セット直後に表面割れが生じていても、セット6か月後には、セット6時間以上では表面割れが少なくなること、また、内部割れはセット時間が長いほど大きいことを考慮すると、天然乾燥期間をある程度設ければ、セット時間が短い乾燥スケジュールでも、表面割れ、内部割れの少ない乾燥材を生産できる可能性があると考えられた。

3) 短時間の蒸煮・セット時間と材の品質の関係

含水率は、各セット時間ともに処理後1か月で平均含水率約20%となった。また、同じセット時間内のバラツキも1か月後にはほとんどなくなった。その後の中温乾燥では、各セット時間で平均含水率が約12%であった。内部割れについては、セット9時間がセット直後から天然乾燥2ヶ月後にかけて、表面割れが少ない。中温乾燥なしの場合は、セット時間が長いほど内部割れが大きかった。また，セットをして天然乾燥2か月間した後、中温乾燥した材については、セット時間による明確な傾向は認められなかった。材色については、天然乾燥材、セット材およびセットをした中温乾燥材において比較したが、全体的に天然乾燥材のL^*が少し高かった程度で、a^*とb^*も含め、大きな違いは見られなかったが、できるだけセット時間を短くすることで、L^*が向上すると考えられた。

表1 試験の概要

試験	蒸煮		セット		天然乾燥	中温乾燥	測定内容
	温度	時間	温度（乾球温度／湿球温度）	時間		温度（乾球温度／湿球温度）	
1		0〜24		18	6ヶ月	—	重量、動的ヤング率、含水率、表面割れ
2	98℃	12	120℃／90℃	0〜24			重量、ヤング係数、含水率、表面割れ、内部割れ
3		6		3〜12	2ヶ月	50℃／30℃ 含水率12%まで乾燥	重量、ヤング係数、含水率、表面割れ、内部割れ、材色

◆スギ材乾燥の決め手は？

ここで紹介した大分乾燥方式は、これまで紹介してきた乾燥方法の組合せであることが分るであろう。乾燥に関わるコスト、エネルギー、時間と材質の関係はトレードオフの関係にあり、科学技術のパラダイム変換が起こらない限り、コストもエネルギーもかからず、その上良質な材質の材を得る画期的なスギ材の乾燥方法は難しいように思う。ただ、木材中の液相、気相の水分が、どのような推進力で、一体どこを移動しているのか、その速さ条件によってどれくらい異なるのか等、もう一度初心に返って思考・試験してみる必要があるのではないだろうか？　　　　　　　　　　　　　　　　　　　　　　　　　＜中村　昇＞

【文献】青田勝ら：九州森林研究, 60, 33-38 (2007)

70. 乾燥材の価格

◆乾燥材の価格

井上の「乾燥材の価格（単価）は生材の何％アップか？」という質問に対する回答集計結果[1]によれば、木材業では過半数が11〜20％、これに対し建築設計業では過半数が0〜10％アップと回答しており、木材業と建築業の間で乾燥材の価格に対する認識に大きな隔たりがあることがわかる。さて、乾燥材生産にどのくらいのコストがかかるのであろう？

表1は久田によるスギ心持ち柱材のための各種乾燥法についての比較である。ここでは、乾燥法の特徴、所要時間、仕上がり状態およびコストが示されている（表中の蒸煮・減圧、燻煙式のコストは他の乾燥法のそれに比べて著しく低いが、これらの方式は乾燥前処理法であって、表に示される乾燥時間数では住宅部材としての仕上げまではできない）。

また、表2は全国木材組合連合会（全木連）が作成した同様の比較表である。これらの数値には若干の異なりはあるが、概略的にいえば、スギ正角材（10.5cm×3m）を通常の蒸気式乾燥で含水率約20％に仕上げる乾燥コストは約10,000円／m^3、高温乾燥ではこれより多少低くなるものと考えられる。並材（構造用製材JASでいう2級材）の価格を平均で35,000円／m^3とすれば、乾燥コストは材価の約30％にあたる。この上に乾燥による収縮（歩減り）を加算し、仕上げ加工経費を加えれば（15,000円／m^3程度）、加工に要する費用は材価の

表1. スギ心持ち柱材のための各種乾燥法の比較

（久田卓興：木材工業, 51 (11) より引用）

乾燥方式	温度(℃)	特徴・問題点	処理時間(日)	処理後の含水率(％)	乾燥コスト(円／m^3)
天然乾燥	常温	割れやすい、広い土地が必要	60〜150	20〜40	不定（土地代による）
除湿式	35〜50	扱い簡便、長い時間がかかる	15〜30	20〜40	10,000
蒸気式（一般）	50〜80	標準的、時間短縮が必要	10〜14	20〜30	9,000
蒸気式（高温）	100〜130	乾燥が速い、操作が難しい、設備の耐久性に不安がある	2〜3	20〜30	7,500
蒸煮・減圧	110〜135	前処理に適する、仕上乾燥に時間がかかる	0.5*	50〜80	3,500*
燻煙式	100〜150	燃料費が安い	3*	30〜60	2,000*
高周波・真空	95〜35	急速乾燥ができる	1*	20〜40	7,500*

*このほかに仕上げ乾燥のための時間および経費が必要

表2. スギ心持ち柱材用の各種乾燥法の比較

(全木連:「わかりやすい乾燥材生産の技術マニュアル 改訂新版」より引用)

乾燥方式 (乾燥温度)	乾燥仕上 げ含水率	乾燥日数 (日)	月産 (m^3)	乾燥コスト (円/m^3)			
				設備費	人件費	燃料費	計
一般蒸気式* (70-80℃)	20%以下	14	115	3,700	2,000	5,040	10,740
	15%以下	17	95	4,400	2,000	6,100	12,500
高温蒸気式* (100-120℃)	20%以下	5	125	2,220	2,000	4,220	8,440
	15%以下	7	95	2,930	2,000	5,550	10,480
蒸気・高周波 複合乾燥** (80-120℃)	20%以下	3.5	280	2,580	2,000	5,950	10,530
	15%以下	4	248	2,910	2,000	6,720	11,630
除湿式** (60-70℃)	20%以下	20	27	4,930	2,000	7,410	14,340
	15%以下	25	22	6,050	2,000	10,910	18,960
燻煙式* (60-90℃)	20%以下	14	350	3,170	2,000	400	5,570
	15%以下	16	310	3,580	2,000	450	6,030
高周波加熱式 真空乾燥* (50-60℃)	20%以下	3	110	4,040	2,000	10,700	16,740
	15%以下	3.5	100	4,440	2,000	12,300	18,740

(注)乾燥材:*仕上げ105mm角、**仕上げ120mm角、3m柱材、初期含水率100%、設備費:償却期間9年、維持費は償却費の9%、人件費:桟積み降ろし、フォークリフト、操作管理、燃料費:灯油45円/リットル、電気20円/kWh、木屑3,000円/トン

70%以上にも達する可能性がある。このように考えると、材価の低い並材を人工乾燥することは、経済活動の範疇では考えられないことになり、法的あるいは社会的な啓蒙を尽くしても、製材の乾燥が広まらない理由になっている。

◆乾燥コストを下げるために

コストを下げるための因子は、以下のようなものがあると考えられる。

・目標含水率を定める:用途に応じた含水率以上に乾燥する必要はない
・適切な乾燥法を選ぶ:各種乾燥法の特徴を考慮し、乾燥目的にかなう乾燥法を選ぶ
・乾燥に要するエネルギー量を削減する:適切な乾燥スケジュールの選択
・乾燥時間を短縮する:乾燥時間が一番コストのかかる要素。
・乾燥前処理を行う:乾燥促進処理
・歩留まりの向上を図る:乾燥による損傷の防止など　　　　＜飯島泰男／小林好紀＞

【文献】1) 日本木材学会:"乾燥材問題を考える",(2002)

71. 乾燥材と住宅

◆なぜ「乾燥材」か？

§63 では外気の温湿度条件と木材の含水率およびに乾燥に伴う種々の寸法変化の関係を述べた。そのため、日本でも古くから木材を使用する場合、比較的長い時間をかけて、その使用箇所に適した含水率条件に近くなるように、含水率調整を済ませたものを、建築材料として用いていたのである。

しかし建築を開始したとき、木材、とくに構造材の含水率が完全な平衡含水率条件にあったかどうかは疑わしい。それは、これらは「天然乾燥材」であり、材内部まで平衡含水率条件にたどり着くまでには柱材では 2〜3 年、大きな断面ではさらにその数倍は必要となるからである。それでも「未乾燥材使用」が大きな問題にならなかったのは、おそらく、

・構法自体は比較的開放的で、材の隙間などは大きな問題にならなかった。
・材料の手配から竣工まで十分な時間がとれた。
・施主があまり気にしなかった。

などの理由からであろう。また、大工の施工技術上の事柄として、

・材内部まで「完全」に乾かなくとも、使用上、支障にならない乾燥レベルを経験的に知っていた。
・乾燥後による材の収縮・変形を予測し、建築後に発生する可能性のあるリスクを最小限に抑えるため、それらを適材適所に使いこなす技術を有し、かつ、アフターケアで補っていた。

ということがあるかもしれない。

しかし、とくに高度経済成長期に至って、住宅生産を大量に行う必要性から、工期短縮、コスト削減、構造性能向上のため、気密・大壁工法への転換、金物の大量使用が行われ始めた。また、使用樹種にそれまであまり使われなかった外国産材や比較的低質の国産材が大量に用いられ始めた。こうした住宅には、住宅の性能・品質にさまざまな悪影響をおよぼすほど、乾燥の不十分な材が用いられることが多くなり、技能の不足している施工者によるものや、建築後の調整・補修が不完全なものでは、その結果として、いわゆる「欠陥住宅」の烙印を押されるようなものが多く出現した。

このような場合では、十分に乾燥された材を使用することが、問題をおこりにくくする最良の方法の 1 つである。

◆未乾燥材を使うと、どんなことがおこりやすくなるか？

　未乾燥材を使うと、以下のようなことがおこりやすくなる。
・木材の収縮に伴う狂い、割れ、透き間、継ぎ目の段差（→§72）：ただし平衡含水率はその使用場所によって異なるので、建築時含水率と平衡含水率が異なれば、材にはなんらかの変形が生じることになる。
・変色菌、腐朽菌による影響（→§83）：変色菌、腐朽菌は含水率20%以上のとき、活動がさかんになるためである。しかし、建築時の含水率が20%未満であっても、材に雨水や生活水（風呂や炊事用など）が直接かかる、あるいは壁内での結露によって材の含水率が上昇し、「乾燥材」ではなくなることもある。
・強度性能に対する影響（→§75）：一般に、繊維飽和点以下では乾燥するほど木材の強度性能が向上するものの、同時に木材は乾燥に伴って収縮をおこし、実質の断面が減少するため、材が支えうる力は大きく変わらないことが多い。しかし、クリープ性能と長期耐力性能、および釘や木ネジの保持力は、乾燥材の方が格段に優れている。とくに未乾燥材に釘・木ネジやボルトで接合を行っても、その後の乾燥により木材が収縮すればすき間が生じ、接合部の結合力は低下する可能性がある。
・木材の接着力・塗装性（→§55、56）：木材含水率が高いと塗布された接着剤・塗料が希釈され、粘度低下を引き起こし、その結果、木材組織内への過度な浸透から欠膠（Starved Joint、接着剤塗布量の不足）やむらをおこす場合がある。これらの使用には木材の含水率を一般に7～15%にする。ただし、接着剤の中には、比較的、高含水率でも使えるものもある。
・電気抵抗性、保温性（→§134）：保温性に関係する比熱と熱伝導率は含水率に左右され、含水率30%のとき、いずれも含水率15%時の15%程度大きくなる。そのため、含有水分の減少と共に電気抵抗性、保温性が高まる。したがって、木材を電気絶縁材料または保温材料として用いる場合は十分な乾燥が必要である。また、
・調湿機能（→§132）：俗に「木は呼吸する」といわれるのは吸脱湿機能あるいは調湿機能は「木材は常に自己の含水率を環境条件に応じた平衡含水率になるようにする」という性質によるわけであるから、乾燥材でなければおこり得ない、ということになる。
・その他：木材が重いため、作業コストや輸送コストが大きくなる。　　　＜飯島泰男＞

72. 乾燥していない木材を使うと…

◆乾燥によって木材内部に発生する力

　乾燥していない木材を住宅などに使うと、木材は使用環境の平衡含水率に近づくように徐々に乾燥していく。このとき、図1に示すように木材中に応力が生じ、材が割れたり、変形したりすることがある。乾燥が進んでいくと、ある時点で「材表面の含水率は繊維飽和点を下回り縮もうとするが、材内部の含水率は繊維飽和点以上になっているため、縮むのに抵抗する（図1a）」という状態に達し、表面に材を引っ張ろうとする力が発生する。このとき、材が自由に変形できる状態であれば、図 1b のようになるが、そうではないとき、その力によって表面割れがおこることがある。この時点で表面割れが発生しなければ、表層部は収縮が十分できないまま固定され（これを「引張セット」という）、収縮率の小さい材質に変わっていく。そして、さらに乾燥が進むと「材の内部は縮もうとするが表面は縮むのに抵抗する（図 1d）」という状態に到達する。この状態では材内部に引張力が発生する。この引張力によって内部割れが生じる。引張力と圧縮力がつりあう点（図1c）は、樹種によって異なるが広葉樹で含水率約30％、針葉樹で20数％くらいである。

　このように乾燥によって生じる応力を乾燥応力といい、これによって後述するような問題が発生してクレームに発展するおそれがあるので、乾燥材を使用することが求められている。

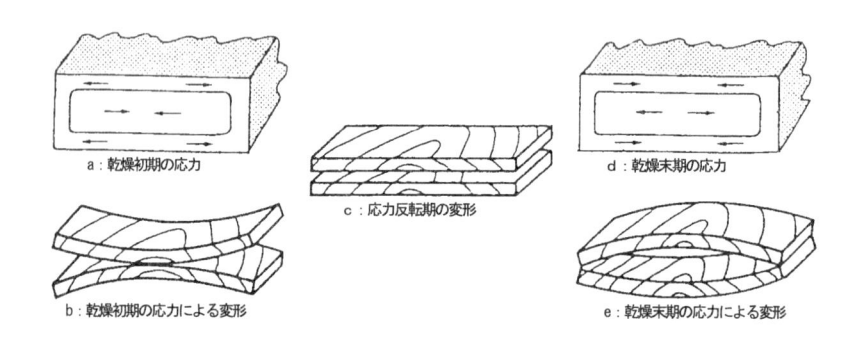

図1．乾燥に伴う木材中の応力変化

◆住宅のクレーム

住宅施工後に発生するクレームのうち上位5件は表のとおり。いずれも、未乾燥材を使用したことに起因するクレームである。また、井上の調査[2]によれば、未乾燥材

表1. 住宅施工後に発生する主なクレーム[1]

項目	割合	経過年数
塗り壁の亀裂	83%	3.4年
壁クロスの亀裂	83%	4.6年
1階部分の床鳴り	67%	2.8年
ドア・引戸の開閉困難	67%	4.3年
壁タイルの亀裂	50%	2.7年

を使用した場合、建築設計・施工業種では、クレームが「ときどきある」「たまにある」を合わせると8割を超えており、その内容は、「竣工後に木材の割れる音がする」「接合部に隙間が生じた」「柱の変形により壁紙に隙間が生じた」などの木材の変形に伴うもののほか、「カビが発生した」「表面に割れが発生した」などもあった、としている。これに対し、乾燥材を使用した場合では、未乾燥材を使用した場合に比べ、クレームが激減しており、とくに建築設計業ではその割合が半減している。その内容としては、「材色が悪い」「柱に割れの発生」「材質の低下」などがあげられている。

河崎の調査[2]でも以下のような報告がなされている。「竣工8年後における施主6人への乾燥材に対する意識調査では、全員の施主が竣工8年後にはトラブルの発生と未乾燥材使用の因果関係を認識していた。そして、今後、改築もしくは新築を行う機会があれば、新築時指定の有無にかかわらず、全員が乾燥材を使用するとの意志表示をし、乾燥材使用にあたっては一人を除いて必要な乾燥経費を負担する意志のあること（消費者負担）を示した。寸法安定性の高い集成材の使用に対しても肯定的な意見を示した施主が多かった。」

◆「乾燥材」に関するクレーム

前記、井上の調査[2]では、乾燥材を使用した場合、建築業から木材業に対するクレームが大変多いことも示されている。その内容は「＜乾燥材＞を使用したにもかかわらず、そり、曲がりが生じた」「材色が悪い」「生乾きである」「含水率がばらつく」などである。また、河崎の「市販人工乾燥製材品調査結果」[2]では、JASの「D20」と表示されたヒノキ・スギ柱材のうち、含水率20%以下のものがヒノキ（5銘柄50本）では80%以上（すべてが含水率25%以下）であるのに対し、スギ（3銘柄30本）では60%に過ぎず、しかも含水率が30%に近いものまでが含まれていた、という報告もある。

<飯島泰男／小林好紀／川井安生>

【文献】1) 河崎弥生ら：木材工業, 55(2), 61-66, (2000), 2) 日本木材学会："乾燥材問題を考える", (2002)

73. どこまで乾燥しておくとよいのか？

◆材料の用途と目標含水率

　その材料の利用条件があらかじめ特定できる場合においては、材料出荷時にその条件に見合った平衡含水率ないしはそれ以下に乾燥しておくことが最良の方法になる。しかしこの場合の平衡含水率は、同じ室内利用であっても、その地域や冷暖房などの有無でも大幅に異なる。こういったことを加味し、2001年改正された製材関連のJASでは出荷時含水率を表1のように細かく定めている。

　ここで広葉樹製材の含水率規定がきわめて低いのは、家具用を意識しているためである。これは、広葉樹が含水率変化に対する伸び縮みが激しいという性質をもっているためで、仕上がり含水率が高い場合、使用中に狂い・割れなどの問題が発生する恐れがあるからである。

　それに対して建築用材はほとんどが針葉樹であり、使用用途の範囲が広いため、15～25%の範囲で、条件に応じた仕上がり含水率を選べるようになっている。

◆住宅に使用される部材ごとの平衡含水率の違い

　住宅に使用される部材の平衡含水率は使用される部位によって異なり、基本的には下（基礎）に行くほど高くなり、上（屋根）に近づくほど低くなる。乾いた空気は上に昇り、湿った空気は下にたまるため、こういうことになる。したがって、厳密にいえば1階の柱よりも2階の柱の方が乾燥しており、逆に含水率15%を大幅に下回るような材料を床下に使うと平衡含水率よりも乾燥しているため、膨らんでくる可能性もある。

表1. 製材の日本農林規格における乾燥材の含水率と表示方法

含水率区分	針葉樹構造用製材		針葉樹造作用製材		針葉樹下地用製材		広葉樹製材	枠組壁工法構造用製材
	仕上げ材	未仕上げ材	仕上げ材	未仕上げ材	仕上げ材	未仕上げ材		
10%以下	—	—	—	—	—	—	D10	—
13%以下	—	—	—	—	—	—	D13	—
15%以下	SD15	D15	SD15	D15	SD15	D15	—	—
18%以下	—	—	SD18	D18	—	—	—	—
19%以下	—	—	—	—	—	—	—	D
20%以下	SD20	D20	—	—	SD20	D20	—	—
25%以下	—	D25	—	—	—	—	—	—

注) SDは仕上げ材、Dは未仕上げ材の略（→§38）、枠組壁工法構造用製材には機械等級区分製材も含み、含水率19%以上はすべて生材（Gと表示）。

◆乾燥材の品質管理

「乾燥材」として出荷されている材でも図1に示したような水分傾斜をもつことが多い。このような場合、単純に含水率計（→§62）によって測定すると、計器には表面から数cmの範囲での平均含水率が表示されるため、この数値をもとにすると、全体の平均含水率30%以上の材でもD25材として出荷されてしまうことになる。

そこでJASでは原則として製品からサンプルを抜き取り、全乾法（→§62）によって材全体の平均含水率を測定し、製品含水率を管理することとしている。すなわち、各工場においては、全乾値と含水率計測定値の関係をあらかじめ調べておき、通常時はそれをもとにした、図2のような関係曲線を用いて管理する、ということである。この図の例では現場の含水率計で15%以下を表示したもののみをD25材として出荷するとよい。

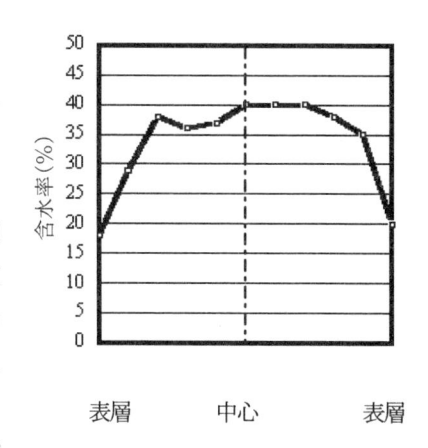

図1. 材内の含水率傾斜の例

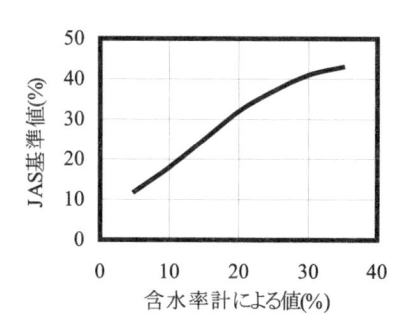

図2. 含水率計とJAS基準値の関係の例

◆どこまで乾燥しておくとよいのか？

「どこまで乾燥しておくとよいのか？」に対する答えは、必ずしも1つではない。すなわち、乾燥エネルギーをできるだけ節約する立場からいえば、大気中に長い時間、放置する、いわゆる「天然乾燥」が最良である。しかしこの場合、天然乾燥のみでほぼ平衡含水率に到達させるためには、かなりの時間を要することになるから、業者にとっては在庫が増え、金利負担も大きくなるなどの経済的要素もからんでくる。

また、生材、あるいは乾燥途上にある木材を使用したときは§71、72で述べたような住宅や「乾燥材」に関するクレームがおこりやすくなることは明らかであるから、木材・建築設計・施工の各業者のそれぞれが、このようなことに関する知識を十分に修得し、さらに施主にも十分な情報を示しておくことが重要である。　　　　　　＜小林好紀／飯島泰男＞

74.「割れない乾燥法」とは？

◆乾燥割れ

　いわゆる「木材の割れ」に関しては 2 種類ある。1 つは目回り（めまわり－年輪に沿った割れ）、貫通割れ（かんつうわれ－材の 1 側面から他の側面に抜けている割れ）で、明らかに強度を低減させる要因となる。そこで、これらは JAS の目視等級区分法で制限されている（→§105）。

　もう 1 つは、いわゆる「乾燥割れ」である。この発生メカニズムは収縮異方性（→§25）、乾燥応力（→§72）の点から既に述べたように、心去り材では、乾燥の方法によっては防ぐことはできるものの、心持ち材では、通常、乾燥による割れは不可避である。この乾燥割れは、強度性能に影響しないと考えられるため規格上の制限はない（→§75）が、木材流通の現場においては、種々の理由から「割れていない乾燥材」を求められることも多い。

　乾燥割れをできるだけ抑えるようとするには、いくつかの方法が考えられる。

・含水率が繊維飽和点以下にならないように管理する。

　これは、まったくの逆説ではある。ただ、心持ち材を「割れないように乾燥しました」とか、「乾燥しても割れていません」という材の含水率を、含水率計ではなく、全乾法で実際に測定してみると、30％以上もあることが多い。これは、本稿の定義にしたがえば乾燥材とはいえまい。§70 で述べたような、流通している「乾燥材」にはこのようなものが多く含まれているものと推察される。

・自由に収縮変形できる条件の材のみ採材する。

　これは、要するに心去り材である。秋田県などでは大径木から髄芯をはずして、2～4 本の柱角材を採材し、「割柱」という名前で市販している（→§40）。乾燥後の割れは少ないが、当然のことながら断面は平行四辺形に収縮する。そこで、仕上がり後、再度製材（修正挽き、という）して出荷するのである。また、いわゆる「厚板」を採材し、これを集成材のように再構成する方法も有効であろう。

◆収縮しても割れないように乾燥する技術

　一方、収縮しても割れないように木材を改質、または乾燥方法をコントロールする方法もわかってきた。これは「乾燥割れは、接線方向に発生する収縮応力が材の強さを超えたとき、あるいは収縮によるひずみがある値を超えたときに発生するわけであるから、木材を横方向

に引っ張っても、ちぎれにくい状態で乾燥すれば乾燥割れは減るはずである。」という考え方に基づく。ここで、木材の物理現象として一般にいえることは、

1) 横方向のヤング係数は60℃以上から次第に小さくなる。つまり、材は軟化していく。
2) 最大歪みは、温度が高いほど大きくなる。つまり、引っ張ってもちぎれにくくなる。

ことであり、このことを応用して、以下のような方法が試みられている。

・丸太の熱処理

この方法は、名古屋大学奥山教授が実験的に確かめているものである。すなわち、一般に丸太では、表面には材を伸ばそうという力（引張応力）、内部には逆に材を縮めようという力（圧縮応力）がはたらいている。これを成長応力とよんでいる。したがって、丸太の段階で、この応力を減らす（応力の解放）ことができれば、これから製材した材の乾燥による割れや変形が減るのではないか、ということになる。

具体的には、丸太を湿熱状態に保ちながら高温（80℃以上）にすると応力が解放される。丸太表面が繊維飽和点以下の含水率になるとき、接線方向の収縮によって引張応力が発生するため表面割れが発生する。これは原理的に避けられないが、丸太はこのあと製材されるわけであるから問題となることは少ない。ただこれは人工乾燥ではなく、前処理的なものであり、いわゆる「燻煙処理（→§76）」もこれと同じ現象がおこっていると見なせる。

・心持ち製材の乾燥割れを防ぐ[1]

未乾燥木材を人工乾燥する際、乾燥初期に高温（80℃以上）で低湿度の条件におくと乾燥割れを防ぐことができるといわれている。このとき、熱によって軟化した木材表面で水分が急激に蒸発するため材質が不安定なものに変化し、大きな引張セットが生じる（→§72）。つまり表面に硬い殻をつくるのである。同じ高温乾燥でも湿度の高い条件では、表層に発生する乾燥による収縮応力が小さいため、このような大きな引張セットは生じない。

しかし、以上の高温・低湿条件を続けていくと、内部の割れが発生しやすくなる。このことを避けるには、適当な条件のときに外部環境を変え、さらに乾燥を進めなければならないが、木材材質のばらつきの問題もあり、十分には解明されていない。

なお、こういった熱処理に伴う材質変化では、耐久性・耐蟻性への影響（→§83、84、86）が大きいといわれている。しかし、強度性能に関しては「材がもろくなる」という見解もあるが、加熱時間との関連もあって、十分に実証されたとはいえない。　　　　　　　＜飯島泰男＞

【文献】1) 矢野浩之：日本木材学会, "乾燥材問題を考える", (2002)

75. 乾燥割れと木材の強度

◆乾燥割れと木材の強度

　一般に、乾燥割れのある木材は強度が低下すると思われているようだが、果たしてそうなのか。ここでは、実際に最もよく目にし、かつ問題とされている、心持ち柱材（→§23）表面に生じる縦方向に長く伸びた割れ（写真1）と各種強度試験の関係を調べた実験結果を示しながら、この問題について考えてみる。

・曲げ強度・縦圧縮強度

　図1は表面割れ長さと曲げ強度、縦圧縮強度の関係を調べた実験の結果を示したもので、右に行くほど割れが大量に発生し、上に行くほど強度が強いことを意味する。この図をみると、割れの増加に伴う強度低下はみられないことがわかる。

・接合部強度

　図2は表面割れ長さと、三種類の建築用接合金物（山形プレート、ホールダウン金物、ボルト→図3参照）を用いた接合部分の引抜き強度の関係を調べた実験の結果を示したもので、この場合も同様に、割れの増加に伴う強度低下はみられない。ただし、個別の試験体を観察すると、ホールダウン金物接合、ボルト接合では明らかに割れの存在の影響を受けて破壊したものも含まれており、

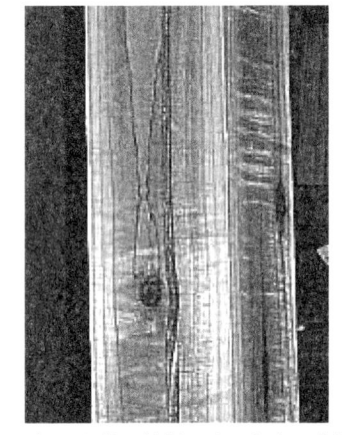

写真1. 心持ち柱材に生じた表面割れ

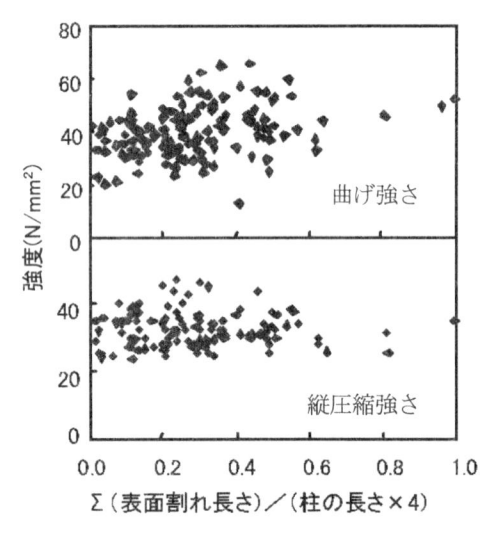

図1. 表面割れ長さと木材の強度の関係
（スギ105mm角心持ち柱材）

割れの影響がまったくない、とはいえない。しかし全体としてみれば、節などの他の欠点と比べて、取り立てて問題にしなければならないような強度低下因子ではない、ということができる。

・割れと木材の強度

以上の結果より、「表面割れがある木材は強度が低い」という事実は存在しないことがわかる。これは別に目新しい発見ではなく、もともと針葉樹構造用製材 JAS では、貫通割れと目回り以外の割れは等級付けの対象には含まれていない。最近になって含水率が D20 を下回る乾燥材が普及したことにより、表面割れがエンドユーザの目に触れるようになったことと、「割れ＝欠陥」という建築サイドの思い込みから、問題として取りあげられるようになったのではないか、とも考えられる。　　　＜岡崎泰男＞

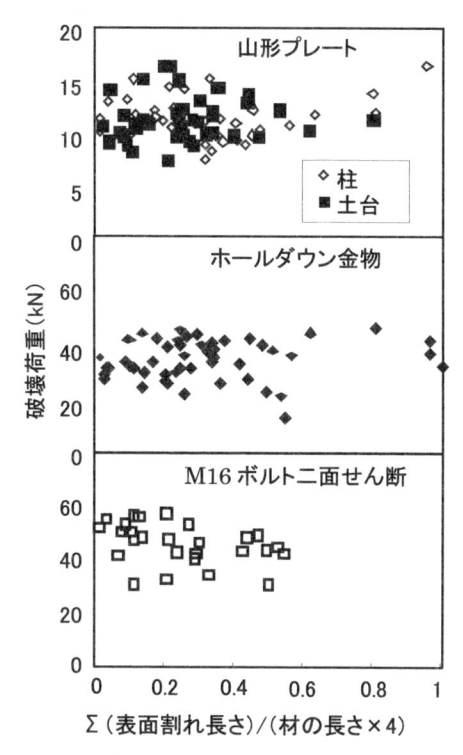

図 2. 表面割れ長さと接合部強度の関係（スギ 105mm 角心持ち柱材）

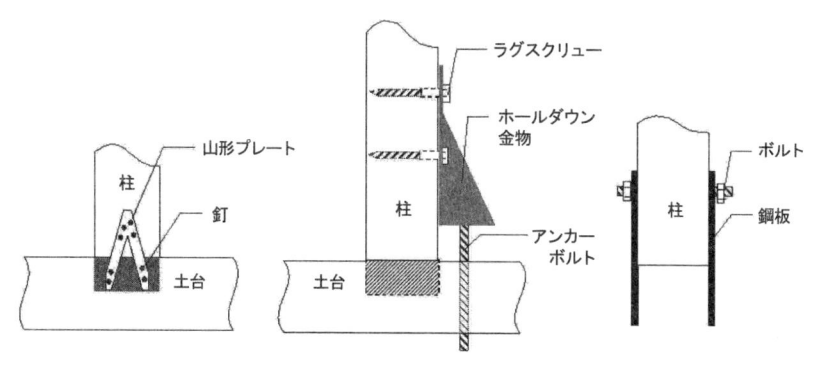

図 3. 金物接合部概要（左から、山形プレート、ホールダウン金物、ボルト）

76. 木材乾燥に関するQ&A

◆天然乾燥だけではなぜだめなのか？

　だめだというわけではない。むしろ天然乾燥だけのほうが適切な場合もあるので、用途や使用状況などを考慮して、最も合理的な乾燥法を採用すべきである（→§65〜68）。確かに天然乾燥すると材はその気候につりあう含水率まで乾燥するが、これをいくら続けてもそれ以下に乾くことはない。しかし、人工乾燥によって一度でも平衡含水率以下にまで乾燥されたものを、通常の気候条件に戻しても、天然乾燥した材と同じ含水率までは戻らず、いつも2〜3%低い含水率でおちついてしまう。この現象を水分ヒステリシスというが、こうした性質があるからこそ、木材を人工乾燥して使用する意味がある。もし、同じ含水率まで戻ってしまうのなら、人工乾燥の意味は薄れてしまう。

◆乾燥割れを防ぐ方法は？

　割れはなぜ生じるかを説明した§74をまず読んでいただきたい。割れには「表面割れ」と「内部割れ」および「木口割れ」の3種類がある。これらの割れを引き起こす原因はどれも乾燥応力であるが、発生のメカニズムが異なっているため、その対策は異なる。

　表面割れを防ぐには、心去り材の場合、乾燥初期には乾湿球温度差を小さくして、乾燥を急がないようにすればよい。心持ち材では§75に述べたような方法で防ぐことが可能と考えられている。

　内部割れは乾燥末期になって生じる。この頃には表層はすでに乾燥してしまっているのに、内部の収縮がはじまるので、内部に引っ張り応力が発生して、それが割れをつくるのである。したがって、表層だけを乾燥しすぎて内部との間に大きな水分傾斜をつくらないことで防止できる。乾燥中期に蒸気で蒸す（中間蒸煮処理）工程を挿入するのも1つの対策になる。

　木口割れの原因は、木口からの水分蒸発が表面に比べて非常に速いことにある。そのために木口だけが早く乾燥して、接線方法に最も大きく収縮するために、年輪に直角の割れができる。木口に塗料や接着剤を塗って、ここからの水分蒸発を抑えるのが簡単で効果の大きな方法である。

◆「燻煙処理」で乾燥はできるか？

　燻煙処理には大きく分けて2種類の装置が存在し、燻煙熱処理装置と燻煙乾燥装置に大別される。ここではまず、装置内の温度が120℃以上に上昇する燻煙熱処理装置について述べ

る。燻煙熱処理では蒸気式乾燥と同じように木材に熱を与えるが、この場合は廃材などを燃やしてできる煙の熱を使うため、多量の水分を含んだ湿度の高い空気になる。したがって、燻煙処理である程度まで乾燥してもそれ以上乾燥するには乾いた空気を必要とするので、煙だけでは仕上げ乾燥まで至らないことになる。

　木材は成長過程に樹体内に大きな力を蓄えていて、製材や乾燥のときにその力が解放されて、木材がくるったり曲がったりする原因になっている。人間でいえば肩こりのようなものだが、この力を成長応力といい、これが熱処理で解消されるのである。したがって、熱処理された木材は、製材のときに鋸を締め付けたり、あるいは外側に反り返ったりすることが少なくなり、それだけ歩留まりが向上する。「燻煙乾燥」という言葉が一人歩きしているが、燻煙熱処理の場合には、成長応力を解消する熱処理法としての効果が大きいのである。

　一方、燻煙処理には乾燥室内の温度を100℃以下で運転して乾燥する燻煙乾燥装置も存在し、温湿度の制御に課題があるものの、蒸気式乾燥とほぼ同じ乾燥日数で、約1／2の低コストで乾燥できる。燻煙熱処理と燻煙乾燥とを混同しないことが大切であろう。

◆乾燥を促進するにはどんな方法があるのか？

　長時間にわたって熱をかけ続けても、さっぱり乾燥しない木材に出くわす。スギ心持ち材もその1つであるが、これらの乾燥を促進して効率を向上させるには、乾燥にあたって事前に木材内部から表面への水分移動をよくしてやるのが効果的である。

　その方法には、①蒸煮処理、②熱処理、③爆砕処理、④水中貯木処理など、があるが、これらはいずれも木材細胞のピットという水分通路を開放して、内部水分を動きやすくする方法である。①は乾燥スケジュールの一部として、初期にスチームで蒸す方法である。これと類似のものが②で、こちらはもっと高温条件（100℃以上）で処理するため、熱劣化をうけやすい欠点がある。③は140～150℃の高圧容器内で熱処理したのち突然圧力を抜いて、木材が爆発したような現象をおこすやり方で、これには特殊な装置が必要となる。④は§63で述べた。これは長期間を要する、という欠点がある。

　これらのほかに、⑤インサイジング処理というのがある。これは木材表面に機械的に傷をつけて疑似木口をつくることによって水分を抜けやすくする方法である。したがって、木材が部分的に破壊をうけることになるので、あまり多数の傷をつけることはできない。

　実用にあたっては、目的によってこれらの方法を使い分けることが重要である。

<小林好紀／川井安生>

木材は二酸化炭素の缶詰・水の銀行

　木材は炭素の貯蔵庫といわれている。いったいどのくらい含まれているのだろうか、といえば、ごく大まかにいって木材実質量の 50%である。したがって、蓄積量から木材中に固定された炭素量を計算することができる。たとえば秋田県の木材総蓄積量は 1.17 億 m^3 であるから、これが年間 3%ずつ増えていくとの仮定での蓄積増加量は 351 万 m^3 で、これに全乾密度（500kg／m^3）と炭素量比率を乗じると、1 年に 88 万トンの炭素を新しく固定していっていることになる。

　これを自動車から吐き出される炭素量と比較してみよう。ガソリン 1 リットルの炭素量は約 600g であるから、燃費 10km／リットルの車が年間 12,000km 走るとすると、1 台で 720kg の炭素を放出することになる。秋田県の車の台数は 70 万台くらいであるから、総放出量は約 50 万トンとなる。

　さて、この炭素をダイヤモンドにするとどうなるか？炭素 1g が 5 カラットだそうである。どなたか、計算してみてはいかが？

　ついでに、立木中に含まれる「水」について、である。立木中の水分は条件によっていろいろ異なるが、これもごく大まかに木材実質量の 50%くらいで、秋田県では木材蓄積量から約 3,000 万トンの水が立木内に備蓄されていることになる。そして、これが季節によって増減する。水の銀行みたいなものである。

　家庭用の風呂桶の容量は 240 リットルほどだそうであるから、3,000 万トンの水とは秋田県の 1 世帯が毎日新しいお湯で入浴できるくらいの量に相当する。

　　　　　　　　　　　　　　　　　　　　　　　　　　　　　　　　　　＜飯島泰男＞

V. 木材の化学と化学加工

77. 木材の化学成分(1) −生合成とセルロース−

◆光合成

　木材は空気中の二酸化炭素（炭酸ガス）と根から吸いあげた水を原料として、光合成の働きによって「糖」（「デンプン」のもとになるものと同じもの、ブドウ糖または D-グルコースという）をつくり、酸素を空気中に放出する。

　そして、この「糖」がさまざまに化学変化（生合成）して木材を構成する主要成分に変化していく。これを模式的に示すと図1のようになる。

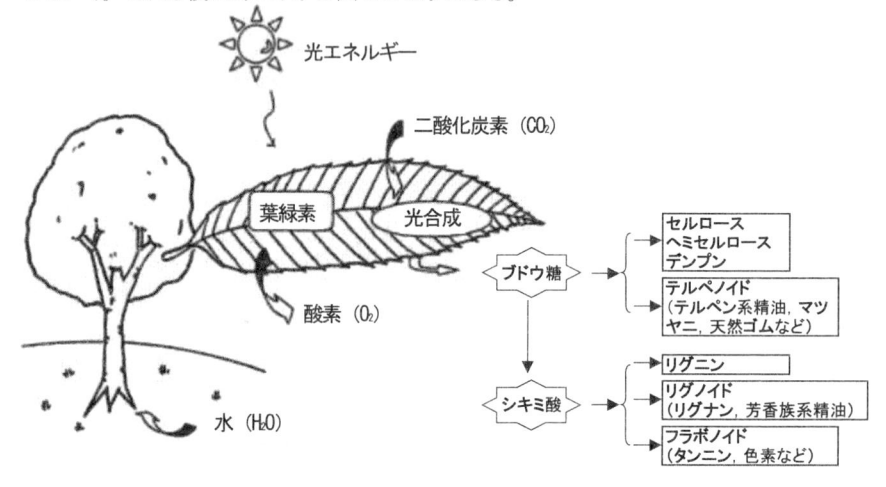

図1. 木材成分がつくられる模式図

◆主成分と副成分

　木材の細胞を構成している化学成分は、大きく主成分と副成分に分けられる。主成分はセルロース、ヘミセルロース、リグニンからなり、副成分は脂肪族化合物、芳香族化合物、テルペン類、タンパク質、ペクチン、無機質など、さまざまな物質から成り立つ。

　これら成分のうち、セルロースとヘミセルロースは細胞壁を構成し、リグニンは細胞壁内および細胞間層に分布して、細胞同士を膠着する役割を果たす。3成分の合計量は、樹種や樹齢などにかかわらず90％以上を占めることから、「木を構成する3大要素」とよばれる。

◆セルロース

　セルロースは木材組成中の約40〜50％を占め、針葉樹材と広葉樹材で基本構造に差異はな

い。化学構造は、D-グルコースが10,000〜14,000個つながった（このつながり方を「β-1,4グリコシド結合」という）鎖状高分子化合物で、分子中に多数のアルコール性水酸基をもっている（図2）。因みに、デンプンもD-グルコースが長くつながったものであるが、そのつながり方が違う（α-1,4グリコシド結合）。水酸基の存在は、水となじみやすい性質（親水性）を木材に付与し、狂う（→§87）といった欠点を引き起こす要因になる。反面、調湿作用（→§132）のような機能を発揮させる。セルロースはデンプンと異なり、水、希酸、アルカリなどに対して溶解することがない。多数の水酸基をもちながら、膨潤はするが、溶解にまで至らないのは、セルロース分子鎖が緊密に水素結合した結晶領域を形づくっていることが原因である。細胞壁中では、このようなセルロース分子鎖が集まって「ミクロフィブリル（→§28）」とよばれる基本骨格を形づくっており、異方性（→§25）や強度特性（→§96）などの諸性質に大きな影響をおよぼす。

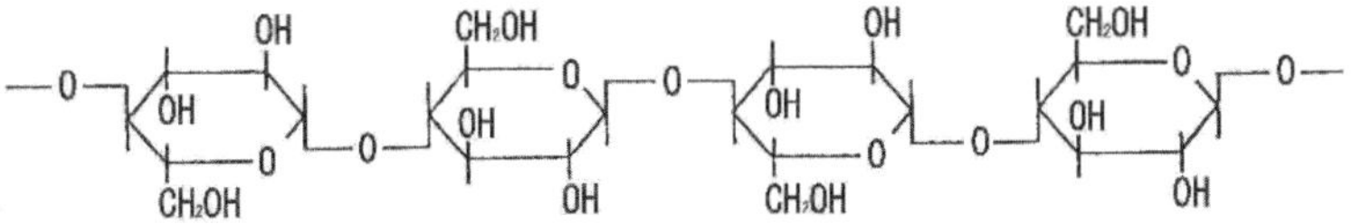

図2. セルロースの分子構造

◆セルロースの利用

セルロースは高等植物だけでも毎年数十億トンも生産されている。工業粗原料としてみた場合、その生産（成長）に何ら廃棄物を伴うことがないので、理想的な資源である。紙原料としての利用は、まさに豊富な資源量とセルロースがもつ水酸基の特性を生かした例である。また、不溶のセルロースを有機溶媒や水に溶解するように改質することによってさまざまな利用方法が生まれる。繊維、プラスチック、写真フィルム、分散剤などの製品が、各種のセルロース誘導体から製造される。

セルロースを石油の代替材料として利用していくことは、今後ますます重要になると思われる。このとき、使用する薬品の量を減らしたり、より簡易なプロセスを用いて、少廃棄物・低エネルギー消費で製品をつくり出していくことが強く求められるであろう。いくら出発原料に「再生産可能な」資源を使っていても、どこかで環境に負荷を掛けていては産業として生き残っていくことはできない。　　　　　　　　　　　　　　　　　　　　　　＜栗本康司＞

78. 木材の化学成分(2) －ヘミセルロースとリグニン－

◆ヘミセルロース

　ヘミセルロースは、セルロースとペクチン系多糖を除く、陸上植物の細胞壁を構成する多糖と定義されている。木材のヘミセルロースは、複数の単糖単位から構成される複合多糖であり、仮道管や木繊維の主として一次壁と二次壁に分布し、共有結合または水素結合により、リグニンとセルロースを結合する役割を果たしている。

　ヘミセルロースにはいくつかの種類があり、針葉樹と広葉樹ではその成分比率がかなり異なっている。その主なものの化学構造は図1のようになる。

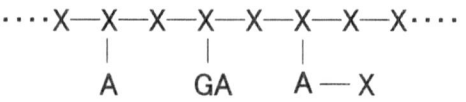

```
····X—X—X—X—X—X—X—X····
    |       |       |
    A       GA      A—X
```

X:キシロース単位、A:アラビノース単位、GA:グルクロン酸単位、

図1. 針葉樹ヘミセルロースの分子構造例

◆ヘミセルロースの利用

　広葉樹の主要なヘミセルロースであるグルクロノキシランは、蒸煮・爆砕など温和な加水分解処理で溶出し、キシロースやキシロオリゴマーになる [1]。米国では、これから"wood molasses"を年間9万トン生産し、家畜飼料として利用している。これらヘミセルロース由来のオリゴ糖は、ヒトの消化酵素では消化できない難消化性糖質（いわゆる「食物繊維」）とよばれ、高血圧症、糖尿病、大腸ガンなどの成人病を予防したり、老化に伴う免疫力の低下を抑える作用がある。広葉樹キシランの蒸煮で得られるキシロオリゴ糖は、難消化性で、腸内細菌による選択利用性の高い糖質の1つである。難消化性糖質の摂取により腸内で短鎖脂肪酸が生成し、小腸下部から大腸にかけてpHが酸性側に移行する。この腸内酸性化は腸内腐敗菌による異常発酵を抑制するだけでなく、カルシウムや鉄などの重要なミネラルの吸収を促進し、脂質代謝や血糖値も改善されると報告されている [2]。広葉樹キシランにはそれ自体コレステロール低下作用や抗腫瘍効果も報告されており [3]、木材ヘミセルロース由来の糖質の食品分野での利用が期待される。

◆リグニン

　木材中におけるリグニンの含有量は、裸子植物である針葉樹で25～35%、被子植物の広葉樹では20～25%といわれている。化学的には、フェニルプロパン単位（図2）が複雑に結合

したフェノール性の高分子物質である。一般にフェノールを含む化合物は光によって変色するものが多い。植物中のリグニンもまた光や化学反応によって変化するため変色する。酸素を多く含むセルロースやヘミセルロースに比べてリグニンは疎水性を示し、これらより腐朽しにくい。

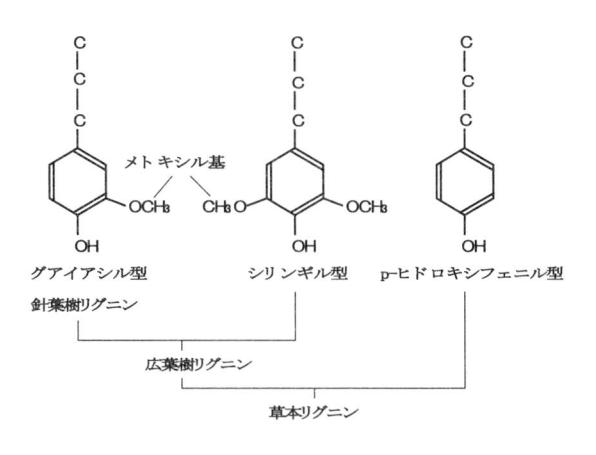

図2. リグニンの基本単位

◆リグニンの利用

　製紙工業のパルプ蒸解廃液中に多量のリグニンが含まれており、その排出量は日本では年間約4百万トン、全世界で6千万トンに達すると推定されている[4]。しかし、パルプ廃液中のリグニンはそのほとんどが焼却処分され、薬品回収のためのエネルギー源として使われているに過ぎない。一部、サルファイト法により排出されるリグニンスルホン酸は、その粘性や分散性をいかしてセメント混和剤、石油掘削用増粘剤、農薬の分散剤、土壌安定剤、防食剤などに利用されている。また、針葉樹材のリグニンスルホン酸から生成したバニリンは香料として使われているのみならず、血管拡張剤やパーキンソン氏病の治療薬の原料としても活用されている[5]。近年、木材中のリグニンをp-クレゾールなどのフェノール系化合物で溶媒和させたあと、濃酸の水溶液を加えて激しく撹拌することによって、セルロースなどの炭水化物が低分子化した水相と、フェノールがリグニンの側鎖に結びついた有機相に分けることが試みられている[6]。この手法で得られたリグニン誘導体は、パルプ廃液中のそれらよりも分子量が大きいにも係わらず、色が淡泊でメタノールやアセトンに溶けるなどの特異な性質をもつ。今後、こうした特性をいかして、新たな機能をもった材料の創出が期待されている。

<青山政和／栗本康司>

【文献】1) 志水一允：紙パ技協誌, 42 (1988), 2) 日高秀昌："食物繊維とオリゴ糖 −その生理的機能と生産−", 冨田房男, 桐山修八編 (1994), 3) 土師美恵子："木材の科学と利用技術Ⅲ 2. 糖質の化学", 日本木材学会編 (1993), 4) 榊原彰："木材の化学", 文永堂出版 (1985), 5) 原口隆英, 寺島典二など："木材の化学", 文永堂出版(1985), 6) 船岡正光：APAST, 22 (1997) など

79. 木材の化学成分(3) －抽出成分－

◆抽出成分とは何か

　抽出成分とは植物の細胞内こうや樹脂組織に蓄積され、水や有機溶媒によって溶け出てくる成分の総称である。これまでの章で紹介されたセルロース、ヘミセルロース、リグニンが高分子化合物で細胞壁を構成する成分であるのに対して、抽出成分の多くは、分子量1,000以下の低分子化合物であるが、中には縮合型タンニン（ポリフェノール性の化合物：分子量数千）、あるいはカラマツに含まれるアラビノガラクタン（多糖類の一種：分子量数千～140000）などのように比較的高分子のものも存在する。極性の点から見るとテルペノイド、脂肪酸類といった疎水性の高い物質、フラボノイド、スチルベノイド、リグナン、ノルリグナンのようなやや親水性のあるポリフェノール系の物質、少糖、単糖などの親水性の高い物質などが挙げられる。一般に木本植物の場合、材よりも葉、樹皮などに比較的多く含まれている。

◆抽出成分による植物の防御作用

　なぜ植物体に抽出成分が存在しているかという問いに対しては、これまでのところあまり明確な答えが得られていない。木本植物では、材などの木部よりも外縁部である樹皮や葉などに抽出成分が多く存在しており、しかも（人工的に作られた薬剤などに比べて活性は弱いながらも）カビ、バクテリアなどの微生物に対する生育阻害、あるいは昆虫忌避といった生理活性を示すことなどから、結果的に、これらの化合物群が生体の防御機能の一端を担っていると考えられる。

　例えば日本産針葉樹の場合、樹皮に含まれる抽出成分の乾燥重量は概ね20～30%であり、材に比べ量的にかなり多い。この樹皮に含まれる抽出成分のなかでも組成的に多く含まれる物質の1つに縮合型タンニンを代表としたポリフェノール類がある。タンニンとは収斂性をもち、タンパク質を凝集させて不活性化あるいは沈殿を生じさせる能力がある化合物である。この物質も微生物に対して抗菌性を示すことが知られている。また、草食性の動物もタンニン成分の多い部分はあまり好まない。草食性の動物が植物体を消化する際、腸内微生物の多糖分解酵素を利用することが多いのであるが、タンニン類が多いとそのような分解酵素の働きが抑制されてしまうか、あるいは微生物そのものの生育にも悪い影響をおよぼすためかもしれない。

◆木材の抽出成分とその効果

　抽出成分は当然ながら材部にも含まれているが、含有量はスギ心材などでは5%程度である。これらの組成は同一種間では類似の組成を示すが、異種間では大きく異なった組成を示す。通常、木材においては材そのものの利用を主目的とするため、含有される抽出成分を重視することは少ないであろう。しかしながら、木材自身を利用していく上で重要な役割を果たす場合がある。

　たとえば、シロアリなどの害虫、木材腐朽菌に対する材の抵抗性には、そこに含有されている抽出成分が関与することが多く報告されている。著名なケースでは、青森ヒバに含まれるヒノキチオールなどのトロポロン類があげられる。青森ヒバの精油成分が木材腐朽菌に対して強い抵抗性をもつことが報告されたのは1918年のことである[1]。その後、分析機器の発達とともに原因物質が7員環構造をもつトロポロンの一種であるヒノキチオール（β-ツヤプリシン）であると決定された。このヒノキチオールは多くの微生物に対して比較的強い抗菌性をもつことも知られている[2]。

　一方、木材が生物起源の材料であることから、個体による抽出成分含有量の差異が、個体間の耐久性能の差異に相関しているケースも認められる。またカラマツあるいはスギなどでは既に報告されているが、熱処理された心材ではテルペン類、ノルリグナン類などの抽出成分の含有量が低下し、結果として耐久性が低下する可能性があることなども知られている。このほか、材の色調なども抽出成分が関与する場合が多い。

　以上の場合は抽出成分の効能といってもよいかもしれないが、これとは逆に木材を利用する上で抽出成分が障害となるケースも知られている。具体的には、塗料の塗布面に滲出した抽出成分によって硬化が阻害されること、あるいは光化学反応により抽出成分が変化し、材色が変わることなどが例としてあげられる[3]。日本産の樹木では多くないが、外国産材の場合では、切削時に生じた粉塵により健康障害が生じたケースがいくつも知られており、これらの中には抽出成分の関与が明らかになっているものもある[4]。以上のことから、木材を利用する上で抽出成分についての理解を深める必要があるといえる。　　　　　　＜澁谷　栄＞

【文献】1)川村實平：ひば材揮発油成分ノ科学的研究, 林業試験場研究報告, 30, 59-89 (1918) および 北島君三：ひば揮発油ノ殺菌性ニ就テ, 林業試験場研究報告, 30, 91-99 (1918), 2) 岡部敏弘, 斎藤幸司, 福井徹, 飯沼和三：メチシリン耐性黄色ブドウ球菌に対するヒノキチオールの抗菌活性, 木材学会誌, 40, 1233-1238 (1994), 3) 今村博之ほか："木材利用の化学", 共立出版 (1986), 4) B.M.Hausen 著, 谷田貝光克, 竹下隆裕, 小林隆弘訳："木材の化学成分とアレルギー", 学会出版センター (1987)

80. 出土木材の保存処理

◆出土木材とは

　文化財科学分野では、遺跡から発見される木製品を出土木材（または出土木製品）と呼ぶ。また、森林や河川などで発見され、人間の手が加わっていない埋もれ木も出土木材と呼ぶことがある。

　出土木材は、日本においては、湿潤な土壌から水浸しの状態で発見される場合が多い。例として、1978年に大阪府藤井寺市三ツ塚古墳から出土した大修羅（全長8.8 mでY字型の古代の運搬用のソリ）が有名であろう。世界的には、1961年に海中から引き上げられたスウェーデンの戦艦ヴァーサ号が有名である。また、砂漠からは、エジプトのギザの大ピラミット付近から1954年および1987年に二隻の太陽の船が比較的乾燥した状態で発見されている。このように、出土木材は発見される環境やその乾燥状態が異なる。ここでは、日本における水浸出土木材について、その化学的特徴や保存修復の概要を述べる。

◆化学的特徴

　水浸出土木材を手で握ると、土のように容易に崩れることがあり、その柔らかさに驚く。これは、木材細胞壁を構成している成分のうち、強度性能を受け持つセルロースが、バクテリアや腐朽菌等の活動によりリグニンよりも優先的に消失しているためである。しかしながら、発見時にはその形状が良好に保たれており、樹種の解剖学的な鑑定や年輪年代測定（年輪幅を計測して一年ごとの変動幅の違いにより伐採年代や地域性を見出す方法）が可能なほどである。こうした形状の維持は、セルロースやヘミセルロースが欠失して形成した空隙に、水分が侵入して細胞壁を支えているからである。しかし、大気中に放置して乾燥すると、まるで高野豆腐のように著しく縮まり、尚且つ、元の形状には戻せないようになってしまう（写真1）。

　この収縮は、水分の蒸発・移動時に生じる引張力に耐えられないぐらいに、細胞壁の強度性能が低下していることによる。

写真1. 出土木材の収縮（左：乾燥前、右：2週間自然乾燥後）

そのため、発見直後には散水しておき、保存修復に至るまでは、水槽やプール等に保管しなければならない。

◆出土木材の保存処理

弥生時代の農耕具や奈良時代の木簡（木の札に文字が書かれているもの）など、太古の人間が使用した木製品が、全国の埋蔵文化財センターや博物館等に展示されている。これら遺跡出土の木製品のほとんどは、元は水浸しの出土木材として発見されたものである。こうした木製品が展示に至るまでには、多大な時間と労力を要する。例えば、手のひら大のもので半年ほど、修羅のような大型のもので10数年である。

水浸出土木材の保存修復のテーマは、発見当初のかたちを維持したまま後世に伝えることである。そのため、1. 強度性能を向上させる、2. 水分を除去する処置が必要である。強化処置は、水分除去にともなう収縮を軽減すると共に、持ち運びや展示を容易にする目的で行う。また、水分の除去は腐朽の進行を止める目的で行う。具体的には、はじめに、低濃度の強化剤溶液に浸漬して、徐々に薬剤の濃度を上昇させることにより、空隙に含まれる水分を強化剤と置換する。強化剤には常温で固体するポリエチレングリコールや糖アルコールなどが使用される。また、溶媒は強化剤の可溶性に合わせて、水、エタノールやメタノール、tブチルアルコールなどを用いる。有機溶媒を使用するのは、水と比べて表面張力が小さいため、溶液移動の際に細胞壁へ与えるダメージを軽減することを考慮している。なお、有機溶媒を使用する場合は、予め水分を有機溶媒に置換しておく。その後、自然乾燥（常温常圧による乾燥）や真空凍結乾燥によって溶媒を除去して、強化剤の冷却固化や結晶化を行う。最後に、必要に応じて、表面から数mm分の強化剤を除去することで色調を整える。注意しなければならないのは、保存修復は出土木材を恒久的に保存できるものではないため、将来の再修復の際に支障とならないように、強化剤は可逆性でなければならない。

出土木材はかけがえのない文化財であるため、その保存修復は慎重に検討を重ねて進めなければならない。同時に、水中保管中の腐朽の進行を考えると修復の迅速さが求められる。また、作業者の安全性や環境負荷の低減を考えると、今後はなるべく水を処理溶媒に使って、使用する強化剤の量を減らすことが課題となろう。　　　　　　　　　　＜片岡太郎／栗本康司＞

81. 精油成分

◆**木材のにおい、精油成分**

　木材はそれぞれ、その木に特有のにおいを持っている。そのにおいの元が精油である。精油は木材チップや木粉を蒸留などの操作によって液体として取り出すことができる。精油は通常 50~100 種類ほどの精油成分で構成されている。木によってにおいが異なるのは木材に含まれる精油成分の種類や、同じ成分でも含まれている量が異なるからである。

　植物精油を構成する成分にはテルペン類、炭化水素類、エステル類、芳香族化合物などがあるが、木材精油の主な成分はテルペン類である。テルペン類は炭素5個のイソプレンが複数個結合した化合物のグループをいい、においとしては結合数が少なく、したがって分子量が小さく揮発しやすい、2個結合したモノテルペン、3個結合したセスキテルペンが主体となっている。モノテルペンにはマツのにおいのα―ピネン、クスノキのにおいのカンファー、セスキテルペンにはスギのにおいのカジネン、エンピツビャクシンの殺虫作用の元となっているセドロール、ヒバ材精油の主成分ツヨプセンなどがある。

　心材と辺材の精油含量はおよそ 5:1~10:1 程度であり、心材に多く、辺材にはほとんど含まれていない。このことは心材のにおいは強いが辺材は微香であることからもわかる。

◆**精油の働き**

　1）腐れから守り、カビや細菌の繁殖を防ぐ：精油成分の中には木材腐朽菌の繁殖を抑え、木材を腐れから守るものがある。ヒバに含まれるヒノキチオールはその代表的なもので、ヒバのほか、ネズコ、ベイスギ、タイワンヒノキ、インセンスシーダーなどに含まれる。ヒノキも耐朽性の高い木として知られてい

表1　主な国産樹種の材油含有量と成分*

樹種	精油含有量 (ml)	主な成分
ヒノキ	1.0~2.5	α-ピネン、α-カジノール
サワラ	1.0~2.0	α-カジネン、δ-カジノール
ネズコ	0.7~1.0	カンフェン、ヒノキチオール
ヒバ	1.0~1.5	ツヨプセン、ヒノキチオール
スギ	0.5~1.0	4-テルピネオール、サピネン
ツガ	~0.2	酢酸ボルニル、ボルネオール
トドマツ	~0.5	酢酸ボルニル、リモネン
ヒマラヤスギ	~2.5	α-ピネン、α-テルピネオール
コノテガシワ	~0.2	ヒノキチオール、セドロール
コウヤマキ	~2.0	セドレン、セドロール
クスノキ	2.0~2.3	カンファー、リモネン
アカマツ	1.5~2.0	α-ピネン、α-テルピネオール
ベイスギ	0.2~1.5	ヒノキチオール、ツヤ酸
ベイマツ	~1.0	α-ピネン、カンフェン

*　心材100g 当たり(乾燥重量)に含まれる精油含有量

るが、α-カジノールというにおい成分が耐朽性に大きく関わっている。また、精油成分にはクロコウジカビや青カビなどのカビや大腸菌、黄色ブドウ球菌などの細菌の繁殖を抑える働きを持つものもある。ヒノキチオールは院内感染の原因となるMRSAや胃潰瘍、胃炎の原因となるピロリ菌に対して抗菌作用を持つものもある。2）シロアリやダニなどの害虫を抑える：シロアリに侵されにくい木には殺蟻成分が含まれていることが多い。サワラ、ヒバ、カヤ、コウヤマキ、ヒノキなどには殺蟻作用のある精油成分が含まれている。室内塵の中で繁殖する塵ダニ類は、ぜんそくやアトピーの原因となる厄介者である。住宅用材としてわが国で多用されるヒノキ、ベイヒバ、スギなどの精油にはこのダニの繁殖を抑制する成分が含まれている。3）悪臭を消し、ホルムアルデヒドなどの有害物質を除去する：精油にはトイレのにおいのアンモニアやタンパク質の腐ったにおいのイオウ化合物などの悪臭を消臭する働きがある。そればかりか、シックハウス症候群の元凶とされているホルムアルデヒドを除去する働きがある。4）気分を快適にする：木のにおいが気分を和らげ、ストレスを低減し、快適な環境を創ることが、脳波や血圧測定などで実証されている。

◆精油を採取するには

　上述のように多様な働きをする精油を採取するにはその原料に応じていくつかの方法がある。代表的なものは水蒸気蒸留法で、チップやおが粉などの材料に水蒸気を当てて、水蒸気とともに出てくる気体状の物質を冷却して液体として精油を得る方法である。熱水蒸留法は原料を蒸留釜に入れ、水で浸して、水を煮沸して出てくる揮発性物質を冷却して精油を得る方法で、水蒸気蒸留法とともに木材精油を採取するのに使われる。圧搾法は柑橘系の皮などを圧搾して精油を得る方法で、有機溶媒抽出法はヘキサン、アルコールなどの有機溶剤で抽出する方法である。ハゼノキからの木ロウの採取などで行われている。木材に含まれる精油含量は表に示すように心材でおおよそ数パーセントであり、辺材になるとさらに少なくなる。

◆樹木精油を利用した製品開発

　カビを防ぎ悪臭を消臭し、ダニなどの害虫の繁殖を抑え、ストレスを低減させ、快適な居住空間を創るのに役立つ木のにおいは、床板などの内装材として使われるだけでなく、その精油が取り出され、室内芳香剤としてはもちろんのこと、防ダニ・防カビ用合板、防ダニ畳、い草マット、防ダニスプレー、石けん香料、香料原料などとして用いられている。

<谷田貝光克>

【文献】　近藤隆一郎、佐藤敏弥、屋我嗣良、谷田貝光克、山田妙子、におい編、木材居住環境ハンドブック（岡野健ら編著、朝倉書店）、260-322(1995)

82. スギの黒心と木材の変色

◆黒心

　スギには赤心と黒心とがあることが知られている（口絵写真10）。木材業界では黒心が敬遠される傾向にあり、赤心に比較して販売価格が低くなっている。スギ心材の場合、赤心と黒心の原因になっている化学成分は、高分子量の色素と考えられており、その構造などの解明が非常に困難なものになっている。現在、この高分子量の色素の素（前駆体）はフェノール性成分の一種であるセキリン-C やスギレジノールなどのノルリグナン類と考えられているが、黒心形成のメカニズムについては十分にわかってはいない。

◆木材の変色とその原因成分

　木製家具の一部分を覆い隠された状態のままで放置しておくと、日光にさらされた部分が変色し、色むらが生じてしまうことがある。このような例を日常生活で垣間見ることは多い。わが国では、一般に木材の変色は嫌われる傾向にあり、商品価値を低下させる因子の1つとなっている。したがって、木材に付加価値を与えるためにも、脱色、着色、変色防止といった調色技術が木材に適用される。

　一般に、木材が変色するということは材中の化学成分（変色原因物質）が、化学反応によって別の色をもった成分に変化することである。変色原因物質は、主として抽出成分と称される水や有機溶媒に可溶の成分である。変色の主役である変色原因物質は、微量でもその効力を発揮し、種類が非常に多く、樹種によって異なっているという特徴をもっている。

　木材の変色は、光、熱、酵素、金属イオン、酸、アルカリ、微生物（菌類）などによって引きおこされる。このなかで光変色は、最も日常的におこりやすい現象である。木材の光変色は、抽出物中に存在するフェノール性成分に起因すると一般にいわれている。光変色原因物質としては、アカシアモリシマ材のロイコロビネチニジン（フラボノイド）、レンガス材のレンガシン（フラボノイド）、セコイヤ材のセキリン-C（ノルリグナン）、イロコ材のクロロホリン（スチルベン）などが知られている。また、これらの材のように少ない種類の代表的成分が光変色を引き起こす場合とは対照的に、多種多様な成分が共存し、その相乗作用で光変色がおこる場合もある。ベイツガ材の多種のリグナン類による光変色はこれにあてはまる。

　光変色は、木材成分の光吸収で始まる化学反応が目にみえるまで進んだものである。その際、目にみえない光、近紫外光線が重要な役割を果たしている。木材成分が吸収する太陽光

は、290nmよりも長い波長のものである。また、「人の目にみえる」ということは、そのみている物質が400nmよりも長波長の光を吸収できるということである。したがって、もともとは無色の（人の目にみえない波長にある）化学成分が光を吸収しても、それが引き金となって木材の色が変わることがおこる。木材成分中の化学構造のなかで光変色反応の引き金となる部分は、カルボニル基やフェノール性水酸基などである。木材の光変色反応は、これらの官能基が光のエネルギーによって変化し、ラジカルとよばれる反応性に富む中間体が生成することによりおこると考えられている。

◆**木材の変色防止**

　実際に木材の変色を防止するには、どのようにすればよいのであろうか。変色原因物質を有機溶媒などで木材から抽出・除去してしまえば、変色をある程度抑えることができる。この方法は木粉や薄いツキ板のようなものならうまくいくが、厚い材になると完全に抽出することが困難となるので、別の方法を考えねばならない。そこで注目されるのが「化学処理」である。これは変色原因物質の化学構造を変えて、光や熱、あるいは酸やアルカリなどに対して安定な物質にしようというものである。

　化学処理では、薬品の種類やその組み合わせ、薬品の濃度、処理する時間や温度などを変えると処理条件は無限にある。処理例のいくつかをあげると、ブラックウォールナット材の3,5-ジニトロベンゾイル化処理、ベイマツ材のセミカルバジド処理とL-アスコルビン酸処理、スギ材およびベイマツ材のポリエチレングリコールメタクリレート処理などである。また、ポリエチレングリコール処理は、材色が白い材に対して優れた光変色抑制効果がある。実際には、樹種が違えば変色の様相も異なるので、それぞれに適した防止処理法が施されなければならない。今後、木材の付加価値を高め有効に利用するためにも、変色防止と同時に、ヤニ浸出防止、カビ防止、寸法安定化あるいは難燃化などをあわせて付与できる化学処理法の研究開発を行うべきであろう。　　　　　　　　　　　　　　　　　　　　　　　　＜河村文郎＞

【文献】1) 善本知孝：木材の色と変化,"木材利用の化学",共立出版 (1983), 2) 峯村伸哉：変色の防止,"木材利用の化学",共立出版 (1983),　3) 甲斐勇二：木材の変色とその防止,"もくざいと科学",海青社 (1989)、4) Fumio Kawamura et al., Phytochemistry 54: 439-444 (2000).

83. 木材の生物劣化(1) －腐朽菌－

　この表題をみた読者の中には「水があると腐る」あるいは「古くなると腐る」と答える方がいるかもしれない。前者はある意味では正解であるが、後者は「腐る」意味を取り違えている。本節では、木材が「腐る」ということについて少し詳しく述べる。

◆「腐る＝腐朽」の定義
　木材が、酸素、紫外線、水、薬品、生物などの作用によって、本来の色、強さなどの性質が変化し、木材本来の使い方ができなくなることを総称して「劣化」という。「腐る」というのは、微生物によって木材の主成分であるセルロース、ヘミセルロースあるいはリグニンが分解され、化学・物理的性質が大きく変化する劣化現象を指す。したがって、紫外線によって表面のリグニンなどの成分が分解されて繊維状になり、そこに塵埃などが沈着するなどして灰色に変色する「風化」や、古くなることによる化学的「老化」とは明らかに異なり、代表的な生物的現象である。なお、木材が生物的な作用を受けて生ずる劣化現象に「表面汚染」「変色」などもあるが、これらの現象は、木材の強度に決定的なダメージを与えないので区別して考えられている。そして、木材が腐ることを専門的には「腐朽」という。それは、鉄などの金属が化学的に劣化する「腐食」や、食品などが腐る「腐敗」などとは異なる過程からなっているためである。

◆腐朽の条件
　ナラやクヌギの小丸太（ほだ木）にシイタケ菌の種駒を植えると、2-3年後にはシイタケの傘が顔をだす。そして5年くらい経過すると、丸太の皮が剥がれて材の部分が白く変色し、指でつまむと繊維状に崩れてくる。また、庭先につくった花壇の木柵の根元が細くなり、時にはキノコが生えていることに気がつく。一般にキノコというと、傘状のものを思い浮かべるが、厚い膜状のもの（口絵写真44）や、住宅の改築現場で壁の中の木材が黒褐色に変化してぼろぼろに崩れ、そこに糸状のものが生えているのをみることもある。いずれにしても、これらは皆、キノコが自分の栄養源として木材の成分を分解した結果、すなわち木材が腐った姿である。
　現在の知識では、細菌から担子菌まで、広範な微生物が木材の腐朽にかかわりをもっていることが知られている。が、主役はシイタケなどのような担子菌（木材腐朽菌ともいう）である。担子菌というのは高等な微生物で、いわゆるキノコの一種であると考えてもらえれば

よい。木材細胞の中に糸状の菌体（菌糸とよばれる）が侵入すると、酵素作用などによって木材成分を分解し、養分として自らの体内にそれらを取り入れつつ成長していく。その結果、木材の細胞壁はさまざまな様式で破壊されていく。担子菌が成長するためには、養分である木材以外に、酸素、適当な温度、水分の3つの要素が不可欠である。したがって、これらの要素がすべて揃って、たまたまキノコなどが住み着くと、新しい木材であっても腐朽しはじめる。この意味で、本節冒頭の1番目の答え、「水があると腐る」は的を射ている。ただし、水中貯木や散水貯木のように木材の飽水状態を維持して材中酸素の侵入を防ぎ、水が蒸発する際に材温を低下させることによって腐朽が阻止されることもあるので、半分正解であるといったほうがよいのかもしれない。

◆**腐朽の様式**

腐朽の様式には図1に示したような3つがある。

1) 褐色腐朽（口絵写真46参照）：材中のリグニンをほとんど残したままセルロースやヘミセルロースなどの多糖類を分解する。結果的に、材が褐色になるのでこの名がある。建築物で被害を引き起こすイドタケ、ナミダタケなどが知られている。この腐朽ではセルロースが急激に低分子化するため、重さの減少のわりには強度低下が著しい。

2) 白色腐朽（口絵写真46参照）：リグニンも含めて分解するので材が白色に変化する。土木用材などでみられるカワラタケやカイガラタケなどがこれに属する。この場合の強度低下は1) より多少緩やかである。

3) 軟腐朽：担子菌が成長しにくい水分の多い環境で生ずるカビ類（子嚢菌）による腐朽。セルロースやヘミセルロースのほか、リグニンも多少分解する。材表面から分解して黒褐色でスポンジ状になるのでこの名がついた。広葉樹材でおこる頻度が高い。　　＜土居修一＞

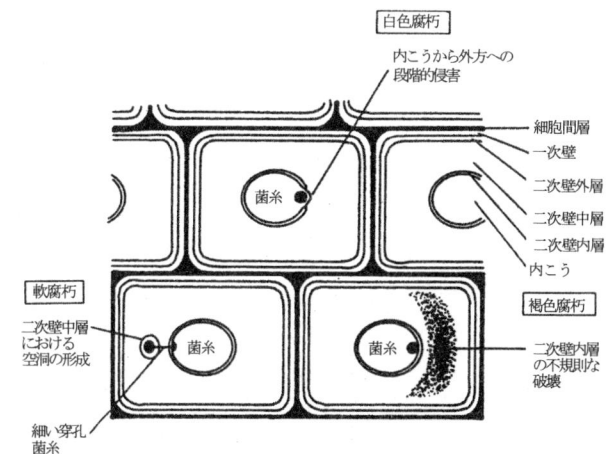

図1. 木材の代表的な腐朽様式とそれにかかわる菌
（高橋旨象：キノコと木材、1989、築地書院）

84. 木材の生物劣化(2) －シロアリ－

　シロアリはゴキブリと近縁関係にあり、自然界では枯木などリグノセルロース物質の循環に多大な貢献をしている昆虫である。しかしながら、木造住宅などへの被害（口絵写真39〜43）をも引き起こすために、その攻撃を適切に防ぐ手だてが必要である。ここでは、わが国で大きな被害を与えているイエシロアリとヤマトシロアリを中心に、その生態などを概説し、合わせて防除法について触れる。また、最近話題となっているアメリカカンザイシロアリについて簡単に紹介する。

◆ シロアリの特徴

　わが国では23種のシロアリの存在が記録されており、これらの分布は種によって異なる。よく問題とされるのはイエシロアリとヤマトシロアリの被害である。前者のおおよその北限は茨城の潮来付近であり、瀬戸内海、東シナ海及び太平洋沿岸に棲息している。後者の北限は北海道名寄市で、日本海側を含め全国に分布する。それらの特徴をまとめると表1のごとくである。いずれの種も4〜7月にかけて分巣のため有翅虫（羽アリ）が飛翔するので、それによって被害を発見することが多い。有翅虫は、アリの有翅虫と混同されることがあるが、シロアリの羽は4枚ともほぼ同じ長さである、という特徴を覚えておけば混乱しない。（イラスト参照）

◆ シロアリ被害の防除

　いったん受けたシロアリの被害を駆除するには、信頼できる専門業者に依頼して行うほうが確実で、素人判断で不適切な処理をしても、被害の再発を確実に防止することはできない。

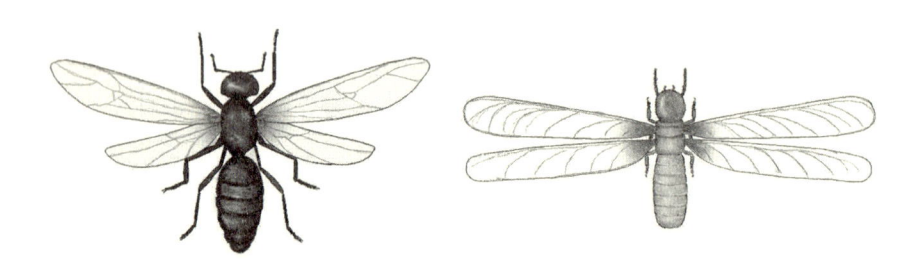

図　アリ(左)とシロアリ(右)の有翅虫

駆除法の詳細はここでは割愛して、住宅建設時に必要な防除策の要点を述べる。
　住宅の防腐処理と同様に木部を薬剤処理し、さらに床下土壌を処理しておけば防蟻効果が期待できる。以前は、農薬にも使われる有機リン系の油剤や乳剤を直接木部や土壌に散布する方法が一般的であった。しかしながら、住人への薬害や効果の持続性などが問題となり、最近ではカーバメート系やピレスロイド系など薬害のほとんどないものが、マイクロカプセル化などして使われるようになっている。また、床下土壌表面に薬剤を含有する膜を形成して侵入を阻止する工法なども採用されている。いずれの方法をとるにしても、シロアリ被害防除のためには、防腐処理のような木部の処理だけでは不十分で床下土壌中からの侵入をいかにしてくい止めるのかがポイントとなる。
　以上の他、ベイトシステムという巣（コロニー）全体を毒餌で駆除する方法や、きわめて細かい編み目の金属製網などを使って侵入を阻止する方法などが実用化されている。また、シロアリに寄生するカビなどを利用する方法なども検討されている。将来的にはこうした方法の中から、処理による弊害がなく、環境への負荷のない防除法が発展していくであろうと考えられる。

◆アメリカカンザイシロアリの被害
　2010年、このシロアリによる被害が、広範な地域で散発的に発生していることが報道され、社会的な関心が高まった。この被害は、1976年に江戸川区で初めて発見されたとされるが、その後、世界的な物流にともなって、輸入家具などとともにコロニーが持ち込まれ、そこから住宅に被害が広がったようである。今のところ、住宅の被害件数は多くはないが、名前の通り、小屋裏部材などの乾燥した木材中にコロニーを作るので上記のような地下性シロアリと同じ方法では防除できず、被害を受けた場合の駆除方法がとりあえず提示されているというところである。
　　　　　　　　　　　　　　　　　　　　　　　　　　　　　　＜土居修一＞

85. 木材の性質を変える(1) -防腐性、防蟻性-

　木材は燃える、腐る、虫に食われるなどの被害を受ける。これ自体には物質の循環という積極的な意味があるが、木材を利用する上では不都合なことである。そこで、防腐・防蟻性能を向上させる方法について概説する。なお、シロアリ以外の虫害に関しては、木材あるいは構造物の強度に決定的なダメージを与えることが稀なので、ここでは扱わない。

◆従来からの方法

　対象とする劣化外力は両者とも生物であるので、基本的には同じ手法で処理することによって性能を付与できる。つまり、劣化の原因である木材腐朽菌やシロアリ（口絵写真39～46）が木材を養分として利用できないように、木材の外側に保護層をつくることが普遍的に行われる戦略である。そのために、通常は防腐・防蟻性能をもつ薬品による処理を行う。処理の手段には表1に示す塗布から加圧まで、いくつか方法があるが、最も効果の高い方法は加圧処理と考えられている。その理由は、菌や虫の侵入を阻む薬品による保護層が確実につくられることによる。なお、処理時の最適な含水率は、方法によって異なる。

　長い間、防腐・防蟻性能を持つ加圧処理用薬品として、CCA（クロム・銅・砒素）系が大量に使われてきたが、1996年頃から、クロムや砒素を含まないアルキルアンモニウム塩系、銅・ホウ素・アゾール系、ホウ素・アルキルアンモニウム塩系あるいは脂肪酸金属塩系などの薬品に転換された。2010年6月現在、わが国ではCCAによる処理はごくわずか行われているにすぎない。こうした動きは、より低毒性の薬品を志向するというだけでなく、使用済廃材の環境への負荷を低減しようという社会的要求を反映している。したがって、現場で塗布・吹付処理に利用される薬品の主成分も、より低毒性・低負荷のものに移行している。なお、最近使用されている薬品には防腐・防蟻性能を兼ね備えていないものもあり、両性能をそれぞれ単独にもつ薬品を組み合わせて製剤化しているものもある。

◆化学加工

　先に述べた方法は、木材に防腐・防蟻性能を与える最も現実的で簡便な方法ではあるが、攻撃される本体の主成分に本質的な化学的変化を与えて性能を付与しているのではなく、いわば外堀を作っているにすぎない。したがって、長期間の使用で、これらの薬品が溶出したり分解するなどして、外堀が壊れた状態になると性能が低下してしまう。また、同時に要求される耐候性や寸法安定性も確保できない。そこで、近年は、木材の細胞構造あるいは成分

の改変を目的とした化学加工による耐久性向上技術が追求されている。その手法は下記のように2つに分類できる。

1) 細胞壁成分の化学修飾：アセチル化、ホルマル化、オリゴエステル化など
2) 細胞内こうの被覆・充填：フェノール樹脂含浸、含浸型WPC（木材・プラスチック含浸複合体）化、無機質複合化など

これらの方法は、木材中のセルロースやヘミセルロースなどの親水性の部分を化学的にブロックして、木材腐朽菌や虫が木材を攻撃できないようにする。あるいは、細胞内表面を物理的に遮蔽して、養分としての木材を利用できなくするだけでなく、親水性の部分が各種の機構でブロックされるので、耐候性や寸法安定性も大幅に向上するという効果が期待できる。ただし、これらの方法では、材中に注入した薬品と木材成分を加熱やその他の方法で反応させる必要があるので、手間やコストがかかる。また、細胞壁成分を均一に化学修飾するためには、板材や柱材などの大きな部材ではなく、チップ、ファイバーあるいは単板など、薬品の注入しやすい、小さいか薄いエレメントしか対象にできない制約がある。

◆熱処理

200℃前後の加熱によって木材の耐朽性を向上させる方法である（→§86）。これは、従来の薬品による環境への負荷低減と、化学加工より簡単に耐朽性を確保したいという要求に応えるものである。過去数十年間行われてきた熱処理に関する基礎研究の成果をもとに、すでに欧州でいくつかの製品が実用化されている。わが国でも、この方法を導入し、国産材に適用して耐朽性を向上させた製品を製造している企業もある。加熱スケジュールにはいくつかの方法があるが、強度の低下はまぬがれず、耐蟻性が十分付与できないなど、使用部位や場所が制約される。 　　　　　　　　　　　　　　　　　　　　　　　　　＜土居修一＞

86. 木材の性質を変える(2) －熱処理－

　環境への負荷低減の観点から、木材保存薬剤の使用量を減らす、あるいは使わないようにする努力が続いている。シロアリのベイトシステムや物理的防除法の検討が進み、一部は実際に使われている。またCCAの代替として新保存薬剤や高耐朽性樹種を使うことなども定着している。これらの動きと並行して、木材をある条件下で加熱処理して耐朽性を与える技術が欧州を中心に実用化されている。ここではこれらの処理法と得られた製品の性能について紹介し、使用上の留意点について述べる。

◆熱処理の主な処理工程

　現在実用化されている、主な熱処理法は次のとおりである。

　1) レティフィケーション処理：フランスで開発された。レティフィケーション (Retification、「焙焼」というような意味) 処理は、含水率12%程度の比較的乾燥した木材を窒素ガス気流下（酸素2%以下）、210〜240℃で加熱する方法で、処理に要する時間は温度上昇と下降時間を入れて9〜12時間である。230℃以上で加熱すると寸法安定性や腐朽菌に対する抵抗性が付与できるとされる。ただし、230〜240℃処理で曲げ強度が40%も下がり、脆くなる。耐蟻性は不明。欧州のポプラやマツ（maritime pine）などに適用されている。

　2) プラトー処理：オランダで開発されたこの方法のスケジュールは、生材あるいは気乾材 → 蒸煮処理（hydrothermolysis）、160〜190℃ → 含水率約10%まで乾燥 → 170〜190℃で加熱（空気排除、常圧、養生(curing)過程） → 製品、である。蒸煮処理と養生時の温度を変えて行なったいくつかの実験では、処理による曲げ強度の低下は5〜18%の間におさまり、一方で撥水性の付与効果とともに寸法安定性が向上する事が示されている。さらに、土壌や各種腐朽菌に暴露したときの耐朽性も、樹種によってその付与率は異なるものの向上することが明らかにされている。これらの結果を、酸素存在下での熱処理と比較すると、この処理の場合には土壌暴露による重量減少を10〜15%程度低減できることから、このほうが有利であるとされる。耐蟻性はないが、ある種の乾材害虫による食害を抑制できるという。

　3) サーモウッド処理：フィンランドで開発された。生材あるいは人工乾燥材を130℃まで温度を上昇させて高温乾燥 → 185〜230℃に温度上昇、2〜3時間保持 → 水を噴霧しながら80〜90℃に冷却しつつ加湿して含水率4〜6%に調整、という工程を経て製品が出来上がる。標準的な熱処理温度には2つあって、190℃で処理して寸法安定性を向上させて耐朽性は欧州規

格でクラス3（室内腐朽試験で10～20%の質量減少率）レベルの製品と、210℃で処理して耐朽性がクラス2（室内腐朽試験で5～10%の質量減少率）レベルの製品を作ることができるとされる。また、230℃以上で処理すればクラス1（室内腐朽試験で5%以下の質量減少率）に該当できる製品になるという。190℃までの処理では曲げ強度の減少はほとんどないが、230℃以上になると40%にまで減少することが示されている。主に欧州のマツ、トウヒ、カバ、ポプラに適用されている。（耐蟻性試験は未実施。）

4）オイル加熱処理：この方法はドイツで開発され、OHT 処理と呼ばれている。この処理法の特徴は、亜麻仁油などの植物油を使って木材への熱伝導を促進しつつ、処理容器中の酸素を少なくして加熱する点にある。生材あるいは予備乾燥した木材を180～220℃で2～4時間、減圧状態で加熱保持する。例えば、断面10cmで長さ4mの材を処理する時間は、温度上昇と下降に要する時間を入れて18時間である。この処理では、200℃以上の加熱でイドタケによる質量減少率を2%以下に抑制できるが、曲げ強度が30%低下するとされる。（耐蟻性試験は未実施。）

この他、フランスで開発されたLe Bois Perdure（高耐久性木材というような意味）という、生材を蒸気雰囲気で230℃まで加熱する方法や、サーモウッド処理に似ているが250℃まで加熱する方法などがある。わが国でも、レティフィケーション処理と同様に窒素雰囲気下で220℃以上の熱処理を行う方法が検討され、スギやアカマツの耐朽性が大きく向上し、耐蟻性についても薬剤処理ほどではないが改善されることが示されている。いずれの処理でも、処理時間・温度は、木材の寸法や樹種あるいは使用目的によって異なる。200℃以上の熱処理では、ヘミセルロースが分解、セルロースの結晶化度の上昇、リグニン単位間結合の開裂、リグニン同士あるいはヘミセルロースやセルロースとの間の縮合が起こることが種々の研究で明らかにされており、その結果、耐朽性や寸法安定性が付与されると考えられている。

◆熱処理材を使う上での留意点

いずれの熱処理工程を経ても強度劣化や材色変化などは避けられないのは明らかで、それらの変化があっても許される使い方をすれば、耐朽性付与の貢献は大きいといえる。最近、わが国では欧州からこれらの製品が輸入されて、保存薬剤処理の代替や高耐久性樹種の代替として使うことが志向されているが、熱処理技術は欧州を中心に実用化されていることもあって、耐蟻性については不明あるいは十分ではないので、使用環境を考えて使う必要がある。また、耐朽性についても、例えばサーモウッド処理などでは、欧州規格に合わせた耐朽性確保が目標とされており、使用に際してはその製品の処理法によって付与された性能の水準を十分に認識して、わが国の劣化環境に見合った使い方をしなければならない。＜土居修一＞

87. 木材の性質を変える(3) －寸法安定性－

◆寸法変化の原理

　木材の構成要素である仮道管や木繊維は、セルロース鎖が束になって寄り集まったものと考えられる（→§20、28、77）。セルロースは水酸基という水と親しみやすい官能基をもち、これら繊維の中では、セルロース鎖同士が水酸基間の結合（水素結合）と基本骨格間の疎水結合によって束ねられている。しかしセルロース鎖全体は均一でなく、ところどころで互いに固く結びついたり、あるいは緩やかに結合して並んでいる。セルロース鎖同士が固く結びついている部分を結晶領域と称し、緩やかな結合をしているところを非結晶領域という。

　水を含む生の木材では、セルロースの水酸基に引き寄せられた水分子は、鎖の束が軽く結束した非結晶領域に多く存在して、その部分を提灯のように膨れあがらせ、数珠のような形にしている。さらに余分の水分は、細胞内こうなどの空間に充満し、その中を自由に動くことができる。この自由に動く水のことを自由水といい、非結晶領域にある比較的に拘束された水を結合水とよんでいる（→§61）。

　木材が乾燥するにしたがって、まず自由に移動できる自由水が蒸発し、そのあと非結晶領域にある水が抜ける。すると、提灯のように膨れていた部分は縮んで、糸のように細いセルロース鎖の束に変化する。束に膨れが無くなると木材全体は収縮する。乾燥した木材はまったく元の寸法に戻ることはないが、水分を吸えば再び束に膨れが生じ、木材は膨潤する。このような理由で木材は寸法を変化させる。

◆寸法安定化の方法

　木材は主に水分の出入りによって寸法変化をおこすので、木材の寸法を安定化させるためには木材を水と馴染まないようにするか、あるいは膨れた状態のままに保てばよいことになる。その手段としてつぎに記すような方法がある。

　1）繊維方向をバランス良く組み合わせる方法

　・合板、集成材、LVL、OSL、OSB、MDFなど。

　2）繊維を膨れた状態のまま固定する方法

　・水分子に比べて動きにくいポリエチレングリコールや糖のような水酸基を多くもった化合物を含浸処理して、木材内部に長期間留め置く。

　・木材内部へフェノール樹脂を含浸して木材の繊維を膨れた状態で固定化させる。

3）繊維の膨れを抑える方法
・オイルやワックスなどの撥水剤を塗布または含浸する。
・木材を加熱処理して親水性を示す水酸基の数を減少させる（→§86）。
・無水酢酸や塩化ベンジル、イソシアネート化合物などの化学薬品で処理して木材成分に含まれる水酸基を減らし（化学修飾）、水に親しみにくい形に変化させる。
・ビニル系樹脂、ポリエステル樹脂などを含浸して、物理的に水を寄せ付けない木材にする。

　以下に、先に述べた方法のいくつかについて解説する。

　木材の寸法変化率は、繊維が並ぶ方向と同じ方向では小さく、また繊維の並びと直交する方向では大きくなる（→§25）。この性質を逆用して、薄い板を何層にも繊維方向が互いに直交するように重ね合わせ、接着剤を用いて接着することにより寸法を安定化させることができる。その例が合板であり、通常の木材の挽き板よりも寸法が著しく安定化し、寸法変化の方向性もきわめて少ない材料になっている。

　木材の寸法安定化を図る方法の中には、処理の効果を長期間保てない方法がある。たとえば、地下に埋もれていた古代の木製遺物は、分子量が 3,000〜4,000 のポリエチレングリコールで細胞壁内および細胞内こうの水を徐々に置換して除いたのちに保存される。しかしながら、ポリエチレングリコールは水に溶解するため、湿気が高い所に放置されると薬剤が木材から溶出して効果を失ってしまう。そのため、ポリエチレングリコールにアクリル酸などを反応させ、木材に含浸させたのちに溶け出さない処理を行うことがある。

　細胞壁自身を無水酢酸で処理すると、水酸基に酢酸が化学結合してアセチル化木材になる。アセチル化によって寸法安定性のみならず耐水性、耐朽性、耐蟻性などの性質も改善される。そのためアセチル化木材は、風呂桶や木柵、デッキ材料など、外構材料として利用することができる。しかし、このアセチル化木材は酢酸の臭気が残存しやすい問題があって普及が阻まれている。

　細胞内こうに低分子量の合成樹脂を含浸させたのち、それを重合させた WPC（Wood Plastic Combination）は、床材やゴルフクラブのヘッドなどに使われる。この方法は、木材の仮道管や道管の細胞内こうを樹脂の固まりで埋めることによって、木材の膨潤・収縮を物理的に押さえ込んでいる。WPC 化は材料に寸法安定性を与えるばかりでなく、美観や強度、硬度、摩耗性などにも優れている。近年、表層部のみに樹脂注入してＷＰＣ層を形成するなど、樹脂の節約によるコスト低減をはかることも行われている。　　＜田村靖夫／栗本康司＞

88. 木材の性質を変える(4) －難燃性－

◆難燃化とは

　難燃化とは文字通り、燃えやすい物質に何らかの処理を施し燃えにくくすることである。木材、木質材料では防火（難燃）剤を付与して、防火処理を行うことと考えてよい。

　また、「燃える（燃焼）」とは一言でいうと物質が熱と光を発して酸素と結合する反応を指すが、科学的に厳密に捉えようとすると、爆発との違いや炎の有無など考慮せねばならぬ点が多く、この現象に正確な定義を与えるのは意外にむずかしい。しかし、ここでは日常われわれが実感している「燃える」という概念に基づいて話を進める。まず、木材が燃えるしくみについて記述する。

◆燃焼のしくみ

　物を燃やすためには熱を与え、温度を高くしなければならない。温度を上昇させると木材を構成する成分（セルロース、ヘミセルロース、リグニンなど）が熱によって分解され、一酸化炭素、メタン、エタンなど可燃性のガスが発生してくる。酸素が存在し、これらのガス濃度が充分に高くなると口火によって火がつく（着火）ようになるが、これを引火という。さらに高温では口火なしでも炎が出て着火する。これは発火といって引火とは区別される。木材の引火点、発火点は各々240～270℃、430～500℃程度と考えられている。

　ただし、引火点付近で着火しても、いったん燃焼が始まると大量の熱エネルギーが放出されて急激な温度の上昇が起こり、さらなる燃焼へとつながっていく。同時に熱分解も急速に進行して、ガスとタールの放出がさかんに行われ、残りの成分は木炭化する。酸素の存在下で温度が発火点に達すれば、木炭も容易に燃焼し最終的には灰分だけが残る。

◆防火剤と防火処理

　上記の燃焼過程の進行を妨げることが「難燃化」であり、そのために木材、木質材料に付与する薬剤を防火剤、行う操作を防火処理という。

　防火剤の分類は研究者によって多少異なるが、木材に難燃性を発現させる機構によって大きく3つに分けられる。物理的に難燃効果を発揮するもの、化学的な作用で難燃に貢献するもの、そして両方の作用で難燃性を高めるものである。

　物理的な作用としては木材に防火剤を付与することで酸素や炎の侵入を遮断する効果、あるいは発生する可燃ガスの放出を妨げる被覆効果が得られる。用いられる防火剤には石膏、

セメント、ガラス繊維、金属板、あるいは木材中で不溶化が可能な水溶性無機化合物、防火塗料などの不燃物がある。2番目の物理的作用は断熱効果である。これは発泡性の薬剤が形成する断熱層が、熱の伝達を遅らせ、熱分解を抑制する作用である。最後の吸熱効果は、分解、溶融、気化などによって吸熱を起こす薬剤を付与し、温度上昇を抑える作用であり、結晶水を持つホウ砂（$Na_2B_4O_7 \cdot 10H_2O$）や塩化アルミニウム（$AlCl_3 \cdot 6H_2O$）が利用される。

化学的な作用は、機構によって脱水炭化、連鎖反応停止の2種類の効果に分類できる。まず脱水炭化効果であるが、これは熱によってリン酸塩などがセルロースに脱水反応をおこさせ、水の発生を促す作用、言い換えれば可燃性ガスの発生を抑制する作用である。もう1つの化学的作用は連鎖反応停止効果である。これは連鎖反応として進行する可燃ガスの燃焼を阻止する触媒としてハロゲン、またはハロゲン化水素が有効であることを利用するものである。しかし、ハロゲンを含む薬剤の添加は燃焼時のダイオキシン類発生の危険性を高めることになるため、科学的見地からは興味深いが、実用するにはこの難問を解決せねばならない。

両方の作用が現れる例としては、防火剤の熱分解（化学反応）によって発生した不燃ガスが可燃ガスを希釈（物理的効果）し、引火点を高くする効果があげられる。防火剤にはリン酸アンモニウム塩、ホウ酸、アルカリ金属の炭酸塩などがある。ここで記述した防火のしくみは、基本的には防炎のしくみであり、まとめると図1[1]に示すようになる。

防火剤を用いた防火処理には主に注入・浸透、混合、塗布の3種類の方法があるが、これらは基本的に保存剤、接着剤、塗料など他の薬剤の添加法と同じであり、防火剤の物理的・化学的性質にあわせて減圧、加圧、加熱、圧縮などの操作を組み合わせて行われる。

<山内　繁>

```
防火機構（防炎機構）─┬─ 物理的作用 ─┬─ 被服効果
                    │              ├─ 断熱効果
                    │              └─ 吸熱効果
                    ├─ 化学的作用 ─┬─ 脱水炭化効果
                    │              └─ 連鎖反応停止効果
                    └─ 物理＋化学的作用 ── 可燃ガス希釈効果
```

図1　防火剤の役割からみた防火機構の分類

【文献】1)喜多山繁ほか：木材の加工、文永堂出版（1991）p156の図97を参考とした

89. 樹皮の利用方法

　木材の形成層（→§20）で内側に材が形成されるとき、外側に向かって樹皮が形成される。その量は樹木全体積のおおよそ10〜20%にも達する。かつて、その利用法が多面的に検討され、一部は実用化された技術もあった。現在では一部の特殊な利用法を除き、ほとんど顧みられていない。しかし、木材の完全利用をめざすことが要求されている今日の資源状況を考えると（→§15）、樹皮の利用法について再検討する必要があろう。

◆樹皮の成り立ちと役割

　樹皮は「樹木の幹、枝および根における維管束形成層より外側の全組織」と定義されている。樹皮は木部の成長に伴う肥大成長に追随するため、成長の段階でその構造が変化する。したがって、樹齢はもちろん、広葉樹と針葉樹、あるいは場合によっては個体内でも、その構造には多様性がある。一例として、成熟した鱗片状樹皮の模式図を図1に示した。組織は外樹皮（コルク形成層、コルク組織およびコルク皮層）と内樹皮に分けられる。外樹皮は樹幹を「乾燥」「病害虫」「物理的な外力」「薬品」などの外部要因から保護する働きをもつ。内樹皮は生活組織で、養分である樹液を葉、その他の生活組織に送る役目を担っている。

◆樹皮の利用

　例として、表1にスギの化学成分を示した。木部とは異なって樹皮の成分は抽出物に富み、生理活性が高いことが示唆される。

　とくにコルク組織の多いものでは、ワックス、フェノール類、スベリンなどが含まれる。カラマツ、ラジアータマツ、アカシアモリシマなどのように、タンニン成分を多く含む樹種では、接着剤原料などとして注目され、オーストラリアなどでは実用に供されているほか、中国など一部の国ではその実用化研究が進行中である。スギ以外で、木部繊維に匹敵する強度のある靱皮繊維を含むコウゾ、ミツマタあるいはタモなどの樹種も知られている。これらは、和紙の原料などとして使われてきた長い歴史がある。シナの樹皮などはアイヌ

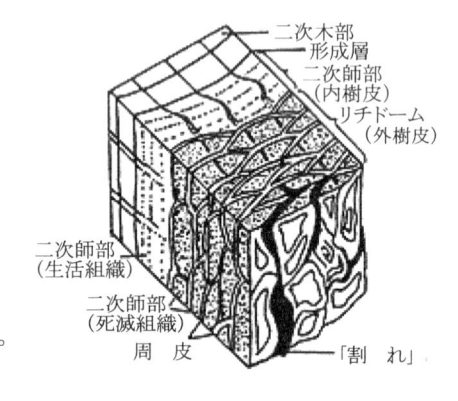

図1　樹皮の模式図

のアッシ織りとして衣料原料にも使われてきた。また、材部の成分と同様に、抗ガン性など特殊な生理活性成分を利用することなども昔から試みられ、一部は実用化されている。先に述べた樹皮の本来的な役割から考えると、材部よりは、生理活性に富む成分を含む可能性が高いことから、新しい薬理活性などを持つ特殊な成分もみつけられる可能性もある。もちろん、薬理活性のみならず、フラボノイド類などによる抗酸化作用の利用なども期待できる分野であろう。いずれにせよ、樹種ごとに、樹皮の成分を精査して最適な利用法を開発すべきである。

◆スギ樹皮の利用

さて、国産材の中で大きな比重を占めるスギ樹皮（口絵写真28）の利用法はどうなっているのであろうか？　ごく一部は、和紙の原料や屋根葺き材料など特殊な用途に珍重されている。また、この樹皮は他の樹皮と同様に腐朽しにくい反面、植物の生育阻害作用をもたないことがわかっているため、土壌改良材としても利用されてはいる。また、油吸着材として使用している例もある。しかし、大半は燃料として燃やされているものと思われる。

燃料にするのもりっぱな利用法ではあるが、木材資源の枯渇が危惧されている今日、燃料にする前に、もっと積極的に多面的な活用法を検討する必要がある。残念ながら、スギ樹皮には接着剤原料に使うことのできるタンニンが少ないが、ヒノキやヒバなどと同様に、アカマツやクロマツの樹皮にはない、りっぱな靱皮繊維がある。これを活用して、ボードなどの原料として利用すれば、耐久性のある面材その他の材料を供給できる可能性がある。既に秋田では、スギ樹皮の一部を床暖房基材（口絵写真30）や建築物の内装材料として利用する研究を行っており、その一部は実用化されている。これらの利用法はスギ樹皮の特徴をいかした使い方であり、従来廃棄物として扱われてきた材料を有効活用する一手法として注目される。また、炭素含有率が材部より大きいことを利用して、炭化物など環境浄化材料の製造なども試みられている。今後このような使い方が全国的に展開されることによって、わが国で最大の蓄積をもつスギの合理的・効率的活用が進展することが望まれる。

<土居修一>

90. 木炭の調湿能力

　木炭を用いた悪臭物質の除去や水質浄化作用などについては既に多くの解説書があり、木炭の比表面積や表面官能基がこれらの能力に影響をおよぼすことが知られている。ここでは木炭の「調湿能力」について定量的な実験結果を紹介するとともに、その能力を他材料と比較してみたい。

◆調湿能力の評価方法

　木炭の調湿能力を見積る方法として、次のようなことをした。それは、恒温恒湿室内（20℃・65%RH）で木炭（0.5～0.7mm）を密閉容器に詰め込んだあと、その容器の温度を24時間周期で、15℃と25℃の間で変化させる。このとき、容器内が空っぽで調湿能力がまったく働かなければ、器内の相対湿度の変動はおおよそ39%になる。一方、容器内の木炭が、水分を取り込んだりだしたりすれば、相対湿度の変動幅はこれより小さくなる。調湿能力に優れた木炭ほど少ない使用量で相対湿度の変動幅を小さくできるというわけである。

◆木炭の調湿能力

　木炭の炭化温度が調湿能力におよぼす影響を図1に示す。いずれの木炭も単位容積当たりの重量が増すにつれ、相対湿度の変動幅が小さくなり、調湿効果があらわれていることがわかる。たとえば、600℃で炭化したスギ木炭の場合、試料が0g/リットルから3g/リットルに増すと器内の相対湿度の変動幅は39%から3%へと大きく低下した。同じ試料重量で比較すると400℃から900℃で調製した木炭が、ほぼ同じ調湿能力をもつことがわかる。この温度域の炭化では、処理温度が高いほど大きな比表面積をもった木炭が得られ、なおかつ比表面積が大きいほどヨウ素やトリクロロエチレンなどの吸着量が多い。しかしながら、調湿能

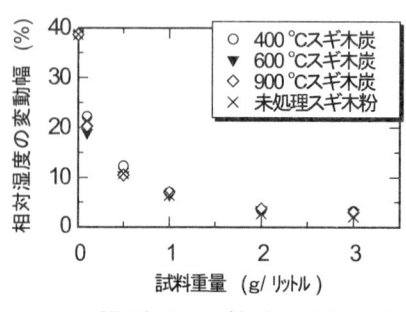

図1. 調湿能力の比較−炭化温度の影響− 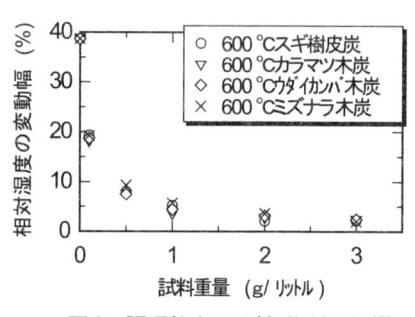　　図2. 調湿能力の比較−樹種の影響−

力に関しては、比表面積の大小は大きな意味をもたなかったことが明らかである。さらに、木炭の調湿能力は未処理のスギ木粉とも大差ない。

つぎに、樹種の違いが調湿能力におよぼす影響をみてみよう（図2）。ここで用いた木炭は、スギ樹皮、カラマツ材、ウダイカンバ材、ミズナラ材から炭化温度を一定（600℃）にして調製した。結果を端的にいえば、いずれの試料から調製した木炭も調湿能力に差はない。各木炭における相対湿度変動幅の減少曲線は、600℃スギ木炭や未処理スギ木粉と重なり（図1と比較）、樹種や部位（材部、樹皮）による差がほとんどないことがわかる。

最後に、木炭と他材料の調湿能力を比較した結果を示す（図3）。無孔質のガラスビーズは当然のことながら調湿能力は劣る。一方、美術館や博物館で調湿剤として最も良く使われているB型シリカゲルの調湿能力は木炭よりも優っている。計算上、1gのシリカゲルとおおよそ1.7gのスギ木炭とが同じ調湿能力に相当した。

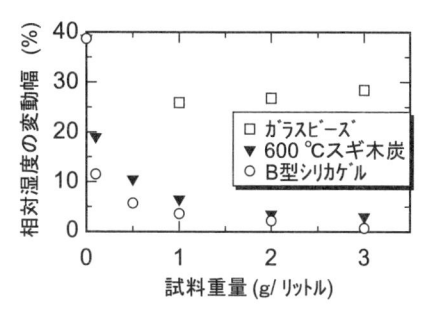

図3. 木炭と他材料の調湿能力

実験結果をまとめると、木炭はB型シリカゲルよりは劣るけれども、十分に高い調湿能力をもっていることがわかった。その能力は木炭の種類や炭化温度に依存せず、わずか数グラムの重さで、1リットルもの容器中の湿度を一定に保つことができる。シリカゲルがキロ当たり数千円することを思えば、たとえ2倍量の木炭を調湿剤に使ったとしても、木炭に分があると考えるのはひいき目であろうか。

この実験からわかることで注意しなければいけないことは、調湿能力が最も効率よく発揮されるのは限られた密閉空間でのことであり、外部から湿気が自由に出入りするときには、調湿能力が十分には発揮されないということである。限られた量の木炭が、無限大に湿気を吸ったり、吐き出したりできないことは誰にも理解して頂けるものと思う。

調湿能力だけをみると、わざわざ木材を炭にする必要はないと思われるかもしれない。通常、木材は好む、好まざるにかかわらず「におい」成分をもっている。そのにおい成分のいくつかは、絵画や金属表面の色を変えたり、腐食させたりする場合がある。したがって、美術館や博物館などにとっては、木材でなく木炭を調湿剤として使う方がリスクを小さくすることができる。

<栗本康司>

91. 木質バイオマス発電

◆木質バイオマス発電開発の背景

　化石燃料、特に石油以外のエネルギー源による発電方法が注目され、世界的に開発が急進するきっかけとなったのは、1970年代に二度にわたって起こったオイルショックである。1次ショックは第4次中東戦争、2次ショックはイラン革命が原因であるが、いずれも世界的に円滑な原油供給が危ぶまれ、太陽光、風力、地熱、木質バイオマスなどをエネルギー源とする発電法の開発・実用化が急速に推進された。その後、原油の安定供給が回復したため、産業化は一時低迷するが、1990年代に入って化石資源の枯渇や地球環境問題の観点から、再び化石燃料以外のエネルギー源に注目する動きが欧州を中心に起こり、全世界に広まった。木質バイオマスのエネルギー利用は欧米の先進国において実用化が進み、今世紀に入ってからはわが国でもチップ焚きの木質バイオマス発電が普及してきている。また、木質バイオマスのガス化発電も実証試験から実用化へと移行しつつある。

◆木質バイオマス発電方式の分類

　発電における木質バイオマスの燃料としての使用法は2つに大別できる。ひとつはチップなどにして直接燃焼させる方法であり、もうひとつは木質バイオマスをガス化し、そのガスを燃料として発電する方法である。

　(1)直接燃焼（チップ焚き）

　破砕して小片にし、乾燥させた木質バイオマスを燃焼して水蒸気を発生させ、蒸気タービンを回して電気を起こす方式である。石炭火力発電などに比べると発電効率は低く、多くは20%以下である。チップ焚きの木質バイオマス発電施設は、わが国では木材加工場に付設されることが多く、加工残木材や建築残木材を燃料としている。発生する熱は燃料となる木材の乾燥などに用いられるが、必ずしも効率よく利用されているわけではない。蒸気タービンを使用するため、発電設備の小型化が簡単ではなく、そのため中小規模の木材加工場では導入が難しくなっている。

　木質バイオマスのみを燃料として用いる方式のほかに、石炭に数パーセントの木質バイオマスを混ぜて燃焼させ発電する方法もある。この方法では既設の石炭火力発電施設を利用できるためコストの点で有利であり、欧米ではいくつかの発電施設で実際に行われている。

　(2)ガス化

木質バイオマスを熱分解によってガス化し、その中の可燃ガスを燃焼させて発電する手法である。発電機としてガスタービンを用いる方式とガスエンジン（またはディーゼルエンジン）を使用する方式がある。ガス化炉の型式は多様であるが、固定床式、流動床式、噴流床式、ローターリーキルン式などに大別できる。いずれのガス化方式でも可燃ガスの主成分は水素、一酸化炭素、メタンなどであるが、生成する比率は炉の型式やガス化剤に依存する。また、副産物として発生するタールの量も炉の構造によって大きく異なる。

　ガスタービンは比較的大規模な発電施設で採用されることが多く、発電効率を向上させるため、排ガスの余熱を利用して水蒸気を発生させ、蒸気タービンを併用している施設もある。ガスタービンを回転させるためのガスはきわめて清浄でなければならないため、ガス中のタールや微粒子などの不純物について、高いレベルで除去する技術が必要となる。

　ガスエンジンの発電設備はタービンを用いる場合に比べて小型化が容易であり、小規模設備では固定床式のガス化炉が用いられることが多い。また、ガスタービンほどではないがエンジン内で燃焼させる燃料ガスもかなり清浄でなければならず、実用化においてはタールの除去が重要なポイントとなる。

◆副産物と環境問題

　木質バイオマスの燃焼炉やガス化炉からは、副産物として木炭灰、タール、排ガスなどが発生する。木炭灰は肥料や土壌改良材に、タールは木材用保存剤などに有効利用が可能であるが、有害物質が含まれていないことが前提条件である。建築残木材（特に建造物解体時に排出される木質材料）を燃料とした場合は、木炭灰やタールに環境汚染物質が含まれる危険性が著しく増大する。例えば、木炭灰からCCA（木材保存剤）起源のヒ素やクロム、塗料に含まれていた鉛が検出されたという報告があり、またダイオキシン類については、接着剤中の塩素が原因でかなり高濃度になることもあることが知られている。さらに接着剤中の窒素によって、排ガス中の酸化窒素（NO_x）濃度が増加する可能性が高くなる。建築残木材は貴重な木質バイオマス資源ではあるが、その利用に際しては分別・選定に十分な注意を払う必要がある。

<山内　繁>

92. キノコを使った毒性物質の分解

◆環境を汚染する化合物

　人類はこれまでさまざまな構造と機能を持つ多くの化合物を合成してきた。この中には、殺虫剤、除草剤、殺菌剤などの農薬や、防腐剤などとして使用されてきた物質も多い。しかし、これらの多くは、動植物や人間に対して、発ガン性、催奇性、変異源性、代謝阻害性などの毒性を示すことが明らかになっている。また、合成高分子化合物のように、環境中に残留して環境の悪化を引き起こす化合物も存在する。これらの有機化合物の多くのものが、内分泌攪乱作用いわゆる環境ホルモン作用を併せ持つことも次第に明らかになってきている。したがって、これらの化合物が環境中に残留しあるいは放出された場合、生態系や人間を含む高等動物に対して害を与え続けることになる。

　一方、人為的な化合物のほかにも半人為的に作り出される化合物がある。ダイオキシン（→§12）がその代表的なものである。さらに、本来天然物質である原油中にも多環式芳香族化合物が含まれる。タンカーからの流出事故や、湾岸戦争時にみられるような油井の破壊により、原油や重油が土壌、海洋などの環境を汚染する。

◆キノコが毒性化合物を分解する仕組み

　キノコは上記の毒性化合物の多くを分解する能力をもち、これをうまく使うことにより汚染環境をもとに戻すことが可能である。それでは、なぜ、キノコがこのような能力をもつのだろうか。

　キノコは糸状菌とよばれる微生物群に含まれ、その多くは担子菌に分類されている。キノコは古来、食用（口絵写真48）や薬用として用いられており、また森林においては樹木などの植物遺体を分解して無機化することにより、地球上の炭素の循環に重要な役割を果たしている。その一方、キノコにはそれ以外に役立つ機能をもっている。その1つがいろいろな毒性のある化合物を分解する能力である。この機能は、リグニン分解能の強い担子菌（白色腐朽菌という→§83）に特徴的であり、リグニン分解機構と密接な関連があることが予想される。食用とされているヒラタケ（シメジ）、シイタケ、マイタケなどもリグニンやフェノール性物質の分解能が高い（口絵写真47）。

　これらのキノコがリグニンを分解する反応の基本は、その強力な酸化反応である。この反応は3種類のリグニン分解酵素、すなわち、リグニンペルオキシダーゼ、マンガンペルオキ

シダーゼおよびラッカーゼなどによって
行われると考えられている。これら酵素
の酸化能は他の酸化酵素に比較して格段
に強く、難分解性といわれるリグニン中
の種々の結合を酸化的に切断する（図1）。
その酸化は、反応の対象となる化合物か
ら1電子を引き抜くことにあり、リグニ
ンだけでなく、多環式および複素環式化
合物、ビフェニル化合物など、複雑な構
造をもつ有機化合物を分解する。さらに、
チトクローム P450 も種々の毒性有機化
合物を分解することが明らかにされてき

図1. リグニン分解キノコおよび酵素に
よるリグニン中の化学結合の切断（矢印）

ており、きのこにも多様な分子種が存在することが示されている。

◆バイオレメディエーション

　汚染された環境を生物の能力により回復する技術が近年開発されてきている。この技術を
バイオレメディエーションという。植物の植生を使う場合、ファイトレメディエーションと
いう。汚染環境（土壌など）中の環境物相を利用して分解する方法や、別に培養した分解作
用をもつ微生物を加えることにより、対象化合物を分解する方法などが考案されている。キ
ノコは毒性物質を分解する酵素を菌体の外に分泌するので、この性質を利用してバイオレメ
ディエーションを行う研究が行われている（図2）。　　　　　　　　　　　　＜菜原正章＞

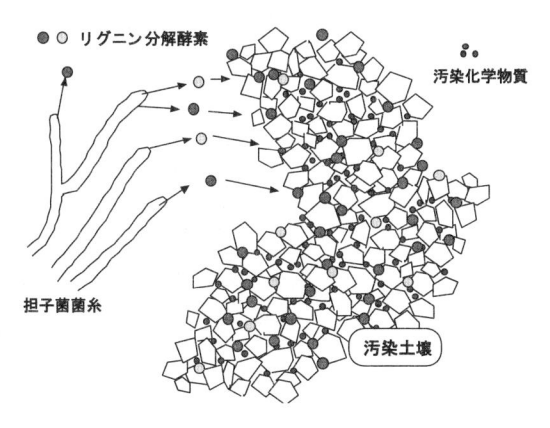

図2. キノコがリグニン分解酵素を分泌して汚染物質を分解する状況（模式図）

93. 木材を利用した廃棄物処理

◆木質廃材の資源化

　従来、木材は様々な用途として何度も再利用される貴重な資源であり、廃棄物としての量はわずかであった。しかし近年では建築解体材や土木現場で発生した木材などが産業廃棄物として大量に排出されている。平成19年の産業廃棄物4.2億トンのうち、1.4%が木質廃材であった[1]。これら木質廃材は再生利用率が68%、減量化率が26%、最終処分率が6%であった。再利用率は増加しつつあるが廃棄物として処理される場合はコストがかかるために不法投棄も少なくない。その一方で、廃棄物削減および資源循環系構築を目的として、農業・畜産廃棄物、食品加工廃棄物、製材・製紙廃棄物、汚泥、生ゴミ、糞尿などである有機廃棄物を堆肥化させる方法の検討、試行が繰り返されている。

◆木質廃材を利用する生ゴミ処理機

　生ゴミを土に埋めておくといつのまにか形が見えなくなる。これは土壌微生物の働きで生ゴミが分解されたためである。微生物分解型の生ゴミ処理や糞尿処理の原理はこれと同じである。有機物の微生物処理において高い分解率を保つためには、微生物のすみかとなり、水分保持や通気力に富む人工土壌が必要である。木材から作られた粒子は空隙が多く、保水力が高く、排水性に富んでおり（写真1-A、表1）、木材は生ゴミ処理の人工土壌として優れた材料であると言える。木材自身は一般の有機物よりも生分解に長時間を要するが、ここではその性質も上手く利用されている。すなわち木材が生ゴミや糞尿よりも分解される速度が圧倒的に遅いので、人工土壌となり得るのである。オガ粉状の木材であれば樹種やそれまでの用途（例えばコンパネ、建築廃材など）はほとんど問われないので、間伐材や廃材の利用方法として期待される。

　ところで家庭用の生ゴミ処理機はどのくらいの処理能力をもつの

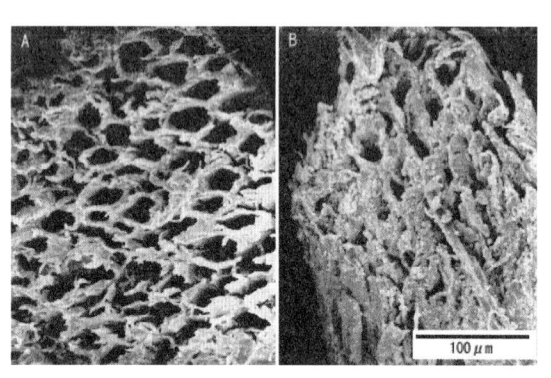

写真 1. 木質人工土壌表面の電子顕微鏡写真 [2]
A：未使用、B：2ヶ月使用後

表 1.

	見掛け比重	空隙率(%)	保水率[*3](%)	排水性[*4]($\times 10^3$ 秒/ml)
木質担体(使用前)	0.16	84	60	40.0
木質担体(使用後)[*1]	-	79	70	3.1
土壌A[*2]	0.80	20	20	3.7
土壌B[*2]	0.87	57	55	0.0

Notes: *1 家庭用生ゴミ処理機で3ヶ月間使用後.
　　　*2 北海道大学農場の土壌.
　　　*3 木質担体の体積に対して保水出来る水分量の体積の割合.
　　　*4 水はけの評価. 数値が大きいほど水はけがよい.

であろうか。これまでの地方自治体の調査や家族モニターの調査から一人が一日に排出する生ゴミの重量は 110-160 g と計算される（4人家族なら1日に 440-640 g、6人家族なら 660-960 g となる）。各メーカーの家庭用の生ゴミ処理機の処理能力はおおよそ1日1kgであり、一家族の生ゴミを十分に処理する能力がある。人工土壌としてオガ屑やチップを用い、水分を調整して生ゴミを投入、撹拌すると、槽内に環境中の微生物が入り込んで増殖する。この微生物は主にバクテリアで、生ゴミに付着していたものや空中に浮遊していたものが処理槽に入り込み、槽内の環境条件に適応した種類が増殖すると考えられる。生ゴミは微生物によって分解され、最も分解が進めば二酸化炭素と水までになる。60日間の連続稼働実験で人工土壌の温度、含水率およびpHを測定したところ、それぞれ33℃-39℃、65%-70%、8.2-8.5で一定の価を示しており[3]、生ゴミ処理機の木質人工土壌は長期間にわたって安定した分解処理を可能にしているといえる。

◆**有機廃棄物の資源循環**

生ゴミ処理を行うにつれて人工土壌表面に分解残渣が蓄積する（写真1-B）。数ヶ月経過した人工土壌表面には通気に障害が出るほどに分解残渣が蓄積する。使用済の木質人工土壌は有機肥料などに利用[3]できる他、圧縮成形してポットやボードあるいはキノコ栽培の培養基としての利用も検討されている[4]。使用済木質担体の有効利用の用途を広げることによって、有機廃棄物の資源化がさらに進むことになるであろう。　　　　　　　　　　＜堀澤　栄＞

【文献】1) 環境省廃棄物・リサイクル対策部：産業廃棄物の排出及び処理状況等（平成19年度実績）について, p.1-5 (2010). 2) Horisawa, S. et al. J. Wood Sci., Vol.45, No.6, p.429-497 (1999).、3) Terazawa, M. et al. J. Wood Sci., Vol.45, No.4, p.354-358 (1999).、4) Horisawa, S. et al. Eurasian J. Forest Res., Vol.9, No.2, p.61-67 (2006s).

単 位 の は な し

　木材学の研究分野は広く、生物、化学、工学、環境など、多岐に渡っている。そのため、分野が大きく異なると、図や表に書かれた数値のもつ意味が理解できなかったりすることがある。たとえ、数値を知識として知っている人であっても、それを実感できるかといえば難しい場合があり、同じことを意味しているのに、つけてある単位次第でその数値に対する感じ方が変わってしまう。

　以前、木材の強さを表すための単位に、中学校で習った kgf/cm^2（キログラム重毎平方センチメートル）を使っていた。現在では、N/mm^2（ニュートン毎平方ミリメートル）を使うことに改められている。この単位でスギ材の曲げ強さ（→§106）を表すと $40.1N/mm^2$（平均値）になり、何となく強度が低いような印象を受けてしまう。数字を頭の中で 10 倍して kgf/cm^2 に換算してやると、見覚えのある桁数に戻り違和感がなくなる。日常生活では kg を多用していることから、N に感覚を切り替えるまで、結構な時間が掛かるかもしれない。

　化学系でよく使われる ppm や ppb という単位。これは、無認可の食品添加物や香料を食品に使っていた事件で、耳にしたことがあるかもしれない。これらの単位は、100 万分の 1（10^{-6}）と 10 億分の 1（10^{-9}）を意味し、たとえば、ある食品に対して酸化防止剤が 1 万分の 1 使われていたと書かれていれば、添加量が 0.01%あるいは 100ppm と同じ意味になる。銀行に預けた普通預金の金利はわずかに 0.001% だそうだが、これが 10 万分の 1 あるいは 10ppm である。「金利が 10 万分の 1」といわれると「雀の涙」ほどと頭にくるが，10ppm だと「それほど少ないこともない」と感じてしまうこともあるから不思議である。

　分野によって異なる単位表現を使うのは、もちろん合理的な理由が存在するからなのだが、時として、数値を小さく見せたい（大きく見せたい）という意図が単位の選択に関わっている場合がある。

　単位の裏に隠された意味を考えてみると、いろいろなことがみえてくるかもしれない。　　　　　　　　　　　　　　　　　　　　　　　　　　　　　＜栗本康司＞

VI. 木材と木質材料の強度性能

94. 荷重(外力)と応力(内力)・ひずみ

◆荷重(外力)と応力(内力)

　「構造物は荷重・外力に対して安全でなければならない」と言うフレーズを頻繁に見かけるが、荷重と外力はどのように異なるのであろうか？建築大辞典第二版（彰国社）によれば、荷重は「構造物が外部から受ける力のこと。この力を荷重(外力)といい、…」とあり、外力は「構造骨組、または部材に外部より作用する力。この場合、骨組、部材に働く荷重のほかに支点における反力も外力である。」また、土木用語辞典（土木学会監修）では、荷重は「構造物に作用する外力の総称。自重や地震力のように質量に関して生じる物体力と構造物の表面に働く表面力に大別される。」外力は「外部から物体に作用する力の総称。その対抗力として物体内に生じる内力の対語。外力には自重・荷重・土圧・水圧・地震および反力などがある。」である。以上からすると、外力の方が荷重より広い範囲で使われているようである。

　さて、構造物などの物体に荷重・外力が作用すると、物体内部には、その荷重・外力に抵抗して、つり合いを保とうとする力（内部に生じるので外力に対して内力という）が生じる。この内力を応力という。例えば、図1に示すように、物体に外力Pなる引張力が働いているとしよう。このとき、下図のように、物体を任意の個所で仮想的に切断してみる。元の物体と同様、左側のAも静止しているためには、力のつり合いが保たれていなければならないので、Aの右端に右向きの力（大きさはPに等しい）が生じていなければならない。右側のBについても同様のことが言える。

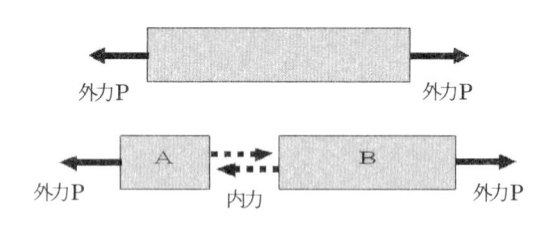

図1. 外力と内力

このことは、物体のどこを切断しても同じであり、物体の内部のあらゆる個所に応力が生じている。応力を断面積で割った値を応力度と言うが、応力と略すことが多い。

◆荷重(外力)の種類

　建築分野では、荷重の向きにより鉛直荷重と水平荷重、荷重の原因により固定荷重、積載荷重、積雪荷重、風荷重、地震力、衝撃荷重などの区別が、また荷重期間の長短により長期（常時）荷重、短期（臨時）荷重の別がある。土木分野では、固定荷重を死荷重、積載荷重

を活荷重と呼んでいるが、他は同じである。ただし、構造計算をする場合には、これらの荷重を引張荷重、圧縮荷重、せん断荷重、ねじり荷重、これらの組合せ荷重に変換して取り扱う。

また、物体を回転させる力をモーメント（トルク）も荷重と同義に用いられる。たとえば、

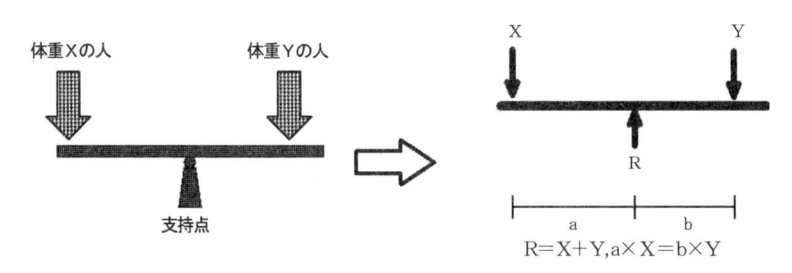

図2. 力のつりあいとモーメント

両側に人が載ったシーソーが静止している場合を考えると、図2（左）のような状態になる。このときの荷重状態を力学的に取り扱うときには、通常、図2（右）のようにシーソー（部材）を「線」で、力（荷重）を「矢印の線」で表す。また、X、Yを外力、Rを反力という。そして、支持点からみて左右両側に回転させようという力（モーメント）はつり合っているわけであるから、図中の式が成り立つ。

◆**歪み（ひずみ）**

物体に外力が加わると、物体は必ず変形する。例えば、図3に示すように、元の長さLの材料に引張力が加わり、L'に伸びたとすると、変形量（L'−L）をL

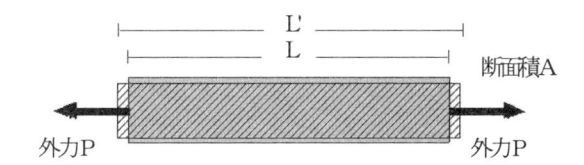

歪み：$\varepsilon = (L'-L)/L$ 、応力：$\sigma = P/A$、弾性係数：$E = \sigma/\varepsilon$

図3. 歪み・応力・弾性係数

で除した値、つまり、元の長さに対する伸びの増加率を「歪み」とよぶ。圧縮の場合には、縮みを考えればよい。応力の小さい領域では応力と歪みはほぼ比例関係（「弾性領域」という）にあり、この領域では応力を取り去ると歪みは0に戻る。このときの応力を歪みで除した値を「弾性係数またはヤング係数（提案者がヤング氏だったためである）」と定義する。また、同図に示すように、物体の体積は変わらないため、外力と直交する方向には縮むことになる。圧縮の場合は逆に伸びることになるが、このような現象をポアソン効果と呼んでいる。

<飯島泰男／佐々木貴信／中村　昇>

95. 木材の破壊形態と組織構造

木材の破壊形態と組織構造には密接な関係がある。ここでは、破壊形態の例を示すが、荷重の種類にも依存するので、まず、一般に材料に加わる荷重（力）の種類を示すことにする（図1）。「木材」は異方性材料であるため、荷重の加わる方向に応じて、「縦（L方向）・横（R・T方向）」というような区分がされる。なおこのほかに、重要なものに「曲げ」がある。これは圧縮・引張・せん断（せんだん）荷重の複合されたものであり、§98で述べる。

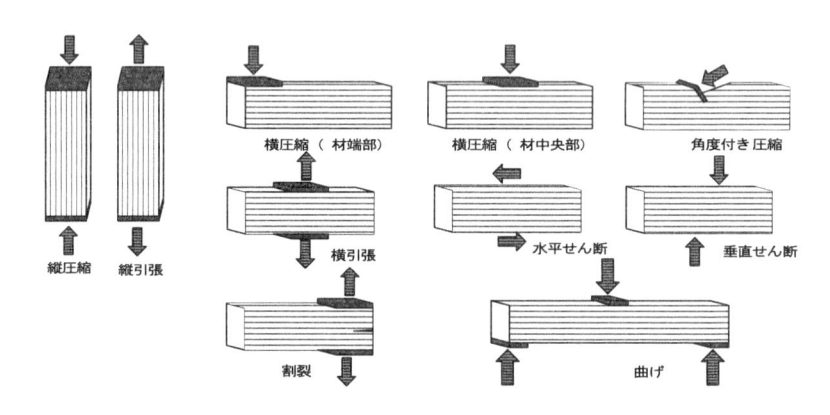

図1. 材料に加わる荷重（力）の種類

◆木材の壊れ方

外力による木材の破壊形態は、外力の種類と方向、試験体の形状および寸法、荷重面、繊維走行その他肉眼的ないし顕微鏡的組織構造と密接な関係にある。例えば、図1に示す曲げを加えると、応力の種類と材の組織構造に基づく内部特性によって、図2に示すように種々の破壊型が認められる。縦引張応力によ引張側の繊維が引裂する破壊(A)、木理斜め方向の引張力による破壊(B)、靭性材に現われるササクレ条の鋸歯状破壊(C)、直交方向に平滑に折れる脆弱材特有な破壊(D)（アテ、モメ、腐朽材に多い)、圧縮応力による圧縮側の破

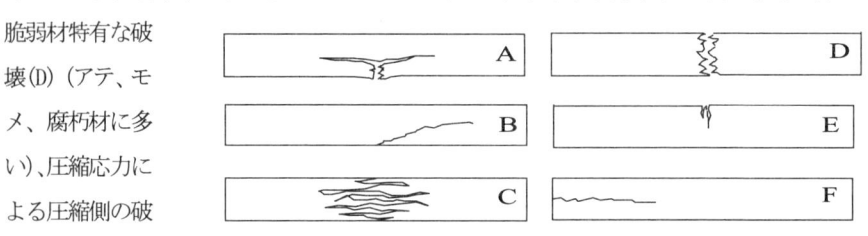

図2. 曲げ試験における破壊形態

壊(E)、水平方向のせん断応力により中立軸付近に生じるすべりによる破壊(F)である。また、図1に示す縦圧縮の場合には、巨視的には柾目面では長軸に直角な水平方向、板目面では長軸に対して40～60°に傾斜した挫靴線が現われる。これは、放射組織と早晩材の層状構造およびすべりの力学的性質によるものである。

◆節などの欠点がある場合

製材には、節、目切れなど、強度に影響を及ぼす欠点が存在している。例えば、図4に示すように、節のある材を引っ張ると、曲げ応力が生じてしまい、節の周辺で破壊してしまう。しかし、集成材のように有節材の隣に欠点のない材を積層すると、図5に示すように、応力を欠点のない材が負担してくれ、節周辺で壊れにくくなる。これを積層効果と呼んでいる。

また、図5に示すように、節が端部に存在すると、節周辺には微小なクラック（き裂）が存在していることが多く、そこを起点として、繊維に横方向の引張応力により破壊することが多い。木材は横方向の引張強度が弱く、同図に示すように、端部にある節は強度に多大な影響を及ぼすことになるので注意を要する。

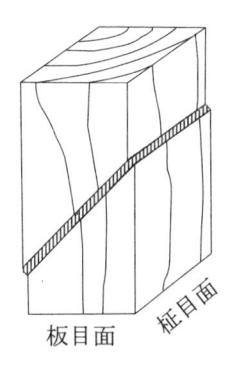

図3. 縦圧縮破壊

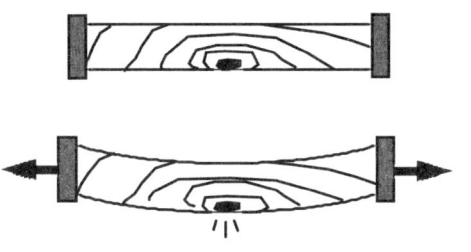

図4. 引張試験における曲げ応力

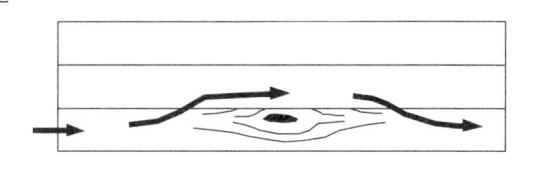

図5. 欠点周辺での応力分布

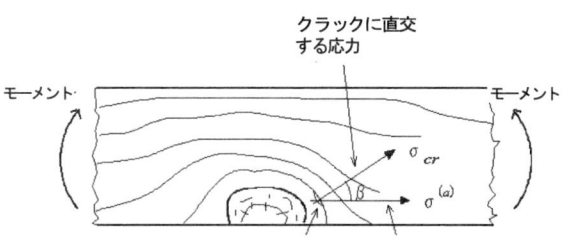

図6. 節周辺で生じる繊維に横方向の応力

<飯島泰男／佐々木貴信／中村昇>

96. 木材の強さの特徴と設計上の留意点

◆木材強度を考察する場合の対象

　木材の強度は、以下の2つの状態に分類して取り扱うことが多い。

・標準試験体（clear wood）：主にJISに規格化されている試験法に対応したもので、20～40mm角程度の断面で、しかも節や腐れ、繊維走行の傾斜や乱れのないように採取された無欠点試片－「無欠点小試験体」という。木材物性の基礎的な性能を評価するときに使う（→§101、102）。

・実大試験体：実際の建築物にも使用可能な比較的大きい断面をもち、許容可能な程度の欠点を含んだ材料。材の断面や欠点の程度も千差万別であることが多い。土木・建築などの設計に用いる数値を評価するときに使う（→§101）。

◆木材強度の特異性

　木材を鋼材・コンクリートの主要建築材料と比較したとき、最も異なる点は「天然の生物材料である」ことである。このため、構造用材料としてみた場合、以下のような特異な性質を示し、他材料に適用した設計法をそのまま木質構造に流用できるとは限らない。

・材料の方向によって強度的性質が異なる（異方性→§25）。

・荷重の種類によっては脆性的な破壊をすることがある（→§97）。

・弾性的性質と粘性的性質（クリープ）の両方がある（粘弾性→§99）。

・荷重が継続して加わると強度が低下する（力学的劣化・DOL→§99）。

・成長の過程で、生物的に不可欠な、特殊な組織や細胞（節・あて・未成熟材など）を多く形成することから、内部は不均質なものになる（ばらつきの大きさ→§103）。

・含水率によって寸法（収縮・膨潤）や強度的性質が変化する（水分依存性→§61、75）。

・燃える（可燃性→§129）。

・腐る（生物劣化→§83）。

◆強度の異方性（→§25）

　木材の引張強さ（→§97）は仮道管や木繊維の配列方向に最も強い。したがって、強度に関する異方性は収縮率の場合とは逆の傾向になる。すなわち、接線方向、半径方向、軸方向の強度比は、0.5：1：10程度である。このため、木構造や家具において、部材の繊維方向を力のかかる方向に向けるのは周知のことである。ただし、収縮の場合と異なって、接線方向

と半径方向の強度差が問題になることは、通常はない。もともと、繊維と直交方向の強度は期待していないからである。

　加工性においても、異方性は重要である。かつて日本では、丸太をくさびで割って製材していたが、これは繊維方向に割れが進展しやすい性質を利用したものである。鋸歯の縦挽きと横挽きをみても、異方性を考慮して、繊維をすくいとる歯形と繊維を断ち切る歯形を取り入れた工夫がわかる。部材の接合部の加工でも異方性を考慮する必要がある。たとえば、木口面は接着剤を吸込むため、大きな接着強度を期待できない。また、釘やボルトを使う際には、材端の木口面までの十分な端距離を確保しないと部材に割裂が生じることになる。

◆木材の破壊について

　木材は、実大試験のみならず、標準試験体を用いて実験した場合でも、最大応力と歪みの関係が荷重の種類によって異なることに、とくに留意すべきである。すなわち、§97、図3のに示したの応力－歪み関係の模式図でいうと、引張、せん断力のときは(a)、圧縮に対しては(b)であり、曲げではほとんどが(a)で、ごくまれに(c)の挙動を示すことがある。

　コンクリートも木材とほぼ同様であるが、圧縮では弾性域そのものがほとんどなく、かつ最大耐力でブリットル（もろい）な破壊となる。また、鋼材単体ではすべての荷重に対して、一般に(b)と考えているが、最終的には耐力は0になる。

　以上のうち、ブリットル型の破壊は、構造上、最も避けなければならないことである。そのため、たとえば接合部の設計においては、ダクタイル（のびやすい）型の破壊性状を示す木材の圧縮性能に期待するか（→§112）、あるいは金物のもつダクティリティを活用した金属接合具を併用して（→§111）、構造全体としては、ブリットル型の破壊にならないように設計している。

<小泉章夫／岡崎泰男／飯島泰男>

97. 木材の圧縮・引張

◆圧縮と座屈

圧縮は材の長さが断面寸法に対して比較的短い場合には、§94 で述べたような応力と歪みの関係になる。しかし、柱のような細長い材料では、圧縮力がある大きさになったときに、柱が圧縮応力から逃れようとして、突然横に曲がってしまう「座屈」という現象が生じる可能性があるということを知っておかなければならない。

座屈がおこる可能性は、材料の通直性や両端の条件によっても変わり、細長比 λ という指標で考える。これは材長を L、材断面の小さい方の寸法を h としたとき、$\lambda = 3.46L/h$ で与えられ、材が通直で両端が自由に動く状態のとき、木材では $\lambda \geq 30$ (L/h>10) では座屈がおこりやすくなり、$\lambda \geq 100$ (L/h>30) になると純粋な座屈条件(「オイラー座屈」という)になる。オイラー座屈のときの座屈応力(σ_m)は、$\sigma_m = c\pi^2 E/\lambda^2$、の式で計算ができる。ここで、c は材両端の条件による定数で両端が自由に動く状態のときは 1、E はヤング係数である。

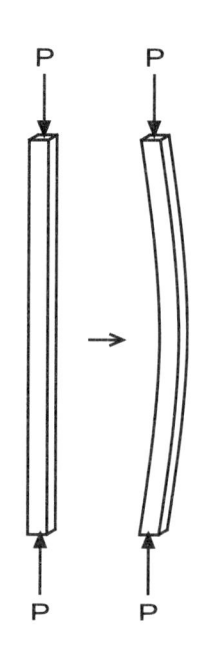

図1. 柱の座屈

実際にどの程度の荷重で座屈が生じるかを、120mm 角のスギの柱を例に考えてみる。このスギの圧縮強さが $40N/mm^2$ だとすると、座屈しなければこの柱は、$14,400mm^2 \times 40N/mm^2 = 576,000N$ の荷重に耐えることができるはずである。ところが、柱の長さを 3.6m とすると $\lambda = 103.8$ となって、オイラー座屈の条件になるから、ヤング係数を $8kN/mm^2$ として座屈荷重を計算してみると、その応力は $7.32N/mm^2$ であるから、座屈荷重は $7.32 \times 14,400 = 105,400N$ になる。つまり単純に圧縮強さ計算した値の 1/5 くらいの荷重で、材が座屈してしまうことになる。このようなミスがないように、圧縮部材の設計をするときには、座屈に対しての注意を十分に払う必要がある。

◆横圧縮(めり込み)

構造物の土台や梁に柱や梁が載っていると、その接触面には材料に対して横方向の圧縮力

が加わり、土台などは横方向に変形する。これを横圧縮、またはめり込みという。めり込みは荷重の負荷位置によって性能が異なるため、図2のように「材端部」と「材中央部」に区別された試験方法が適用されている。

◆引張

鋼棒を引っ張ると図3のように、始めのうちは応力と歪みは比例し、ある応力を超えると歪みだけが進んでいく。これを降伏（こうふく）という。さらに、歪みが進むと再び荷重が増え始め、やがて応力は最大値に達したのち減少していき、ついには破断に至る。しかし木材では、最初のうち応力と歪みは比例するのは同じであるが、明確な降伏点が認められず、§95、96で述べたように非常にもろい破壊をする。木材のこのような性質もあ

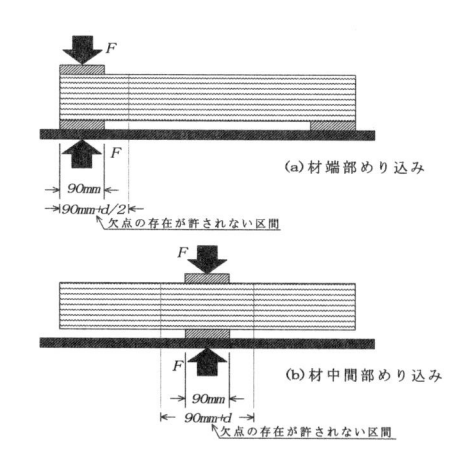

図2. 横圧縮（めり込み）

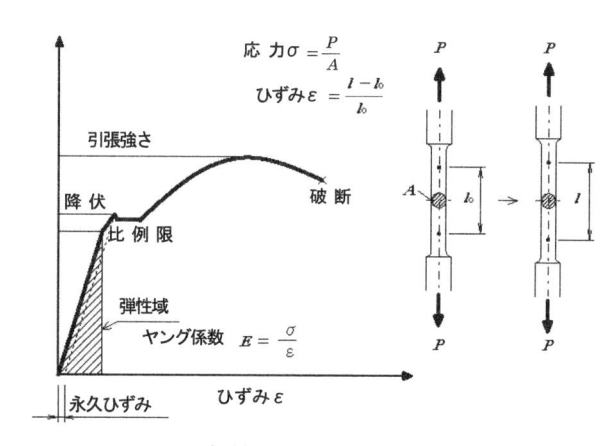

図3. 鋼材引張の荷重－変形関係

って、純粋に引張力が加わるような構造形式を採用されるケースは少ない。なお、引張と圧縮を総称して「軸力」ということがある。最大応力に至るまでの圧縮・引張での違いは先にも述べた。また、最大応力の絶対値を比較すると無欠点小試験体では、引張強さは圧縮強さの約1.5倍であるが、欠点が多くなるとこの関係は逆転する。縦方向のヤング係数は圧縮・引張で大きな差はない。

＜佐々木貴信／飯島泰男＞

98. 木材の曲げ

◆曲げ

引張や圧縮のように材軸方向に荷重が作用するときの応力や歪みは理解しやすいが、曲げ試験の場合には少し複雑になるので、ここでは曲げ強さの求め方について説明する。

図1のように、2つの支点間に木材をおいて中央に力を掛けたときにはたらく曲げ応力は、図のような分布をしている。材の上半分には圧縮応力が、下半分には引張応力が作用していて、材の上縁と下縁でそれぞれ最大となる。この最大応力（「曲げ強さ」といい、「MOR」と書かれることも多い）をσ_bとすると、$\sigma_b = M/Z$、で与えられる。ここでMは曲げモーメント、Zは断面係数である。

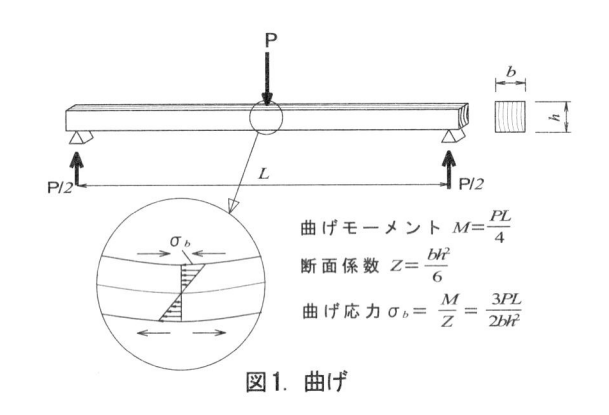

曲げモーメント $M = \dfrac{PL}{4}$

断面係数 $Z = \dfrac{bh^2}{6}$

曲げ応力 $\sigma_b = \dfrac{M}{Z} = \dfrac{3PL}{2bh^2}$

図1. 曲げ

モーメントは§94で説明したように、荷重と距離の積であるから、図のように支点間の距離Lで、中央に荷重Pを作用させたときの中央点での曲げモーメントMは、M＝（P/2）×（L/2）＝PL/4になる。また、断面係数Zは断面の形状を表す係数で、長方形断面の場合は$Z = bh^2/6$になる。前記の曲げ応力の式から、モーメントが等しければ断面係数が大きいほうが応力は小さくなるということがわかる。いい換えれば、材のせいを高くした縦長の長方形の方が、曲げの力に対しては有利になるということである。

◆曲げヤング係数とたわみの計算

ヤング係数については§94で述べた。このヤング係数は圧縮、引張、曲げの各試験からそれぞれ計算でき、荷重条件に応じて、たとえば「曲げ」ヤング係数のように表現される。木材の力学的性質を表すヤング係数の値は、木質構造物の設計をする上で最も重要な情報である。では、なぜヤング係数が必要なのか、どういう場合に必要なのかを、曲げ荷重を例に考える。

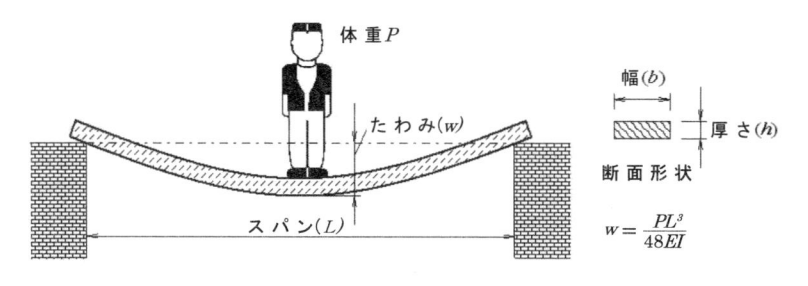

図2. 曲げによるたわみ

$$w = \frac{PL^3}{48EI}$$

　いま、図2のような足場板のような簡単な橋を考えてみる。この図では、板が曲がっていて危険な印象を受けると思う。この曲がりの量は、たわみとよばれ、建築物の設計ではこのたわみの量が制限されていて、それを超えないように設計しなければならない。

　具体的にたわみの計算はどうしたらよいのか。荷重のかかる状態によって計算式は異なるが、図のような梁の中央に荷重を集中させた場合、たわみ（w）は、梁の幅（b）、せい（h）と、ヤング係数（E）、梁に載る重さ（荷重、P）、スパン（L）がわかれば、$w = (PL^3)/(48EI)$、から求めることができる。ここで、Iは断面の形状を表す係数で、断面二次モーメントとよばれ、$I = bh^3/12$、である。

　したがって、橋のたわみを少なくするには、感覚的にあるいは経験的に、「たわみにくい材料を使う」「断面を大きくする」「橋の長さを短くする」といったことが思いつくであろうが、式の上からもそのとおりになっている。この「たわみにくい材料」ということは、「ヤング係数が大きい材料」ということである。また、断面を大きくするには、幅を広げることよりせい（厚さ）を増やす方がより効果的である。たとえば幅を2倍にしてもたわみは1／2にしかならないが、高さを2倍にすればたわみは1／8になる。最後の橋の長さを短くするというのは、橋を支える2つの点（支点）の間に橋脚を立てて2つの橋に分けてしまうということである。橋の長さが半分になればたわみは1／8になるのである。

　このように、構造物を設計する場合には、荷重、スパン、材の幅そしてたわみの制限は条件として与えられているため、設計者はその条件の下に適当なヤング係数の材および材の厚さ（高さ）を決めていく。すなわち、ヤング係数のわからない材料では設計ができないということになる。とくに木材や木質材料のように性質が一様でない材料を使う場合には、あらかじめヤング係数を測定しておくことが必要不可欠である。ヤング係数の測定方法は§107を参照されたい。

<佐々木貴信／飯島泰男>

99. 木材のクリープ

◆クリープ現象

木材に一定の荷重を載せたままにしておくと、変形が徐々に増加していく現象が生じる。この現象を「クリープ (Creep)」とよぶ。Creep には、「のろのろ動く」とか「徐々にずれ動く」という意味があり、AT 自動車のクリープ現象というのも同意である。

クリープ現象は金属や繊維、プラスチック、ゴムなどの高分子材料でも生じる。木材の場合は材の含水率や温湿度などの環境条件に影響されるという特徴があり、気乾材での最終的な変形量は初期の弾性変形の 1.6 倍〜2.0 倍である。そして、荷重を取り除けば変形は徐々に回復していく。クリープ試験の方法は比較的簡単であり、試験体に荷重を負荷した状態で、変形量を定期的に測定するものである。

◆クリープ限界と DOL (荷重継続期間)

木材にある水準以上の荷重を負荷すると、木材細胞壁内には全体の破壊には至らない程度の微少な損傷がおきる。しかし、同じ荷重条件が続くと時間の増加に伴って損傷が増え続け、最終的に材は破壊する。それ以下の荷重条件では、クリープたわみは進行するものの最終的な破壊はおこらない。「クリープ限界」とはこの限界となる荷重条件のことで、通常の実験での破壊荷重の 50〜60% である (図1)。

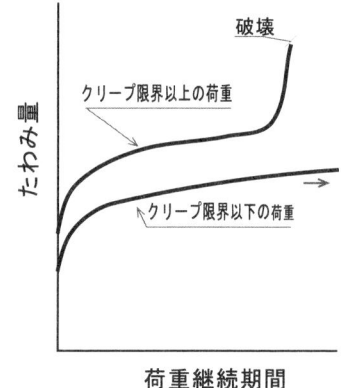

図1. クリープ現象の模式図

クリープ限界以上の荷重条件では、荷重水準によって破壊までの時間が異なる。ある実験から予測された結果では、破壊荷重の 55% 負荷時の破壊所要時間は約 50 年、80% 負荷時では約 3 日とされている。荷重の継続時間と水準の関係を DOL (Duration of Load、荷重継続期間) といい、現行の許容応力度体系 (→§122) ではこの影響を考慮に入れている。

◆曲げクリープによるたわみの増加の実例

図2は曲げクリープ試験におけるたわみの増加の様子とその間の温湿度変化を示したものである。これは幅 105mm、せい 240mm、長さ約 3m のスギ梁材に約 23kN のおもり (ス

パン 3m、3 等分点）を載せ、そのたわみの変化を約1年半にわたって測定した結果である。

図中の「乾燥材」は含水率約12%の人工乾燥材、「未乾燥材」は含水率 25%以上の製材のことであり、また縦軸の「相対クリープ変形量」とは、おもりを載せた際の瞬間たわみ（δ_0）に対するクリープ変形量（δ_t）の比の値であり、$(\delta_1-\delta_0)/\delta_0$、で与えられる。ちなみに相対クリープ変形量＝1 とは t 時間経過後のたわみが初期たわみの2倍になったことを意味する。

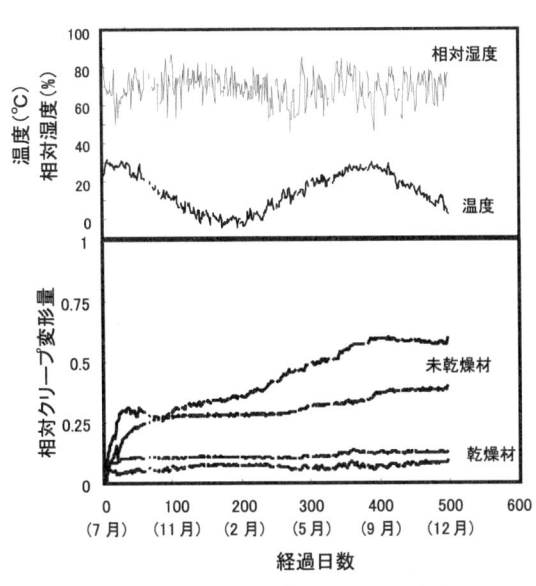

図2. 相対クリープ変形量の経時変化

この図には木材クリープ変形挙動の2つの特徴が端的に現れている。1つは、未乾燥材と乾燥材の挙動がまったく異なることで、乾燥材たわみは最初の数日で 10%程度増大したのちほぼ一定になるのに対し、未乾燥材は時間経過とともにたわみが増大し、1.5 倍程度まで達している。もう1つは、環境温湿度変動の影響を受けることである。未乾燥材では4月～10月くらいの間は変形が著しく増大するが、冬の間はほとんど変化しない。また、乾燥材・未乾燥材とも湿度変動にあわせて小刻みにたわみ量が変化している。このような温湿度変動下のクリープ変形は Mechano-sorptive 変形ともよばれ、いまだ解明されていない部分が多い。

◆クリープ変形を考慮した設計

クリープ変形は木材固有の性質であり避けることはできないので、住宅の設計にあたってはあらかじめクリープによるたわみの増大を考慮に入れた断面設計を行う必要がある。それを怠ると築後しばらく経ってから床鳴り、床傾斜などの問題が発生することになる。しかし乾燥材と未乾燥材ではクリープ変形挙動がまったく異なり、乾燥材を使用すればさほど大きなクリープ変形は発生しない。そのあたりも考慮した材料の選択・設計を行う必要がある。

<佐々木貴信／岡崎泰男／飯島泰男>

100. 木材のせん断・割裂・衝撃曲げ・硬さ

◆せん断（剪断）

　せん断力とは紙をハサミで切るような力と考えれば理解しやすい。せん断応力は、荷重Pをせん断面の面積Aで割って求められる。図1にJISの木材のせん断試験方法を示す。切断面の微小部分を拡大してみると、図のような変形を生じている。このときの角変化をせん断歪みγとして定義している。前項で説明した応力と歪みが比例する関係があったように、せん断応力とせん断歪みの間にも同様の関係がある。応力を歪みで割った値はせん断弾性係数とよばれる。

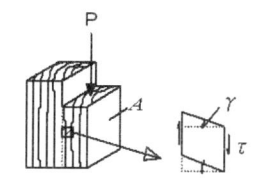

せん断ひずみ　γ
せん断応力　$\tau = P/A$
せん断弾性係数　$G = \tau/\gamma$

図1. せん断試験

◆実際の構造で発生するせん断力

　実際の構造の中でせん断力が発生するのは、接合部に角度の付いた荷重が加えられたとき（図2）、壁に水平力が加えられたとき（図3）がイメージしやすい。

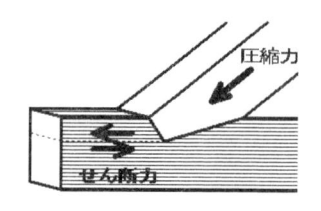

　そのほか、曲げられたときやねじられたときがある。曲げについては§100で述べたように、材中には圧縮・引張力が発生しているが、同時に材には図4で示すようなせん断力がはたらいており、中央集中荷重条件のとき、スパンLとせいhの比L／hが6以下にな

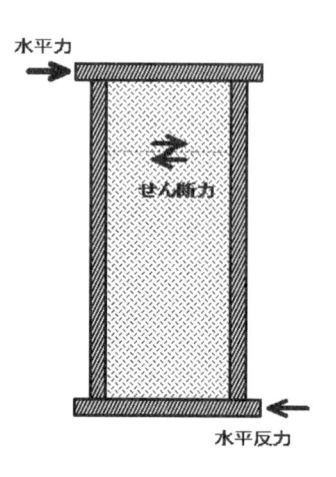

図2. 接合部におけるせん断力

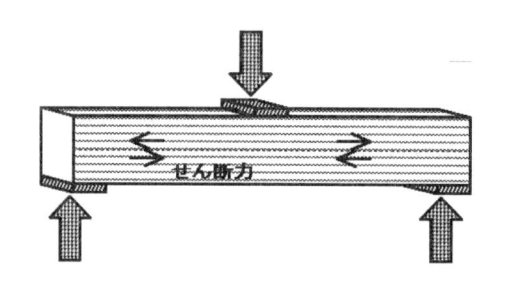

図4. 曲げ部材に発生するせん断力

図3. 壁部におけるせん断力

ると、材がせん断力によって破壊するケースが増える。

また、ねじりは図5のような状態で、材表面にせん断力が発生する。この回転力（モーメント）とせん断歪みの関係から、せん断弾性係数を計算することができる。

◆そのほかの強度性能

そのほか、JISなどで定められている強度性能値には割裂・衝撃曲げ強さ・硬さ・釘引き抜き抵抗、がある。しかし、これらの値は構造設計上の数値としては用いられていない。

・割裂：材の端部で、木材が横方向に引き裂かれるように破壊する現象である。JISでは特殊な形状をした試験体を用いて割裂抵抗値を求めるようになっている。

・衝撃曲げ：きわめて速い速度で物体を曲げたときの強度値である。JISに記載されているのはシャルピー式とよばれるもので、20mm角、長さ300mの試験体をスパン240mmで支持し、これをある特定の衝撃力をもったハンマーで力を与えて衝撃吸収エネルギーを求めるようにしている。

・硬さ：硬さ試験法には数種あるが、木材JISではブリネル式とよばれる方法が採用されている。これは、直径10mmの鋼球を木材表面に押しつけ、その圧入量と荷重の関係から算出している。

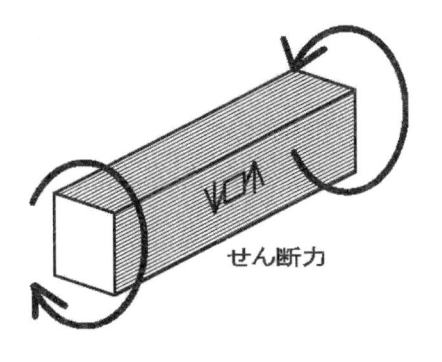

・釘引き抜き抵抗：木材に長さ45mm、径2.45mmの釘を30mm打ち込み、これを引き抜いたときの抵抗値を求めている。

図5. ねじり部材に発生するせん断力

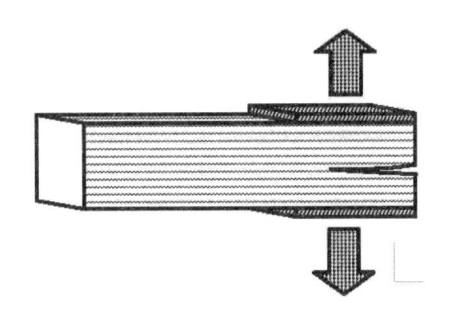

図6. 材端部に発生する割裂

<佐々木貴信／飯島泰男＞

101. 木材の標準試験法

◆JIS の木材強度試験法

　物に作用する力は引張、圧縮、曲げ、せん断、ねじりなど、いろいろ考えられる。たとえば住宅の場合を考えてみても、土台、柱、梁など、どの要素に使用するかによってそこに作用する力の種類が異なる。また、それぞれの力に対する物の強さは異なるため、設計をするときにはあらかじめそれらを知っておく必要がある。

　木材の場合、断面寸法が 20〜40mm 程度の無欠点標準試験体（→§104）に対応したも強さを調べるため JIS Z 2101 が規定されている。そのうちの主な試験法の概略を図1に示した。同規格では、このほかに横圧縮、割裂、衝撃曲げ、硬さ、クリープ、釘引き抜き抵抗、摩耗、さらに、平均年輪幅、含水率、密度、収縮率、吸水量、吸湿性、耐朽性、着炎性の各試験方法が記載されている。これらの各種試験からはそれぞれの力に対する強さが得られるが、この値は欠点を含まない木材の強度値であるから、これをそのまま設計に使用するわけではない。実際に使用するのは、これらの数値に適当な安全係数などを乗じた値になる（→§105）。

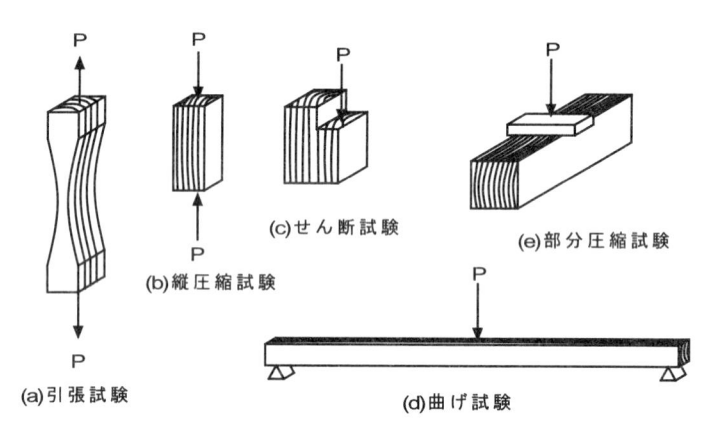

図1. JISの主な木材強度試験法 (Z 2101)

(a) 引張試験
(b) 縦圧縮試験
(c) せん断試験
(d) 曲げ試験
(e) 部分圧縮試験

◆実大材の木材強度試験法

　実際の建築物に使用できる程度の寸法をもった材に対する強度試験法がいくつかある。日

本農林規格（JAS）のうちの「構造用集成材」「構造用単板積層材」「構造用合板」では、それぞれの構造用材としての性能確保のため重要な項目について、破壊試験を含むいくつかの試験法が制定されている。

一方、構造用製材のJASでは材を破壊せずにヤング係数のみを測定し、これによって材料の格付けをする方法は記載されているが、破壊による強度確認試験項目はない。そのため、1997年に建設省建築指導課長通達（1997.3.29付け建設省住指発第132号）として曲げの試験法と評価法が記載された経緯があるが一般化していない。したがって、製材の破壊による強度試験は、これまでASTMのD198、D1990、D2915、D4761、欧州のEN384、EN408等を引用して行われてきていたが、2005年にはこれらを統合した形の国際規格としてISO 13910として公表されている。

ISO規格で規定されている必要試料数はそれぞれの寸法、等級に対して40本以上、試験時含水率は15%で行うとし、強度性能は、曲げヤング係数、曲げ強さ、縦引張強さ、横引張強さ、縦圧縮強さ、横圧縮強さ（めり込み強さ）、せん断剛性およびせん断強さ（曲げ型）である。また、それの結果に基づいた設計用の基準値（下限値）の決定法が記載されている。その他の力学的性質のうち、無欠点小試験用として準備されている割裂、衝撃強さ、疲れ強さ、および硬さに関する項目はない。

ISO規格の序文では「本規格はある特定された等級及び寸法の製材の強度的特性値を評価するために作成された。本基準で得られた数値は、実用条件時の性能を想定しており、この値をもとに設計用の数値が誘導されることになる。とくに、強さの特性値評価においては、信頼できる耐力（reliable load capacity）を得ることを目的としており、試験方法の項で述べる曲げ強さ、せん断強さ、めり込み強さといった言葉は、破壊の形態とは関係がない」と記している。

前述のように、日本国内では製材の各種性能を網羅した強度評価法がなかったため、（財）日本住宅・木材技術センターが、当時のISOの試験法草案などを参考にして「構造用木材の強度試験法（2000年）」を提案している。ここで、ISOと異なるのは試験時含水率を15%とすること、および一部の試験法を国内の試験機の配置状況に合わせて変更している点で、それ以外は基本的にISOの方法を踏襲している。しかしこの方法は、現在のところ公式なものにはなっていない。

日本でも製材に関する公式の試験法の早急な策定が望まれる。

<佐々木貴信／飯島泰男>

102. 無欠点木材の強度性能と強度影響因子

◆無欠点木材の強度性能

　木材は天然の生物材料であるため、成長の過程で生物的に不可欠な特殊な組織や細胞（節・あて・未成熟材など）を多く形成し、内部は不均質なものとなる。製材はそのような木材を単に機械的に加工したものであるから、さまざまな不均質性が「材料的欠点」として評価されることになり、しかも、その存在状況によって強度が著しく変動する。

　JIS の試験法では、これらの材料的欠点を取り除いた試験体を用いている。この試験によって得られた結果は、木材がもっている本来の強度性能値を意味しており、それぞれの樹種の位置づけや生育条件を調べる上で重要な指標になる。したがって、各種のハンドブックなどに記載されている数値は、たとえば同じ樹種でも、生育環境、品種、材内での位置などによってもかなり変動することを念頭におく必要がある。

◆強度に影響する因子

　強度に影響する因子には以下のようなものがある。

・密度：無欠点材の強度性能は、その材の気乾密度（→§26）とおおむね比例した関係にある。材の気乾密度を $R(kg/m^3)$ とすれば、ヤング係数(E：kN/mm^2)≒0.02R、せん断強さ(N/mm^2)≒0.02R、縦圧縮強さ(N/mm^2)≒0.08R、であり、さらに、曲げ強さ≒縦圧縮強さ×2、縦引張強さ≒縦圧縮強さ×3、横圧縮強さ≒縦圧縮強さ×0.1、の値として概算できる。たとえば、スギでは $R=350(kg/m^3)$ 前後であるから、ヤング係数：7,000、せん断強さ：7、縦圧縮強さ：28、曲げ強さ：56、縦引張強さ：84、横圧縮強さ：2.8（以上、単位：N/mm^2）程度の値となる。諸外国の構造用製材に関する規格では、この密度を重要な等級区分因子として取りあげていることが多いが、わが国では採用されていない。

・繊維走行：木材は異方性材料であるため、荷重方向が繊維方向に対して平行である場合、強さやヤング係数が最も大きく、荷重方向と繊維方向のなす角度（繊維走行角）が大きくなるにしたがって低減していく。そのため、構造用製材や集成材のJASでは、繊維走行の傾斜が大きい材については強度等級を下げるように規定している。この低減の様子を図1に示す。

・節（→§107）：節があると、節周辺の樹幹の繊維走向が乱れることもあって、曲げ強さや引張強さが減少する。とくに、板目板の生節では節周辺の繊維走向が材面に沿って流れないので、その影響は大きい。このため、JASの「針葉樹の構造用製材」の規格においても、目

視による場合は、主に節径比によって1級から3級までに区分されている。ここで、「節径比」とは材幅に対する節径の比である。最も大きな節について測る最大節径比のほか、15cmの区間に入るすべての節について合計をとる集中節径比の規定がある。

・含水率：木材強度性能におよぼす含水率の影響は§72に述べた。

・温度：温度が上昇すると木材中のリグニンの可塑化によって（→§55、71）強度性能が変化し、変形が大きく、かつ強度性能が低下する。これは材の含水率の条件によっても異なり、含水率の高い材ほどその影響が大きい。強度変化の度合いは樹種・荷重条件によっても異なるが、縦圧縮強度の例では気乾含水率条件の材で1℃あたり0.5～1%の変動がある。

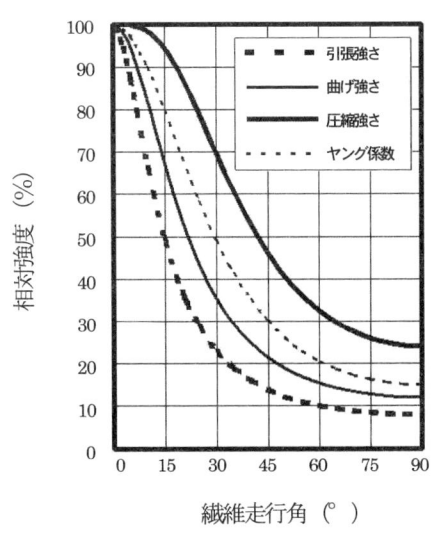

図1. 繊維走行角による強度低減

・年輪幅：よく「年輪幅が狭いから強い」といわれる。針葉樹や環孔材を除く広葉樹に限っていえば、一般に「同一樹種では年輪幅が狭い材の方が強いことが多い」とはいえる。とくに造林スギやラジアータパイン、あるいは最近のベイマツのように、異常に成長の旺盛なものとそうではないものとを比較すると、そのような傾向がある。しかし、実験データを分析してみると、髄からの距離、節の大小、密度なども強度性能に相互に影響しており、単純に年輪幅のみを尺度にした明確な等級区分はまずできないといってよい。また、樹齢数百年を超えるような材の樹皮近くでは、年輪幅がきわめて狭い材（starved woodという）が形成されることがあり、これらはむしろ強度的には低くなる。さらに、ミズナラのような環孔材では、年輪幅の狭い材を「ぬか目」とよび、もろく、材質的は劣る。

<飯島泰男／小泉章夫>

103. 木材強度のばらつきとその取り扱い

◆どちらのグループが強いか？

たとえば、A、Bの2グループの材、それぞれ10本の曲げ実験を行い、表1のような曲げ強さ(f)の結果が得られたとしよう。このデータからそれぞれの平均値を求めると、表の下欄のようになる。そして、Aが約10%大きいことになるから、一見「Aの方が強い」ともいえそうである。しかし、構造物の安全性を考えると、材料の弱いものに焦点を合せておかないと不安であろう。そこで設計上の数値は強さの平均値ではなく、そのグループの弱い方の値で比較するのである。これを「安全側」で考える、という。ただし、たわみや変形の計算では「平均値」を使うこともある。

そこでこのデータをfの低い順、すなわち弱い順に並べてみると表2のようになる。つまり、安全側のデータで比較すると、「Bの方が強い」ともいえそうであるということになる。さぁ、どうしたらよいのか？

表1. データの例

No	f(N/mm^2)	No	f(N/mm^2)
A1	35.6	B1	56.7
A2	80.9	B2	41.5
A3	38.8	B3	55.2
A4	27.2	B4	46.8
A5	36.6	B5	40.9
A6	46.2	B6	41.8
A7	49.0	B7	38.3
A8	71.2	B8	53.2
A9	41.1	B9	38.5
A10	62.4	B10	36.6
平均値	48.89	平均値	44.95
標準偏差	17.21	標準偏差	7.53
変動係数(%)	35.2	変動係数(%)	16.7

表2. 弱い順への並べ替え

1	A4	27.2	B10	36.6
2	A1	35.6	B7	38.3
3	A5	36.6	B9	38.5
4	A3	38.8	B5	40.9
5	A9	41.1	B2	41.5
6	A6	46.2	B6	41.8
7	A7	49.0	B4	46.8
8	A10	62.4	B8	53.2
9	A8	71.2	B3	55.2
10	A2	80.9	B1	56.7

◆下限値

この「弱い方の値」のことを「下限値」とよぶ。しかし単に「弱い方の値」といわれてもよくわからないので、木材では通常「5%値（5%下限値と表現されることが多い）」を使う。つまり、強度値を低い順番に並べ、全体がn個あったとすれば、0.05n番目の値を下限値と考える。ただし、nが小さいときにはさらに安全性を加味して、0.05nよりさらに小さめの値をとる。たとえば、n=100ではほぼ4番目、n=200ではほぼ9番目の値となる。この方法をノンパラメトリック法（順序統計法）という。

この順序統計法は簡便ではあるが、もし強度の分布がある関数形によって表現ができるのであれば、数学的に下限値を求めることができる。これをパラメトリック法（関数法）とい

い、3以上のnであれば一応計算はできる。ここで必要になるのは表1の最下欄に示した標準偏差、または変動係数（V＝標準偏差／平均値、通常、これを100倍した％値で表示する）である。そして、強度が平均値μ、標準偏差σの正規分布にしたがうと仮定すれば、下限値Fは、F＝μ－Kσ＝μ（1－KV）であり、この係数Kはnによって変化する（表3）。この式を使ってA、B各グループのFを求めてみよう。

表3. 係数K

n	K	n	K	n	K
3	3.152	20	1.932	200	1.732
4	2.681	30	1.869	500	1.693
6	2.336	50	1.811	1000	1.679
10	2.104	100	1.758	3000	1.664

A：F＝48.89－2.104×17.21＝12.68、B：F＝44.95－2.104×7.53＝29.11

以上からわかることは、平均値ではAがBより10％程度大きいが、下限値で比べるとBがAの2倍以上もある、ということになる。

◆設計に使う数値－許容応力度（→§122）

　木材・木質材料の構造物設計用の数値は、荷重の種類と加わる時間、材料の種類と等級および構造設計の方法などによって異なる。構造設計法として最も一般的なものが「許容応力度設計法」であり、この設計用の数値を許容応力度とよぶ。建築基準法施行令89、95条には木材の許容応力度の誘導方法が示されており、許容応力度は基準強度Fに荷重の継続時間に応じた一種の安全係数を乗じるものとしている（→§101）。

　このF値は、法37条の規定から「その品質が、指定建築材料ごとに国土交通大臣の指定する日本工業規格又は日本農林規格に適合するもの」については規格ごとに、また、それら以外の「指定建築材料ごとに国土交通大臣が定める技術的基準に適合するものであることについて国土交通大臣の認定を受けたもの」に対しては、告示1446号の規定に基づいて個別に、「それぞれ木材の種類及び品質に応じて国土交通大臣の定める」ことになる。これらのうち、JAS製品については告示1452号に圧縮・引張・曲げ・せん断の値が示されているが、これらの値はその規格等級の材の平均値ではなく、そのグループの下限値、すなわち、上記の「5％値」とほぼ同等となる。めり込み・圧縮材の座屈・集成材に関しては告示1024号に材料強度が示されている。JAS規格のうち集成材・LVLでは製品の強度的保証を行っており、規格中の基準値と基準強度は対応関係にある。日本建築学会「木質構造計算規準」では、「構造用製材」「構造用集成材」「構造用合板」について、いわば＜許容応力度の推奨値＞を策定している。

<飯島泰男>

104. 木材の強度等級区分

◆木材の強度的ばらつき

強度によって品質を分けていない製材（後述する「無等級製材」）の強度性能はどのようになっているのだろうか。一例として、全国の試験研究機関から収集されたデータのうち、せい150～300mm 岩手・秋田県産のスギとベイマツ、それぞれ約400本の曲げ試験結果を標準条件

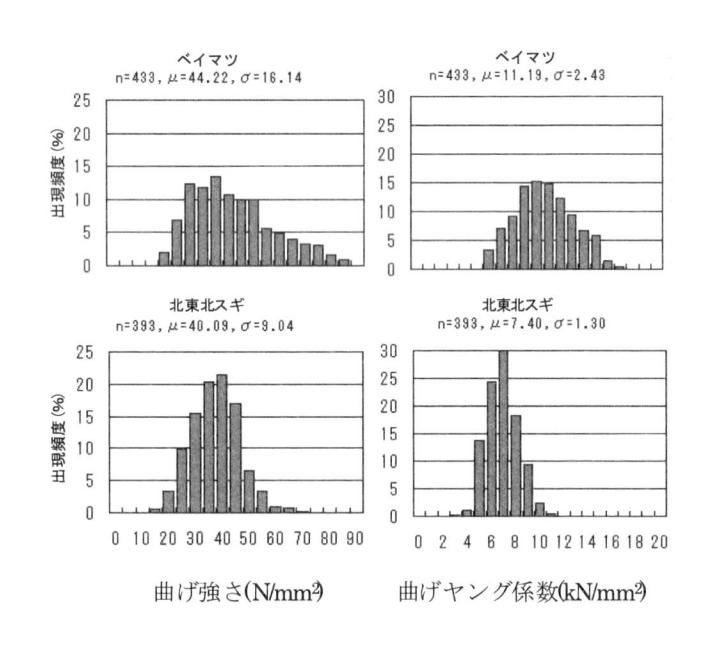

図1. 非等級区分材の強度出現頻度分布（縦軸：%）

に調整（→§103）して図1に示す。ここで、図中のnは試験体数、μは平均値、σは標準偏差である。§108に述べる方法で、基準材料強度Fを実験結果から求めてみると、n≒400のとき、K≒1.699であるので、スギ：F=40.1−1.699×9.03=24.8、ベイマツ：F=44.2−1.699×16.15=16.8、となる。つまりこの結果からは、スギはベイマツより平均値は小さいにもかかわらず、基準材料強度は大きく計算されること、材料の基準材料強度Fは平均値の60～70%の値になることがわかる。

◆強度等級区分

構造材料としての信頼性を確保するためには、利用上不適当とみなされるような材料の除去、あるいは、なんらかの方法によって性能別のグループに仕分けして用いた方が合理的である。この考え方が「等級区分」で、とくに強度の大小に分けるのを「強度等級区分」という（→

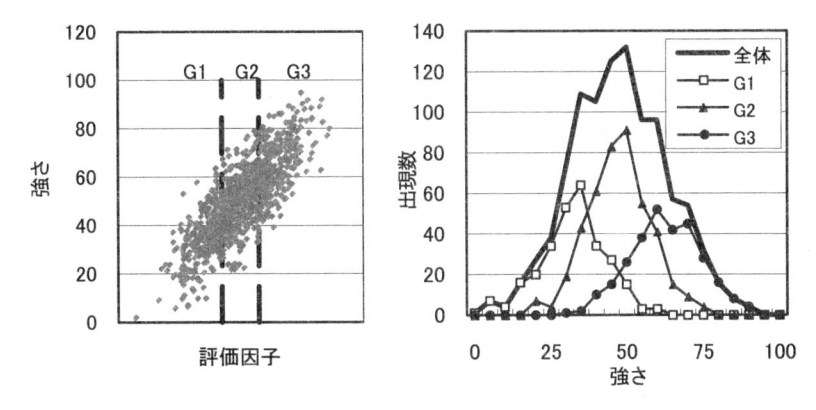

図2. 強度等級区分の考え方

§107、108)。図2はこれを模式的に示したものである。まず図2(左)にように強さとそれを評価する因子の関係を考える。ついで、評価因子の基準にしたがって材をグループ（等級）にわけ、その出現頻度を描くと図2(右)のようになる(図ではG1〜G3の3等級、全体数1,000とした)。図から各等級の分布が異なっていることがおわかりであろう。

この評価因子と強さの関係が明瞭であればあるほど（統計的には「相関係数」が高いほど）、各等級の分布差が一層明らかになり、各等級内のばらつきが小さくなる。ばらつきの評価には変動係数（V）がよく用いられる。このVを減少させることは、構造設計用の数値を求めるうえで非常に有利になる。すなわち、§105に示したように基準材料強度FはμとVから、$F=\mu(1-KV)$であるから、μが同じであればVによってFは変化する。たとえば、n＝100の実験結果からV＝0.3が得られたとすると、K＝1.758であるから、F/μ＝0.473、V＝0.2とするとF/μ＝0.648となって、FはV＝0.3時の1.4倍近くなる。

◆**無等級材の取り扱い**

わが国において強度等級区分法は各種JAS（→§37）に記載されている。しかし、現実の流通においては、こうした強度等級区分がされていない製材品が大半である。そして、こういった製品に添付される「構造材料」としての情報は、「樹種」と「慣習上、使いものにならないと思われる品質の材が除かれている」程度である。これを建築基準法令上（告示1452号）では「無等級材」とよび、構造設計上の許容応力度が与えられているが、見かけ上とくに問題のない材であっても強度的には十分な評価がされていない場合があるので、このような材の使用にあたっては十分に注意する必要があろう。　　　　　　　　　　＜飯島泰男＞

105. 強度等級区分法(1) −目視等級区分法−

◆**目視強度等級区分法**

　たとえば、木材の強さと節の大きさのような関係を考えると、一般に節が大きいほど強さが小さくなりそうなことが、直感的にも理解されるであろう。このように、外観的に確認できる材質指標（いわゆる「欠点」）によって仕分けしようとする方法を「目視等級区分法」という。これはわが国でも現場ではかなり古くから経験的に行われてきたものである。

　この考え方は、特別な計器と大規模の実験を必要としないことから、かなり長い間世界の等級区分法の主流であった。そして現在も依然として流通する「等級区分材」の大部分は目視によるもので、「針葉樹の構造用製材」と「枠組壁工法構造用製材」の JAS（→§40）ではこの方法が援用されている。

　木材の強さに影響があると考えられる因子には§104に述べたようなものがあるが、構造用製材などの JAS では、こういった指標を基準に等級区分法を示している。ここでとくに重視されている欠点には、曲げ、圧縮、引張荷重を想定した「節」と「繊維走行の傾斜」、せん断荷重に対する抵抗性を考慮した「割れ」（目回り、貫通割れなど→§74）がある。JAS ではこれに「年輪幅（→§102）」「丸身」などがつけ加えられている。そのほかの欠点として「腐朽」「曲り」「ねじれ」などがあるが、強度変動に影響する評価は必ずしも定量化されていないため、たとえば「軽微」「顕著でない」などといったような評価法が採用されている。なお、JAS には「密度」の項目はないが、諸外国ではこれを重要な因子と捉え、規格に適用している。また「含水率」と「温度」については、環境因子的な意味合いがあり、構造設計上の制限が加えられている。

◆**節による強度低減**

　節は目視等級区分法で最も重視されている。構造用製材の JAS では、節を図1のように評価するものとしている。

　100枚のスギ板の曲げ強さと、節の木口面面積に占める比率（集中節径比 ϕ）の関係を実験的に求めると図2（左）のようになる。この結果をもとに、節の大小によっていくつかに区分すれば、強度に差のあるグループに分けることができる。たとえば $\phi=20\%$ を基準にしてみると図2（右）のようになり、下限値は節の少ない等級がやや高めの値を示す。ただ、この方法の最大の欠点は、外見的因子と曲げヤング係数の相関が必ずしも高くないことであ

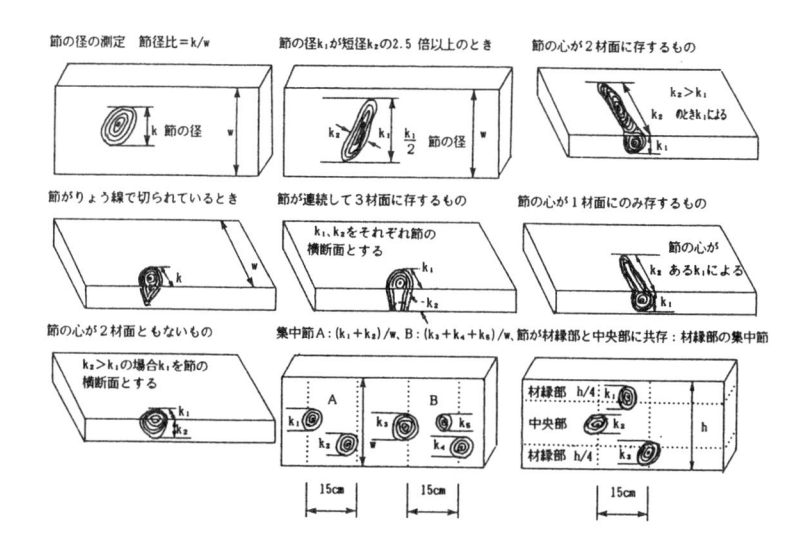

図1. 構造用製材 JAS における節の測定法（宮島寛：木材を知る本）

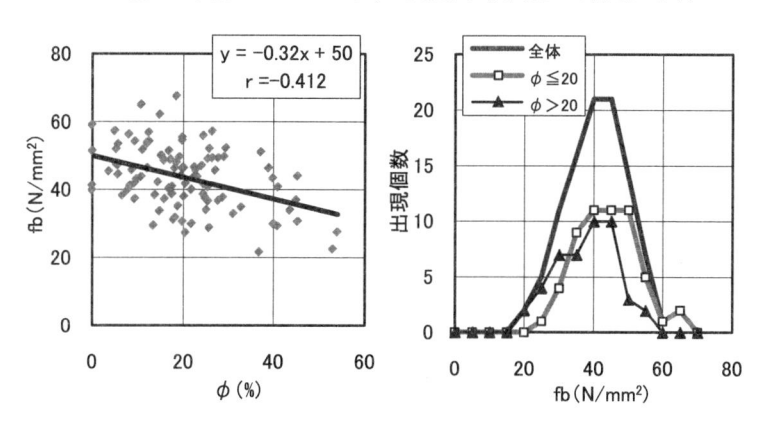

図2. 節径比と曲げ強さの関係

る。たとえば図1のデータを用いてヤング係数とϕの関係を計算してみると、相関係数 r＝−0.285 と、実用的には意味の認められない関係を示す。したがって、ヤング係数の信頼性を確保するためにはこれらを実測するしか方法がなく、樹種によってはすべての目視等級でヤング係数の平均値が大きく変化しない場合もある。またこの方法では、かなり大断面の材料では必ずしも合理的な等級区分ができないことも指摘されている。　　　＜飯島泰男＞

106. 強度等級区分法(2) －機械等級区分法－

◆機械等級区分法

　実大材の曲げ強度試験結果をもとに、材料の強度と材質指標の関係を調べてみると、比較的簡単に測定可能な多くの予測因子のうちでは、樹種にかかわらず、ヤング係数が統計的に強度と最も相関が高いことが示されている。このような知見を応用したのが、主に曲げのヤング係数を指標とした「機械等級区分法」である。図1がその一例で、ここでは§107で用いたものと同じデータによっている。図（右）の等級区分結果（ヤング係数を $7.5 kN/mm^2$ で区分）を、§107の目視法の結果と見比べてみると、本区分法の優位性が明らかであろう。機械等級区分法は現段階では最も有効で、かつ生産現場での自動化が行いやすい方法と考えられ、我が国でもすでに規格化がされている。ただし、この方法は万能ではなく、機械的に測定不能な材端部や材の破壊を支配する局部的な欠点を感知することができないため、目視法を併用することが多い。圧縮・引張強度との相関性はかなり高いようであるが、せん断強度との相関性は低い。

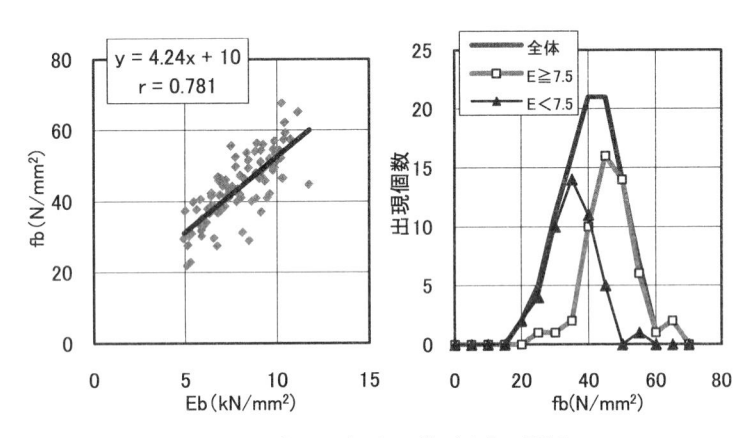

図1. 曲げヤング係数と曲げ強さの関係

◆グレーディングマシン

　ヤング係数の測定機を一般に「グレーディングマシン（Grading Machine、以下、GM）」とよぶ。これにはいくつかの種類がある。方法の1つは「静的区分法－曲げ荷重方式」で、連続式とバッチ式がある。写真1に示した連続式（これを狭義のGMということも多い）は、

送りローラーによって材を機械中に連続的に投入する方式である。多用される機械の測定能力はおおむね50〜100m／分である。この方法は大荷重の負荷が難しいため、枠組壁工法用製材、集成材用ラミナなどの比較的小断面材を大量に生産する場合には向いている。

バッチ式は通常の曲げ試験と同じ方法で荷重をかけるもので、かなり大きな荷重

写真1. 連続式グレーディングマシン

の負荷が可能であるため、柱・梁桁などの比較的大断面の材料のヤング係数測定に向く。最近、半自動化された機種も市販化されているが、すべて「全体の平均的なヤング係数値」のみが測定される。動的測定法（縦振動法）の概要は§109に示す。

◆「MSR材」と「E-rated材」

ヤング係数を計測し、これによって評価・区分した材をまとめてMSR材とよぶことが多い。しかし規格上「MSR材」と「E‐rated材」の2種類がある。「MSR材」とは"Machine Stress Rated Lumber"、すなわち「等級区分機を用いて長さ方向に移動させながら連続して曲げヤング係数を測定した製材」のことで、本来「連続式GM」の使用を前提にしている。この機械を用いればヤング係数の長さ方向の分布を知ることができ、材料の評価を平均値以外（たとえば最低値）にすることも可能である。MSR材規格ではヤング係数（Eと表示）と強さ（fと表示）をセットにした規格になっている。

一方、構造用製材JASの機械等級区分材では、Eの測定法と品質管理法に関しては言及していない。したがって、その生産は「連続型」等級区分機による必要はなく、上記の「MSR材」の定義には該当しないもの（「E‐rated材」とよぶ）も本規格では含まれ得ることになる。これを、構造用集成材用ひき板として使用することも可能である（規格では「機械区分ひき板のうちMSR材以外のもの」という表現になっている）。

なお、JASにおけるヤング係数による区分の境界値は製材と集成材用ラミナでは異なっており、旧規格の単位系にしたがえば、たとえば同じ「ヤング係数$70\times10^3 \mathrm{kgf/cm^2}$」といっても、前者では「E70」と標記され、その範囲は「60以上80未満」、後者は「L70」で「70以上80未満」を意味している。現行規格では、表示はそのままで制限値をSI単位系に読み替えたものとなっている。　　　　　　　　　　　　　　　　　　＜飯島泰男＞

107. 縦振動法によるヤング係数の測定

◆縦振動法とその特徴

　縦振動法（打撃音法）とは、木材の木口面をハンマーなどで叩いたときに発生する音の特性を、FFTアナライザという機器を用いて分析してヤング係数を求める方法である。その概略を図1に示す。

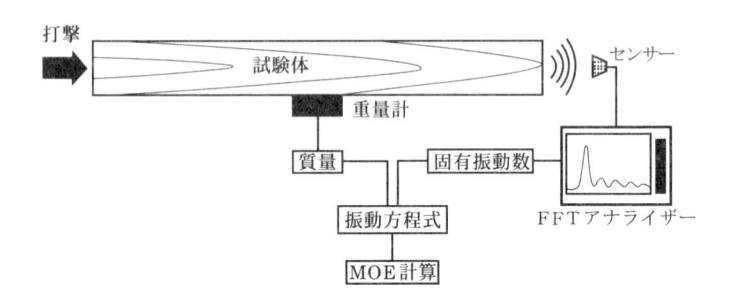

図1. 縦振動法の概要

　縦振動ヤング係数（E_d）は、振動方程式、

$$E_d = (2Lf)^2 \rho \quad (ここで、L：材長、f：1次共振周波数、\rho：密度)$$

で計算され、単位を材長 m、1次共振周波数 Hz、密度 kg/m^3 とすると、E_d の単位は N/mm^2 となる。

　木材のヤング係数を測定する実用的な方法には、このほかに§108で述べた GM のような「曲げたわみ法」がある。表1は両者の特徴を比較したもので、これをみると、縦振動法は以下の点で優れていることがわかる。

・強度試験機をもっていない場合、少ない初期投資でヤング係数の測定が可能になる
・丸太などの変形断面材料の測定が可能である
・手軽ですばやい測定が可能である。

◆打撃音法が普及してきた背景

　このように便利な方法であるが、縦振動法が確立され、使われるようになってきたのは比較的最近のことである。一般的に用いられてきたのは曲げたわみ法の方であった。なぜそれまでは使われなかったのであろうか。測定機器の進歩などのハードウェア的な問題ももちろ

表1. 曲げたわみ法と縦振動法の特徴の比較

条件			曲げたわみ法		打撃音法	
必要な器材と初期投資額	小断面材料の測定	数10体程度	おもりとダイヤルゲージ（数千円～数万円）		単機能のFFTアナライザと重量計（数十万円～百万円）	
		数100体以上	小型の強度試験機・GM（数十万円～数百万円）			
	大断面材料の測定		専用の強度試験機・GM（数百万円～二千万円）			
測定対象	短尺の材料、丸太等の変形断面の材料		正確な測定は困難		どのような断面寸法、断面形状、長さのものでも測定可能	
測定の手間・労力・能率	小断面材料	おもり	数量が多くなると肉体的な負担が大きくなる、～60体／時間	重さを測って、叩くだけなのでさほど手間・時間はかからない	～100体／時間	
		強度試験機	～60体／時間			
		GM	～数100体／時間			
	大断面材料		試験体の運搬・設置に労力と時間が必要、～20体／時間、専用GMなら～100体／時間		～50体／時間	

んあるが、「社会的なニーズがなかった」というのが最も大きな理由である。すなわち

その頃は、

・研究機関は、強度試験機をもっているので、ヤング係数測定に困ることはなかった。
・木材、木造建築業界には、そもそもヤング係数や強度を測定する、しなければならないなどという考えが存在しなかった。

という状況だったので、打撃音法は必要がなかったのである。

ところが、大断面集成材構造の普及、それに伴うゼネコンの木質構造への進出で様相が変わってきた。木材にも品質保証、ヤング係数による等級区分が求められるようになってきた。実際、公共事業で建築主事に強度データの提出を求められたという話も耳にする。さらに、丸太の段階で等級分けすることで返品率を減らし、製品歩留まりをあげていくといった対応も必要になってきつつある。となると、初期投資がかからず、能率がよく簡便で、変形断面のものでも測定できるヤング係数測定法が必要になってきた。打撃音法はそういった時代のニーズを背景にして生み出されたものであり、今後一層普及していくことが予想される。

<岡崎泰男>

108. 木材の建築構造材料としての位置づけ

◆木材が他の建築構造用材料よりも優れている点

まず、木材が他材料に比べて優位な点といえば、一般に、

①エコ・マテリアル：Environmental Conscious Material「環境意識材料」からつくられた言葉で、再生可能、生分解性、長寿命、非毒性などの性質をもつ材料をイメージしたもの。

②サステイナブル（sustainable）：供給が持続できる循環型材料

③環境負荷が少ない（low emission）：（生産時の）エネルギー排出が少ない材料

があげられるわけであるが、この②はともかく、①③については木材の加工度が上がるにしたがって材料的信頼性は増す反面、その優位性は下がる可能性が大きいので、そう単純な問題ではない。

◆さまざまな建築材料の強さを比較すると

一口に強さといっても、いろいろな指標がある。ここでは、主要な建築構造材料の密度、長期許容応力度（→§122）およびヤング係数（設計値）を示した（表1）。単純に強度を比較すると、木材は最も弱く、変形しやすい材料である、という見方ができる。

また、§98で述べたように木材・鋼材は弾塑性体とよばれ、最初のうちは荷重と変形は直線関係を保つ（弾性領域）のに対し、コンクリートは明確な直線域をもたない。木材は軸方向圧縮力を受けたときコンクリートと同様な挙動を示し、引張り力のときは、弾性領域で破断する（＝脆性破壊）。曲げ力を受けた場合は両者の中間的な挙動を示す。このような、各種

表1. 主な建築用構造材料の長期許容応力度とヤング係数

材料	種類	密度 (kg/m³)	長期許容応力度(N/mm²)				ヤング係数 (kN/mm²)
			圧縮	引張り	曲げ	せん断	
製材[1]	ベイマツ(E110)	500	9.0	6.8	11.2	0.88	10.8
	スギ(E70)	350	8.6	5.3	10.8	0.66	6.9
集成材[2]	ベイマツ(E120−F330)	500	9.2	8.1	11.8	1.21	11.0
	ベイマツ(E105−F300)	500	8.3	7.2	10.7	1.21	9.5
	スギ(E75−F240)	350	6.3	5.5	8.8	0.99	6.5
鋼材	SS400(厚さ40mm以下)	7,800	155	155	155	90	205.8
丸鋼	SR295	7,800	155	155	-	-	-
コンクリート	FC240	2,500	7.8	0.78	-	0.78	25.0[3]

1)構造用製材JAS機械的等級区分の繊維方向の値、2)構造用集成材JAS異等級対称構成材の繊維方向・積層面に直角方向の値(梁せいは300mmを想定)、3)土木学会RC示方書

表2. 建築用材料の特性値比較

材料	C放出量[1] kg/1,000kg (a)	圧縮長期 許容応力度 N/mm^2 (b)	密度 kg/m^3 (c)	単位耐力 あたりの 重量 (c)/(b)	単位耐力 あたりの C放出量 (a)(c)/(b)	C固定量 kg/1,000kg
スギ集成材 E75-F240	283	6.3	350	55.6	15.7	500
鋼材 SS400	700 [504][2]	155	7,800	50.3	35.2 [25.4][2]	0.35〜17
コンクリート FC240	50	7.8	2,500	320.5	16.0	0

1)大熊(木材工業 vol.53, No.2, 1998)、2):回収率35%、回収・再加工のためのエネルギーは鉄鉱石からの20%と仮定

材料の荷重-変形履歴は、許容応力度を決定する際に考慮に入れられている。

◆木材の特徴は軽さ?

木材をほかの材料と比較した場合の最大の特徴は、その軽さにある、とよくいわれる。たしかに無欠点試験体のデータで比較すると、それは事実である。しかし、実大材では欠点の存在やばらつきによって設計用数値は低減されるため、単位密度あたりの許容応力度値で比較してみると、木材はコンクリートよりは大きいものの、鋼材とはほぼ同等となってしまう。そこで、重量・強さに加え、製造時のC(炭素)放出量および固定量も含めて再計算すると表2が得られる。これによれば、ある一定の耐力を確保するために必要な材料を製造するときのC放出量は、コンクリートと木材がほぼ同等で、鋼材はその約2倍となる。固定量は木材、鋼材、コンクリートの順で、木材が圧倒的に多く、自重の50%である。

以上のことから、木材は比強度(単位密度あたりの強度)、C放出量の両者を勘案すると、かなりバランスのとれた材料であるということができる。また、木材密度がコンクリートの15〜20%しかないということは、構造物の支持部の設計、輸送、架設の点では有利であり、これに要するエネルギーを加算すれば、トータルのC放出量はコンクリートよりも少なくなる可能性は大きい。さらに、いわゆる経済効果の点からみると、コンクリートが施工費のみが地元へ還元するのに対し、木材は原材料以降のすべてが、なんらかの形で寄与することが可能なのである。

つまり、材料の運搬・架設を含めた「環境負荷」のLCA(ライフサイクルアセスメント→§8)的な解析と同時に、地元の森林林業・木材業・建築施工業、さらには地元の各種産業振興の観点から総合的な考察を行う必要がある。　　　　　　　<岡崎泰男／飯島泰男>

109. 木材の接合(1) －接合方法の種類と特徴－

◆木材の接合

　家具から住宅にいたるまで、木製品・木構造は複数の部材から構成されるのが普通である。それらの強度は、部材間の接合強度に支配されることが多い。たとえば、椅子が壊れるのは、大抵、座の側台輪と後脚の接合部からである。家が倒壊するときも、柱や梁が折れるより先に柱が土台から引抜けるなど、接合部から破壊するのが普通である。接合部が接合される部材に比べて弱いのは、木材の強度に寄与する繊維方向の連続性が接合面で断たれるからである。その点、樹木の枝分かれ構造は合理的な分岐構造だといえよう。

　木材の接合において、部材を繊維方向にたて継ぎする場合を継ぎ手（つぎて）という。また、柱と土台のＴ型接合部のように、繊維方向が異なる２部材をつなぐ場合を仕口（しぐち）とよんでいる。ただし、両者の言葉の使い分けは厳密なものではなく、継ぎ手の用語に仕口の意味を含めることも多い。このほか、テーブルの天板のように、幅の広い面材をつくる際に板を幅方向に接合する場合を矧ぎ（はぎ）口という。

　２つの部材の繊維方向が異なる仕口では、膨潤・収縮の異方性にも配慮が必要となる。部材間で接合面の形状が異なってしまうからである。このため、変形に追随できない接着接合などは適用が難しい。

◆接合方法の種類

　木質構造を構成する接合法として以下の３つの基本的な方法が存在する。

・木材・木質材料同士の嵌合（かんごう）による接合：これは金物類を使用せず、木材同士の「めり込み抵抗」および「せん断抵抗」に依存して力を伝達する接合法である。完成した接合部は元の部材形態との調和が保たれ、外観上は簡潔かつ美しく、一種の芸術品としての趣をもっている。反面、加工は一般的に複雑で高い技術が要求され、接合部の力学的な性能は加工精度に左右される場合が多い。最近では、複雑な加工を機械によって行うプレカット技術もさかんになっている。

　嵌合接合は、現在のところ力学的な計算によって任意に接合部を設計することが最も難しい接合法である。今日まで伝承されてきた経験に頼るか、実物大の実験を参考に接合部を設計するという手法が採られている。しかし最近では、これを構造力学によって設計しようとする試みもさかんになってきている。

・接着剤を用いた接合：接着接合は、木材同士あるいは木材と他材料とを接着剤で接合する技術を総称する。木材自身も、リグニンという天然の接着剤で管状の繊維組織が強固に接合されてでき上がっているため、相性という面からみれば、接着剤による接合が木材にとっては、究極的には、理想的な接合であるのかもしれない。

接着接合は初期剛性が高く、強度も大きいという長所を有している。しかし、ねばりはほとんど期待できず、一度初期破壊が発生すると接合部全体がもろく破壊しやすくなり、構造信頼性の面で改良すべき点が残されている。しかし、最近では接着接合と後述する接合具を用いた接合法を組み合わせた複合型の接合法もいくつか開発されており、木質構造における接合法の中で今後大きく発展する可能性を秘めた分野であるといえよう。

・接合具を用いた接合：接合具による接合は、釘、ボルトなどのいわゆる接合具（Mechanical Fastener）を用いて部材を接合するものを総称する。この接合法は、剛性・強度とも飛び抜けて優れているとは言い難いが、接合具一個あたりの強度性能を基に、接合部を構造計算によって任意に設計してゆく手法がほぼ確立されている分野である。誰が施工しても一定レベルの設計どおりの性能が確保でき、粘り強く、いざという場合の信頼性という面で評価が高い。審美性が悪い、木と相性が悪く耐久性に劣るなどの批判はあるが、簡便で実績のある接合法として、小規模から大規模な木構造に至るまで、接合具による接合が木構造における接合の主流を占めている。

◆接合方法の要求性能

建物の接合部に要求される性能は、強度や変形に関するものだけではない。たとえば、火災時の避難に必要な時間、建物の崩壊を防ぐための耐火性が要求される。鋼材は熱を伝えやすい上、500℃以上になると軟化する。このため、鉄骨構造では、適宜、耐火被覆を施している。集成材の接合部では添え板を集成材の中に溝を切って埋込み、ボルトの頭にも埋木を施して熱が伝わりにくくしている。

構造材では、接合部の耐久性が部材のそれとつり合っていることも重要である。木材は適正な使用環境下ではきわめて、寿命が長い。それに比べて、鋼材では酸化（赤錆）が進行し、これが木材を分解するといわれている。このため、木ダボや樹脂で強化したLVLなど、木質材料を接合具にした方法も研究されている。　　　　　　　　　　＜小泉章夫／小松幸平＞

110. 木材の接合(2) −伝統的接合とプレカット−

◆**伝統的な接合方法**（口絵写真 49〜52）

伝統的な継ぎ手や仕口では、接合する部材を切り欠いて嵌合させる各種の方法が考案されてきた。たとえば、曲げの力が作用しない土台の継ぎ手には腰掛あり継ぎが、横架材を柱上の支持点で継ぐときは台持ち継ぎが用いられる。また、力のかかる梁などを継ぐ場合には、金輪（かなわ）継ぎや追掛け大栓（おいかけだいせん）継ぎなど、曲げの力にある程度耐えられる接合法が用いられる。これらの接合では、木材の圧縮性能を巧みに組み合わせて、破壊性状がもろくならないようにしている。

伝統仕口・継ぎ手の力学的研究は 1970 年代以降、かなり行われるようになってきているが、型式、精度によっても相当の開きがある。一般には、継ぎ手では金輪の曲げ強度が最も強く、無接合材と比較した強度接合効率は 10〜15%、剛性接合効率は 40〜65%程度といわれている。

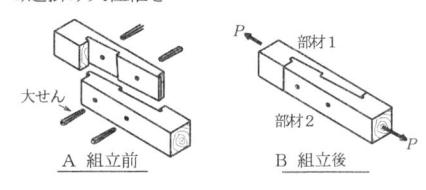

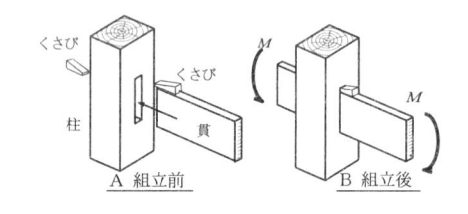

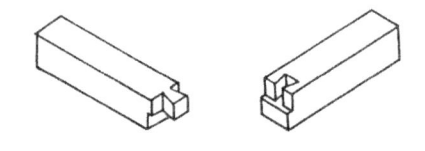

図1. 代表的な伝統的接合法

◆**機械プレカット**

在来軸組構法では、建て方の前に大工が柱や梁桁の接合部分に寸法線を入れ、ノミなどの電動工具であらかじめ加工しておく。これを「墨付け・刻み」といい、その加工する場所を「下小屋」という。この工程は非常に大切で、かつ熟練度が必要であるが、最近の技術者不足や生産性の点から、専用機械を使った工場生産ラインの中で行うことが多くなってきている。これを「機械プレカット」とよぶ（これを単に「プレカット」ということが多い）。図2はそのような接合部材の一例で、伝統的接合法における鎌継ぎを機械で製造したものと見なすことができる。なお、最近の資料によれば、全国の工場数は 2007 年で 848 であり、2006

年度の生産棟数約34.1万棟(軸組木造住宅の81%である。

◆プレカットの生産工程と要求性能

プレカット材の生産工程は、おおむね次のようになっている。1) コンピュータ室で平面図から木拾い（自動化がされている例が多い）を行い、材料の番付、長さを決定する。2) 柱材および横架材（梁・桁・胴差）用材を付けられた番号順に並べ、それぞれの専用加工機に投入する。3) 特殊材・羽柄材については大工経験者による手加工を行う。4) 加工された材を1棟ごとにストックする。

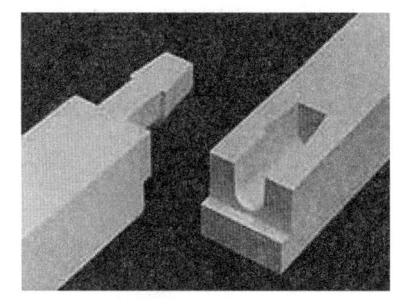

図2. 機械プレカット部材の例

以上のように、プレカット加工は主要構造部材に行われてきたが、最近では下地材などの羽柄材もプレカットする例も増えてきている。プレカット用材にとくに要求されているのは、製品の寸法精度と乾燥性能である。寸法精度では、表示寸法より著しく小さいことがあってはいけないのは当然であるが、かといってむやみに大きくするのもよくない。なぜなら、そのことによって材料が機械内で詰まってしまい、ライン全体が止まってしまうからである。また、含水率については、プレカット材の加工精度がよいため、いわゆる「遊び（部材相互のゆるみ）」がない。したがって、含水率が高い場合には加工後に木材が変形することがあり、それによって施工現場で木材同士がうまくはまらないこともよくあるからである。

◆伝統接合ばかりではないプレカット

プレカットは伝統接合ばかりではなく、金物を用いた接合部に対しても行なわれている。接合金物工法と呼ばれているが、新築される木造住宅における同工法の割合に関する統計データは見あたらない。また、金物のメーカーごとに仕様が異なっているため、プレカットするにはそれぞれのソフトが必要であり、プレカット工場ごとに接合金物は異なっている。

◆強度性能

プレカット材は機械によるため、手加工より強度性能が低いのではないか、という意見が根強い。しかし、プレカット材と手加工材の強度性能比較に関する記述をまとめると、耐力・剛性とも、差は明確ではないが、むしろプレカットの方が優れているという評価のほうが多いようである。ただ、接合部のしまりがよく、「遊び」がないので、破壊性状がやや脆性的であるという指摘は興味深い。　　　　　　　　＜小泉章夫／小松幸平／飯島泰男／中村　昇＞

111. 木材の接合(3) －接合具を用いる－

◆接合具を用いた接合法

　集成材を用いた大規模な木構造では、鋼材を接合具に用いる方法が主流である。代表的なものとして、2本の集成材を、鋼板添え板を介してボルトやドリフトピンで結合する方法をあげることができる。鋼材は木材に比べて強度が大きいほかに、破断にいたるまでの変形量が非常に大きい、という長所がある。釘は折り曲げることができるが、木材を折り曲げようとしても折れてしまう。変形量が大きいということは、破壊までに負担できるエネルギーの総量が大きいということである。いい換えると、鋼材を接合具に用いることによって、突然、崩壊することのない安全な建物をつくることができるのである。木材でこのような性能を確保するには、木材の横圧縮をはたらかせるほかはなく、複雑な加工が要求される。

　釘やボルトなどの金属製接合具を用いた接合は、審美性、木材と金属との相性の問題、長期的な耐久性などの面でしばしば批判される場合が多い。しかし反面、施工が容易で、安定した性能が確保でき、接合具一個あたりの強度性能を基に、設計者が接合部を計算によって任意に設計できるため、高い信頼性の要求される大規模な木構造のジャンルでは不可欠な存在となっている。

　木質構造の構造的側面を実質的に支えているのは、ほとんどの場合「接合具を用いた接合」である。その種類は何千とも何万ともいわれており、日々進化し、複雑化している。

◆大断面木造建築物における金物接合

　大断面木造建築物（→§128）は規模が大きいため、部材に作用する荷重も当然大きい。したがって、金物接合部が具備すべき条件としても、小規模な木構造に要求されるものとは異なる厳しいものが要求される。それらには以下のようなものがある。

・設計者が接合部に要求する条件を可能な限り忠実に実現できるディテールであること、たとえばトラス構造においてピン接合を意図したのであれば、可能な限り回転抵抗のない接合部を、モーメントを伝達することを意図したのであれば、確実にモーメントが伝達できる接合部とすることが大切である。

・作用応力下で座屈や面外に変形をおこさないよう金物の剛性と耐力を確保すること。

・接合具の配列間隔、端距離、縁距離などは十分な余裕をもって設計すること。

・燃え代設計が必要な規模の構造については、鋼板を材内部に挿入する形式を採用し、金属

接合具が部材表面に露出しないよう、必要な耐火被覆仕様を検討する。

◆**代表的な接合具**（口絵写真54〜58）

在来軸組構法などでは一般に用いられるのは、図1に示したような各種金物であるが、大断面木造で用いられる最もポピュラーな接合具はドリフトピンとボルト（図2）である。両者は力の伝達形式が類似している部分もあるが、性格がかなり異なる部分もあるので、実際の設計と施工に際しては、それぞれの特徴を生かした使い方を心掛けるべきである。

◆**大断面木造における金物接合の今後の方向**

最近、ボルトやドリフトピンといった基本的な接合具だけで接合部を構成する形式に加えて、接着剤やそのほかの充填剤を併用したハイブリッド的な接合が開発される傾向にある。この種の接合は接着剤の接着力によって金物が木材に接合されることに期待するのではなく、固化した樹脂状の物体が金物の突起と突起の間に入り込み、一種の投錨作用となって金物に抜き抵抗力を付与するものと考えられている。今後は、このようなハイブリッド的な接合が大断面木造において幅広く使用されていくことが予想される。

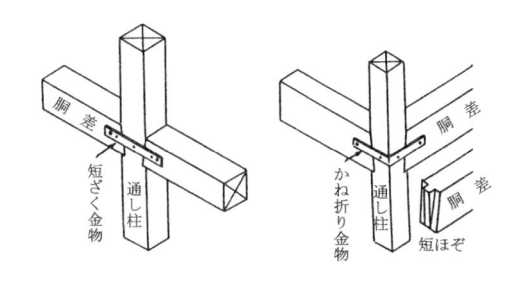

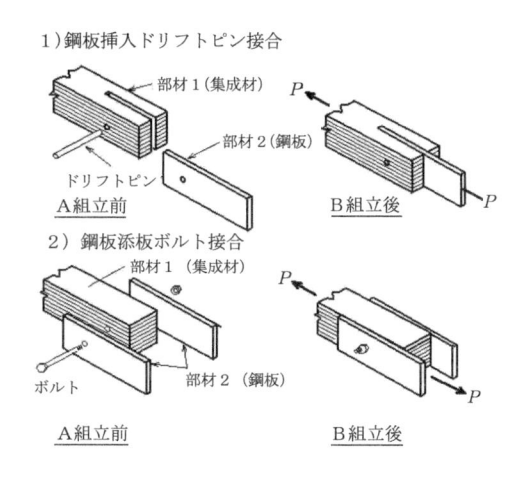

図2. 鋼板による接合の例

◆**整備された設計手法**

接合具を用いた接合部は多種多様であり、剛性や許容耐力が異なっている。汎用的な接合部に対して、「木質構造接合部設計マニュアル」（日本建築学会）が整備された。今後、公共建築物を中心に大規模木造が増えてくると思われるが、同マニュアルはかなりの戦力になりそうである。

<小松幸平／中村　昇>

112. 木材の接合(4) –接着剤を用いる–

◆接着における強さと接着面積の関係

図1が接着による接合の例で、部材A（主材）と部材B（添板）を接着して両端を引張った場合、添板の重なり長さ（接着面積）が小さい間は、接着を引き剥がすのに必要な力（接着強度）は接着面積に比例する。しかし、添板長さがある程度以上長くなると、接着強度の増加はあるところで頭打ちの傾向を示す。この原因は接着層にはたらくせん断応力の分布に偏りがあるためである。

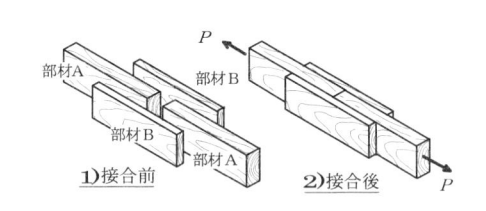

図1. 接着接合の例

◆木で木をつなぐ（口絵写真53）

接合具に接着剤を併用した接合法に、鋼棒挿入接着接合がある。普通、接合具は力の方向に対して横向きに配置し、せん断力に抵抗させるように用いるが、この方法では力の方向に配置して引抜抵抗型で用いる。接合部の剛性と耐力は接合具の引張強度、あるいは接着層のせん断強度によって発現するわけである。

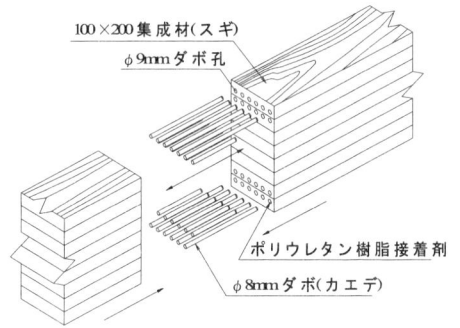

図2. カエデ材ダボを用いたスギ集成材のたて継ぎ

この方法にヒントを得て、鋼材の代わりに木材の丸棒（ダボ）を接合具に用いた接合も試みられている。

ここで問題になるのが、先に述べた接着層のせん断応力の偏りである。鋼棒は剛性が大きいので、せん断応力は比較的、均一に分布する。しかし、木材のダボは剛性がそれほど大きくないので引張によって伸び、その結果、接着層のせん断応力は端部で大きくなる。これを軽減する方法としては、ダボの剛性を高めることのほかに、接着剤にせん断弾性の小さな樹脂を用いる、あるいは接着層を厚くしてせん断剛性を小さくするといった方法がある。具体

的には、鋼材との接着に多用される「硬い」エポキシ樹脂の代わりに、比較的「柔らかい」とされるポリウレタン樹脂接着剤を用いるのである。この方法によって、図2に示したような梁のたて継ぎを試みた結果、スギ材の材料強度に匹敵する曲げ耐力が実現できることがわかった。

◆ラージ・フィンガー・ジョイント（LFJ）構法

フィンガーの長さが約50mm以上の大型のフィンガージョントを総称する。LFJ構法とは、大型のフィンガージョイントで木口や側面が切断された大断面の柱・梁部材、もしくは、つなぎ部材等を建設現場で互いに現場接着したり、あるいは工場で接着後現場に搬入したりして、単位骨組みや大スパン架構を架設していく構法である。

◆グルード・イン・ロッド（Glued-In Rod:GIR）

接着剤のみを用いるのではなく、接合具と接着剤を併用したものである。木質軸組部材の木口に先孔を開け、鋼棒を挿入しそれを樹脂接着剤で包埋し、鋼棒の引き抜き抵抗に依存して力を伝達することを意図した接合部で、異形鉄筋や独自に開発された中空ボルトを用いている。

◆木と鉄を接着する

木材による構造物を設計しようとするとき、許容応力度がかなり低いため、断面が大きくなりがちになり、妙に「美しくない」形になることが多い。そのようなとき、誰もが考えるのが異材料との複合化である。

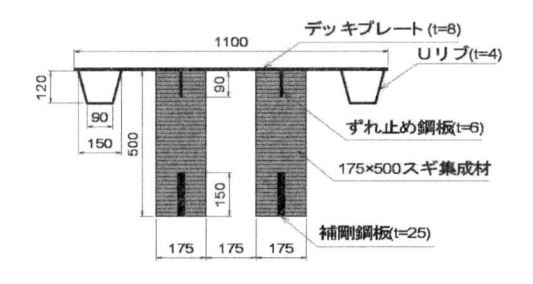

図3. 鋼板を接着接合した橋梁用集成材

本研究所では橋梁用を想定した木材と鋼材の複合化の研究を進め、図3のような断面構成をもつ部材の開発を行った。これは集成材の圧縮・引張の両側にスリットをつくり、ここに鋼板を挿入する方法で、数年にわたる実験の結果、鋼材はSS400のサンドブラスト処理（砂を吹き付けることによって鋼材の表面を粗くする方法）、接着剤はエポキシ樹脂の組み合わせが安定した強度を示すことを確認した。以上の結果をもとに、2000年、秋田県内に橋長55mの木材－鋼材のハイブリッド材料による車道橋を建設した（→§143、口絵写真70）。

<小松幸平／小泉章夫／飯島泰男／中村　昇>

113. 木材の強度性能に関するQ＆A(1)

◆「××材は強いか」？

「××材は強いか」といった質問がよくある。「強さ」は数値そのものであり、「強い・弱い」は何かの比較対象があって決まる概念であるから、これ自体、意味不明な日本語ではある。で、その真意を尋ねると「××材の強さはどのくらいか」「ほかの材とはどちらが強いか」「××材を使っても大丈夫か」のよう内容が多い。

もし、対象とする材の強度性能が数値的に明らかになっているのであれば、その性能を§105で述べた方法を用いて比較検討すればよいのであるが、明らかになっていない場合、ただ、漠然と「××材」といわれても返答に窮する。林齢や成長度などがある程度絞り込まれていれば何とかなるが、その情報があいまいなとき、結局、「FFTアナライザ（→§109）などを使った簡単な実験をしてみないとわかりません」といわざるを得ないこともある。

また、「××材はよくたわんでも壊れないから＜ねばり強い＞のでは？」という質問もある。ここで、たとえば同一寸法のAB2つの材を、ある条件で荷重を破壊するまで次第に増やしていき、図1のような荷重と変形の関係を得たとしよう。さて、どちらが強いといえるか？

力学的な性能の大小を「強い／弱い」と表現するとき、3つの見方がある。まず、最も常識的なのは「最大荷重が大きい」、すなわち、荷重の伝達能力としての面からで、この場合はAが＜強い＞。そして、「強さ」を「単位断面積あたりの耐力」として定義するのである。

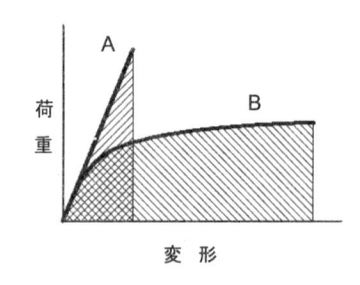

図1. どちらが強い？

つぎに、「同一荷重時の変形の小さい」ときで、図1からは小荷重時の弾性領域ではABは同等、荷重がやや大きくなるとAが＜強い＞、という表現になろう。しかし、この場合、＜強い＞というより「ヤング係数（→§100）が高い」といった方がより正確である。

さらに、「破壊時の変形量が大きい」、俗にいう「ねばり強さ」の面からの評価も可能である。すなわち「仕事量（破壊に要したエネルギー量）」、概念的にいうと図1のそれぞれハッチ部分の面積で比較することであり、この場合には「BはAより仕事量は大きい」ということになる。しかし、たとえば、スギとベイマツを同じ断面、同じ荷重条件の曲げ材で比較し

てみると、たしかに破壊時たわみは、スギの方が大きいことが多いのだが、それと「強さ」やヤング係数の大きさとは必ずしもイコールではない。

◆「心持ち材と心去り材はどちらが強いか」／「辺材と心材はどちらが強いか」

木材の材質は立木中の存在していた部位によっても異なる。「辺材と心材」の区分（→§22）は生物・化学的構成の差によるものであり、含水率や耐朽性能はかなり異なるが、強度性能には大きな差はない。一方「未成熟材と成熟材」の物理的材質にはかなりの差が認められ、強度性能分布を模式的に描くと§21の図のようになって、未成熟材の部分の強度は成熟材に比べて一般に低い。そのため柱のような圧縮材では、断面内での未成熟材の占有面積によって強度が異なってくることになる。100～120mm角程度の心持ちの柱材の場合、初期成長が旺盛で年輪幅が広いとき、大部分が未成熟材で占められることになるから、心去り材より強度が低くなる可能性が強い。しかし、断面が大きい梁材では、心持ち材でも曲げ強さに大きく影響する材縁部には成熟材部分が配置されることになるため、その差は少なくなる。

◆「集成材は製材の1.5倍の強度があるか？」

構造用集成材はこれまで「製材の1.5倍の強度をもっています」と宣伝されてきた。それは、旧規格で構造用集成材1級の材料強度が、構造用製材1等（建築基準法施行令第95条でいう「木材」に相当）の1.5倍に設定されていたことによる。現在では両者とも規格が変わり、たとえばスギの曲げでは、異等級対称構成構造用集成材E75（→§45）の基準強度は24.0N／mm^2、機械的等級区分構造用製材E70は29.4N／mm^{2}で、ほぼ同じヤング係数の場合、製材のほうが2割以上高くなっているようにみえる。

しかし基準強度は、梁せい標準寸法が集成材では300mm、製材では特別の表記はないがおおむね105mmとしたときの値を想定して誘導されている。そして、強度が梁せいの0.2乗に反比例する（つまり、材のせいが大きくなると強度が低下する）と仮定して調整すると、基準強度の値はほぼ同等となる。

当研究所で行った秋田スギ柱用4層集成材（ラミナのフィンガージョイントなし）と製材の実験結果がある。集成材ではヤング係数は平均7.5kN/mm^2、曲げ強さは平均42N/mm^2、標準偏差6.7N/mm^2、製材では順に7.4kN/mm^2、38N/mm^2、8.8N/mm^{2}である。これからみると、ヤング係数は同等であるが、下限値は集成材の方が約30％大きくなっている。市販の集成材ではフィンガージョイントを含むことが多いので、これを考慮すると、同じヤング係数の場合「構造用集成材の強度は製材の1.2倍」あたりが妥当なところのように思われる。

<飯島泰男>

114. 木材の強度性能に関するQ & A(2)

◆「秋田スギの強さはどれくらいか？」

「秋田スギの強さはどれくらいか」というような質問に対する「お答えの例」を示す。

・丸太：県内のほぼ全域から、林齢40～80年以上で、末口径は公称20～40cmの丸太約1,400本について、縦振動法によるヤング係数を調査している。ヤング係数の全平均値では7.5kN／mm^2、変動係数17%程度である。このとき産出地域や採材部位の影響を調べているが、経験的にいわれてきたような県内産地による材質差を立証するようなデータは得られなかった。また、一般に、林齢30年以下で初期成長のよいスギ立木では、1番玉では未成熟材の占める部分が多くなり、丸太のヤング係数は1番玉がそれより上部のものより低くなる傾向があるが、本調査では林齢がこれよりかなり高く、そのような傾向は著しいとはいえなかった。

・集成材用ラミナと構造用集成材：丸太約800本から集成材用ラミナ約4,000枚を製材（歩留まりは50～55%）し、強度性能を調べ結果、丸太のヤング係数がわかれば、製材の強度はある程度予測できる。ラミナのヤング係数は平均7.5kN／mm^2、曲げ強さは平均50N／mm^2、変動係数はいずれも20%以下である。構造用集成材の生産システムと強度性能の検討結果では、異等級対称構成ではE75-F240が標準的な生産品目となる。

・製材：柱・梁桁用製材は約400のデータが蓄積されており、含水率15%、梁せい150mmに調整した値では、ヤング係数平均 7.4kN／mm^2（変動係数 18%）、曲げ強さ平均 37N／mm^2（変動係数22%）となっている。

なお、以上の結果を全国のスギ材と比較して、高い、低い、と一喜一憂する必要はまったくない。実験を行ったからこそ、設計に必要な数値を示すことができるのである。もし、「生産された材の一本一本にはすべてヤング係数が表示されている」状況がつくりだされるなら、まさに「立派な EW（engineered wood：エンジニアードウッド）」とよばれることになるであろう。

◆旧基準法38条で「特認」となっていた木質材料の許容応力度はどうなるか？

1998年、建築基準法が改正、性能規定化がすすめられた（→§119）。これに伴い、旧法での、法体系で予測していない構造・材料に対する取り扱いを可能とするための、いわゆる「38条特認」条項は削除され、性能評価のためのさまざまな技術基準が告示として制定された。木質材料に関するものとしては告示1539号で試験法と評価方法が示され、これを満足

すれば新しい木質材料も一般の構造用材料として取り扱われことになった。したがって、§50、52で述べたTJI、PSLもこの範疇で対応されることになろう。

◆耐朽性を考慮に入れた「強さ」

「強い／弱い」といった表現を、木材の耐朽性に対して使うこともある。初期的な強度性能と、材の耐朽性能には直接的な関係はない。しかし、木材を腐りやすい環境においた場合、樹種や辺心材の存在状態によっては生物劣化（腐朽）の速度が変わることになるから、その影響によって強度性能減少の傾向は材の耐朽性とも関連する。たとえば、図2は初期の強さは高いが耐朽性の低いA材と、その逆の性質をもっているB材の劣化による強度減少を模式的に示したものである。このよう場合、材の使用開始からある時間を経過したときには、AB材の強さの大小が逆転することになる。

◆カビや変色と強度との関係は？

アカマツやスプルースの変色や、材表面に生えるカビがクレームの対象になることがしばしばある。そのクレームの大部分は、見てくれが悪いだけでなく強度的性能に悪影響をおよぼすのではないか、ということである。結論を先にいえば「木材の表面に生える青色や黒色のカビ類や、辺材内部を青変させる変色菌類は強度的性能に影響を与えない」ということになる。通常、カビ類は木材を腐らせる能力をほとんどもっておらず、特殊な環境下である種のカビが軟腐朽（→§81）を生じさせるだけである。したがって、建物に使われている間柱や土台にカビが生えても強度面からみれば問題ではない。これらのカビの栄養源は材の強度に関係のないデンプンや材表面に付着したさまざまな汚れである。

変色もいくつかのグループに属するカビ類の仕業である。かれらは材表面よりむしろ辺材内部に侵入して細胞内こうに菌糸をのばし（→§81）、メラニン色素の生成などによって木材を青色や褐色に変色させるが、その際の栄養源は主に辺材部に含まれる低分子の糖やデンプンなどである。ただし、いすれの場合でも生育が促進されるような環境が続けば、腐朽につながる恐れがないとはいえない。

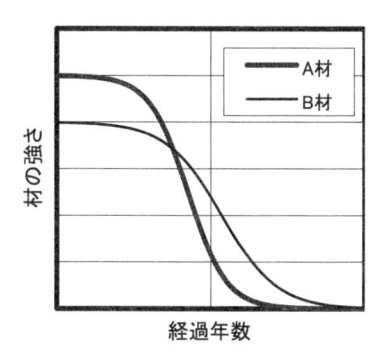

図2. 生物劣化による強度減少

＜飯島泰男／土居修一＞

屋敷林のはなし

　新しいまちなみでは，プラタナスやイチョウ，ハナミズキなどの若木が頼りなげに街路樹として植えられているが，農山村地域ではこんもりとした鎮守の森や屋敷林を目にする。集落周辺の山々にはスギやヒノキといった針葉樹の人工林が目立つものの，民家をぐるりと取り囲む屋敷林の樹種は豊富である。それらは屋敷境界を示すとともに，防風雨・防塵・防雪・防潮・防火・防寒・防暑などを目的として植えられており，昨今の庭木のようにただ花や紅葉を愛でるばかりでなく，かつて枝は燃料に，落葉は肥料に，幹は家具材や建材として多様に使われていた名残といえる。

　富山県礪波平野のカイニョや宮城県仙台平野のイグネとよばれる屋敷林のある風景は，卓越風対策としてその地域の景観を象徴するものとなっている。礪波平野ではフェーン現象発生時の大火の経験などから，防火対策として散居ともなっており，また，風に乗って火の粉が飛んできたときの延焼防止として屋敷南側にスギの防火林を設けているため，住居は東向きに建てられている。イグネは「居（＝住まい）を守る久根（＝生垣）」を意味し，冬の強い季節風を防ぐために屋敷の北や北西側にはスギやマツなどの針葉樹，夏の木陰と冬の日差しを得るためや食用として，南側にはケヤキやカキ・クリ・ウメなどの落葉樹が植えられている。

　また島根県出雲平野では強い西風を防ぐために，主家の北と西側に潮風に強いクロマツを主体築地松（ついじまつ）とよばれる屋敷林が形成されている。クロマツは強風で倒れないよう，防風に不要な屋根以上の高さにはならないよう剪定されているため，この地域に特徴的な景観をつくり出している。このほか，水害の恐れのある場所では屋敷地を高くして，その上に根の張るタケやマツを植え，土地の流出や漂流物から屋敷を保護している。

　こうした地域の風土と密接に関わって形成されてきたこれらの屋敷林は，生活様式の変化や家屋の改築・建て替えなどによって不要なものとして伐採され，著しい減少傾向にある。地域固有の景観や生活文化をあらわすものとして見直し，保全をはかりながら，新しい居住環境の創造と景観をいかしたまちづくりが望まれる。

＜渡辺千明＞

Ⅶ. 木質構造と木造住宅

115. 建築の分野でよく使われる言葉

◆木質構造

　建築基準法や同施行令（以下、法および令）では、主要な構造部材に木材・木質材料を使った建築物は、すべて「木造」である。これに対して、日本建築学会や日本建築センターでは「鉄筋コンクリート構造」、「鉄骨構造」に対応した言葉として、以前「木構造」が使われていたが、現在では「木質構造」に変わっている。これは故杉山英男東大名誉教授が提唱された言葉で、次のように述べておられる [1]。「木質プレハブや枠組壁工法が登場して、『在来構造の木造』というような言葉が生まれることになったが、研究者サイドから見れば、三者は材料は同じ木材で、構法も世の中の人が思う程には大差ない。そういう意味では三者は兄弟である。そして将来は三者がいつの間にか融合してしまうだろうと予想している。こうした理由から兄弟同志をファミリーと見て『木質構造』と呼ぶことを私は提唱してきた。」また、坂本功東大名誉教授は「この＜木構造＞はどちらかというと工学的にはあいまいなニュアンスで使われることも多いので、これを工学的な取り扱いを伴った木材の構造物として捉えるための新しい学問として＜木質構造＞という言葉を使いたい」と述べておられる。

　前述に続き故杉山先生は、「しかし、現実の社会では、利害関係と権益確保のために三者は別々の協会団体を作り、それぞれの発展の努力を続けている。だが結果として見たとき、それは対立・競争を深めるだけで、『われらファミリー』という統一協調の方向とは全く反対の動きとなっている。」とも述べておられる。さて、皆さんはどう思われるでしょうか？

◆工法と構法

　どちらも「コウホウ」、本書でも「構法・工法」のいずれもが使用されている。建築大辞典では「＜構法＞は建築の実体の構成方法」「＜工法＞は建物の組み立て方、つくり方、施工の方法、広義には構法を含む」とある。つまり、構法は「構造」に限定、工法ではより広い意味として使われることが多く、この節で紹介する「在来構法」「在来工法」「枠組壁工法」「丸太組構法」といった使い分けは、いずれも上記の観点に基づいている。

◆住宅供給事業体

　木造住宅を生産・供給している事業体の規模と形態は多種多様で、いろいろなよび方がされる。たとえば、住宅メーカー：全国規模で年間 1,000 戸以上、最大では 10,000 戸、大規模ビルダー：上記よりやや狭いエリアに供給し、年間 500 戸以上、パワービルダー：明確な

定義はないが、一般には住宅一次取得者層をターゲットにした床面積30坪程度の土地付き一戸建住宅を2,000〜4,000万円程度の価格で分譲する建売住宅業者、地域ビルダー：おおむね県エリアで年間50戸以上、大工・工務店：多くは従業員数4人で50戸未満、10戸未満が多い、という具合である。日本の木造住宅の過半数は、最も小さい大工・工務店によって支えられている。2009年度の新設着工数は大幅に落ち込み、80万棟を切った。大工の数も70万人くらいである。

◆四号特例

建築基準法第6条の3に基づき、特定の条件下で建築確認の審査を一部省略する規定である。「認定を受けた型式に適合する建築材料を用いる建築物」と「四号建築物（小規模な木造建築物（例えば木造2階建住宅）が当てはまる）で建築士の設計した建築物」については、築確認申請の審査を簡略化して構わないというものである。四号特例と言う場合には後者の四号建築物の場合を特にさしての言葉になる。これにより、必要な申請書類は少なくなり、また審査期間は短くなる。認定を受けた形式とは、別途に認可を受けている特殊工法を指す。これによる特例は、認定を受けた部分にのみ適用される。例えば構造強度に関する認定を受けた建物は、構造強度に関する審査が省略されるが、それ以外の審査は省略されない。役所は小規模木造は確認しない、原則建築士の責任でやくべきということで、四号特例は1984年に開始された。しかし、耐震偽装が発覚したため、確認申請のための申請図書を大幅に増やし、2008年12月に確認の厳格化を行なう予定であったが、小規模でも必要な部分は確認するということになり、四号特例の廃止はペンディングになっている。

◆建物の規模（令2条1項）

建物の規模は、面積、高さ、階数によって区分される。面積には敷地、建築、床、延べの4種類がある。このうち床面積とは、木造建築物の場合、壁または柱の区画の中心線で囲まれた部分となる。高さには、地盤面から屋上突出部を除いた部分までの「建築物の高さ」と、地盤面から建築部の小屋組またはこれに代わる横架材を支持する壁、敷きげたまたは柱の上端までの「軒の高さ（図1）」がある。階数については、その階の面積が建築面積の1/8以下であれば階数に加えなくともよい。

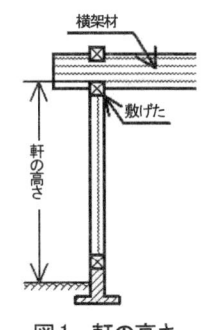

図1. 軒の高さ

<飯島泰男／中村　昇>

【文献】1) 木質構造と共に：杉山英男著作選集、100、1986.

116. 性能規定と仕様規定

◆性能規定と仕様規定

　1998年、性能規定化をうたい文句として建築基準法が改正された。また、2000年の建築基準法改正以前は、建築基準法施行令第21条により、防火区域・準防火区域の耐火建築・準耐火建築では木材は使えなかった。しかし、改正後、要求性能を満たせば、防火区域や準防火区域でも木材を用いることができるようになった。性能規定化は、規制緩和・競争原理の導入という流れの一部であり、かつての英国におけるサッチャー政権にその端を発している。その後日米貿易交渉で米側から、日本の建築基準は仕様規定的で米国建設業者の日本参入を難しくしているとの指摘が行われ、これに対応するものとしてわが国の建築基準の性能規定化が生じたものである。

　性能規定とは建築基準において、要求性能を明示した規定をいう。新しい建築基準では、使用する材料は法37条で指定されたものとし、構造安全性を限界耐力計算（→§119）で確認したものについては、防火・防災上の制限を除いて、構造上の制限を課していない。これをもって「性能規定化」としている。限界耐力計算の定める要求性能は、建築物の存在期間中に1回以上遭遇する可能性の高い積雪、暴風、地震に対して、建物が損傷しないこと、きわめてまれに発生する大規模な積雪、暴風、地震に対して建物が倒壊しないこと、としている。

　仕様規定とは建築基準において、使用材料や施工方法など建物の仕様を記述した規定をいう。令3章3節で規定する建築物を「木造」としており、旧法ではこの規定から外れるものは法の範囲を逸脱するものとして認めていなかった。いくつか考えられる木造の構法のうち、1つのみをオーソライズしていたのである。たとえば、令「木造」では、筋かい入り軸組や耐力壁の必要量を規定したが、これによってどの程度の性能が満たされているのかといった記述はなかった。また大断面木造（→§125）とする場合を除いて、令および告示で規定する筋かいや耐力壁以外の構造要素を使うことはできないし、耐力壁等の規定も使用材料や接合方法などが詳細に述べられていて、この方法から外れることはできなかった。枠組壁工法については、告示でその技術的基準を定めているが、その内容は1997年の改正までは「全編これ仕様」で埋まっていたといってよい。使用木材は関連のJAS製品でなければならない、釘はJIS、釘打ち間隔は何cmといった具合で、具体的な仕様が延々と述べられていた。

1985年制定の建設省告示「丸太組構法技術基準」には、一部性能規定的考えが導入された。日本で初めてのことである。たとえば、ログハウスの四隅には原則基礎から桁をぬう通しボルトを必要とするが、構造計算でこれを省くことを可能としているなどである。また1997年制定の「枠組壁工法技術基準告示」は、従来の仕様的規定に加え、構造計算によればその仕様にしたがわなくともよい、という規定を新たに設けた。性能規定の片鱗をここにみることができる。このような経過を経て、新しい基準法となっている。なお、新基準法では、旧基準での仕様規定を「例示仕様」という形式で残している。

◆両規定の特徴

性能規定は、一般に構法や材料を規定することはない（ただし、材料については法37条に指定したものに限定している）。規定された性能を建物に付与するための方法はいくつか存在し、そのうちから1つを選び出すのは設計者の自由ということになる。性能規定は、所要の性能を満たせばどのような構法や材料でも使用可能となるので、建物を建設する側にとっては大きな自由が与えられることになる。新技術の適用がスムースに行われ、技術の発展に寄与するものであるといえる。反面、技術力のないところにとっては、この自由を享受することはできず、技術力の差によって競争から脱落を余儀なくされる場合もあろう。性能規定は技術競争を促進する力をもっているといえよう。

仕様規定は、具体的仕様が定められているので、そのとおり建設すれば法的には適格となる。しかし、ひとたび規定の仕様以外の方法、たとえば新しい構法を使うという段になると、この仕様が堅固な障壁として眼前に立ちはだかる。また一般に仕様規定では、その仕様にしたがった建物が、一体どの程度の性能を有しているのか不明であることが多い。このことも、技術開発の目標設定を不可能にするなど、技術開発の意欲をそぐ働きをしているといえる。

◆性能規定化の今後

これまでの日本の建築基準が仕様規定で溢れていたというのは、まさしくわが国の文化の反映である。福沢諭吉は、民間人の行為にやかましくくちばしを入れる当時の政府を「多情な老婆」と揶揄したが、この言葉を借りるならば、建築基準の性能化は、政府の「薄情な女」への変化に沿ったものだといえよう。従来の仕様規定的基準のなかで棲み分けていた日本の建設業が、社会的ダーウィニズムを善とする米国文化の影響で競争型社会へと変わろうとする日本において、今後どのような形でこの生存競争を生き延びていくのか注目されるところである。

＜平嶋義彦／中村　昇＞

117. 木質構造の分類

建築基準法では木造建築物を、建築される地域、用途、構法、面積、高さ、耐火性能などによっていくつかに区分して考えている。

◆**構法による分類**

現代の木質構造は、構法、使用材料からみてきわめて多様であるが、これを構法・用途・構造形式の面から分類するとおおむね表1のようになる。この各論は§123～126で述べる。

表1. 木質構造の分類

法規上の分類	構法の名称（通称）	構造形式	主な用途
在来構法	伝統構法	軸組、軸組＋壁	住宅、神社、寺院、数寄屋、茶室
	軸組構法	軸組、軸組＋壁	住宅、店舗、事務所、集会場、学校
	木骨土蔵造	軸組＋壁	倉庫、蔵、店舗
	木骨組積造		
木質プレハブ構法	軸組式	軸組	住宅、店舗、事務所
	パネル式	壁	住宅、店舗、事務所
	モデュラー式	壁	住宅、店舗、事務所
枠組壁工法	ツーバイフォー	壁	住宅、店舗、事務所
丸太組構法	校倉造・ログハウス	壁	住宅、店舗、事務所
大断面木造	集成材構造 ハイブリッド構造	軸組、軸組＋壁、ラーメン、トラス、サスペンション、アーチ、ドーム、シェル	展示館、体育館、集会場、学校、教会、事務所、倉庫、店舗、住宅

◆**構造計算法による分類**

建築物は各種荷重に対して安全な構造でなければならない。この構造安全性は一般に荷重・外力を想定した詳細な構造計算によって行われる。しかし、木質構造においては、以下に示す規模のものでは、詳細な構造計算を省略することができる。

1) 茶室、あずまやなどの建築物、または延べ面積10m^{2}以下の物置などの建築物では構造計算は不要。

2) 階数2以下、軒高9m以下、最高高さ13m以下、かつ延べ面積500m^{2}以下の建築物では各構法において定められた構造規定を満たす必要がある。

これに対し、構造計算が要求される木質構造建築物は以下のとおりである。

1) 前記の2) に該当する建築物のうちの大断面木造建築物（→§125）

2) 前記2) を超える規模の建築物

3) 異種構造との組み合わせによる混構造建築物（在来軸組構法＋枠組壁工法、のような場合も含む）

　建物の規模、構造形式による構造計算の流れを表2に示した。なお、構造計算の方法にはいくつかの種類がある。これらについては§118～120で述べる。なお、法律的概念として、2) でいう「大断面木造」はあるが、「大規模木造」はなく、どのくらいの規模を「大規模木造」とよぶかは人によって異なる。しかし、一般には2) に該当する規模の構造物から「一般住宅（平屋、2階建戸建）」を除いたものをイメージしているようである。

表2. 木質構造物の構造計算の流れ [1]

最高高さ(H1)・軒高(H2)による区分	H1≦13m かつ H2≦9m		13m<H1≦31m または H2>9m		31m<H1≦60m	
階数(F)・延べ面積(A)による区分	F≦2 かつ A≦500m²		F≧3 または A>500m²		―	―
構法による区分	在来軸組構法 枠組壁工法 丸太組構法	大断面木造	在来軸組構法 枠組壁工法 丸太組構法	大断面木造	在来軸組構法 枠組壁工法 大断面木造	大断面木造
構造計算	詳細な構造計算は不要、ただし構造規定（例示仕様）を満たす必要あり	必要				
		通常の許容応力度計算、ただし大断面木造では層間変形角計算が必要		左記に加え、剛性率・偏心率のチェック	左記に加えDsのチェック	
		限界耐力計算				

◆耐火性能による区分

　建築物は耐火性能を基準に、耐火、簡易耐火、それら以外の3種類がある。防火上の地域は、防火、準防火、屋根不燃化、それら以外に分けられ、各地域に建てることのできる建築物は、面積、材料、階数に応じた耐火性能が必要になる。旧法では耐火建築物は鉄筋コンクリート造、れんが造に限定されていたため、大規模な特殊建築物および面積3,000m²、軒高9m、最高高さ13mを超える建築物を木造によって建てるには、大臣の特別の許可（38条評定）が必要であった。しかし、新法では一定の技術的基準（火災時に倒壊しないことの計算など）を満たせば可能となっている。なお、延べ面積1,000m²を超えるものについては、防火壁によって区画しなければならないことは同様であるが、防火壁も一定の技術的基準を満たすものであればよいように改正されている。　　　　　　　　　＜飯島泰男／鈴木　有／中村　昇＞

【文献】1) 詳しくは、菊地重昭編："建築木質構造", オーム社, (2001), 有馬孝禮ほか編："木質構造", 海青社, (2001), ほかを参照

118. 木質構造の設計法(1) −荷重・外力−

◆荷重の種類

建築物に作用する荷重・外力にはいくつかある。建築基準法施行令では、設計用の荷重として、固定荷重、積載荷重、積雪荷重、風圧力、地震荷重の5種類をあげている。これらを荷重の方向および加わる期間と変動傾向によって分類すると、表1のようになる。なお、橋梁などの土木構造物の設計に用いる荷重量の考え方については§143に述べる。

表1. 荷重の分類

荷重の方向	荷重の種類	摘要	荷重の加わる時間と変動
垂直方向	固定荷重（令84条）	建築物に固定されている材料（屋根、構造材、天井、床、壁）	供用期間中・ほぼ一定
	積載荷重（令85条）	建築物には固定されておらず、移動可能なもの（人、机、椅子、本棚など）	供用期間中・断続的に変動
	積雪荷重（令86条・告示1455号）	積雪量に応じた屋根上の雪の重さと屋根形状を考慮	積雪期間中・断続的に変動
水平方向	風圧力（令87条・告示1454号）	平均風速、建物の高さ・形状、周囲の状況、風の方向を考慮	強風時・短期間内に断続的に変動
	地震荷重（令88条・告示1793号）	地盤、建物の重量と振動特性を考慮	地震時・短期間内に断続的に変動

◆荷重量決定の方法

上記の設計用荷重値は、建築基準法施行令中に示されている。この数値の決定法の概略を以下に述べる。詳しくは、日本建築学会「建築物荷重指針・同解説」を参照されたい。

まず、固定荷重は比較的簡単である。これは当然、使用材料によって大幅に変わるが、材料の種類さえわかれば、これらの重量を加算すればよいことになる。令では屋根 300〜1,080N/m^2（母屋を含む）、天井 100〜390N/m^2、床 250〜590N/m^2（床梁を含む）、また壁 250〜830N/m^2（軸組を含む）程度である。

しかし、固定荷重以外の荷重では、表1に示したように、供用期間中に加わる時間や大きさが変動するため、積載荷重は実際の構造物での荷重量調査、積雪・風・地震では気象観測データをもとに荷重分布をモデル化し、統計・確率論を用いて推定している。この方法は§103で述べた「材料の下限値」の算出方法と同様であるが、ここでは「荷重の上限値」として求めるのである。たとえば、積載荷重は住宅の居室の場合、床の構造計算用として1,800N/m^2、大梁、柱または基礎の設計用としては1,300N/m^2、地震力や床のたわみ計算用

として600N/m²が使われている。ここで大梁等用の値は荷重分布の99.9%値（すなわち、荷重値を低い順番に並べたときの99.9%目の値=100年再現期待値=100年に一度生起）、地震力等に対する値は95%値、また床の構造計算用には局部的な荷重集中を考慮して大梁用の1.4倍の値としている。

積雪荷重は、屋根上の雪の重さに屋根形状係数（屋根勾配による低減係数）μ_bを乗じて求められる。地域は、年間の最大積雪深が1m以上、または積雪期間の平年値が30日以上の多雪区域と、それ以外の一般地域に大きく分けられる。なお、「最大積雪深」とは気象データから計算された50年に1度おこりうる最大積雪深に相当し、雪の重さはこれにその地域の雪の密度（200～400kg/m³）を乗じたものである。多雪区域における設計用積雪荷重を秋田県鷹巣町市街地について計算した結果では、年最大積雪深は1.44m、積雪荷重は4250N/m²となる。また、雪下ろしを行う慣習のある地方では、積雪深を1mまで低減させることが可能である。

骨組み用風圧力は速度圧に風力係数を乗じて求める。速度圧は地方区分ごとに決められた平均風速に、建物の高さや周囲の状況に応じた係数を乗じたものである。ここでいう平均風速とは、地上10mの位置での10分間平均風速の、50年に1度おこりうる最大値である。日本では30～50m/secに分布しているが、40m/secを超える地域は少ない。また、風力係数とは、建物の形状や方向によって決まる係数である。

地震荷重は地盤、各地域で予想される地震動の強さ、建物の振動特性（固有周期）、階高などによる複雑な計算が必要である。

◆荷重の組み合わせ

設計にあたっては、以上の荷重が組み合わされて構造物に加わると考える。この荷重の組み合わせは、構造設計の手法によって異なる（→§119、表1,2参照）。とくに多雪区域における積雪荷重に関しては、数ヶ月にわたる積雪時期中に、最大積雪深に相当した荷重が継続して載荷される可能性は低いため、荷重状態が長期にわたる場合の設計においては調整係数が乗じられる。なお、後述する各設計法（§119、120）では、主に建築物の耐力と耐力壁の変形について記載されているのみで、たわみを考慮した床組の設計法については触れられていない。この件に関しては告示1459号「建築物の使用上の支障がおこらないことを確かめる必要がある場合およびその確認方法を定める件」で、床ばりの初期たわみをスパン長の1/500以下とすることとしている。

<飯島泰男／中村 昇>

119. 木質構造の設計法(2) −許容応力度設計法と限界耐力計算法−

◆許容応力度設計法

　木造建築のうち、一定規模以上の建物では、§118で述べた荷重・外力に基づいた構造計算が必要になる。この許容応力度設計法（令82条の2～5）は以下の方法によって行うものである。

　1) 荷重の方向を鉛直、水平に分類する。このときの荷重の組み合わせは表1のようになる。

　2) 鉛直方向に対しては、それぞれの荷重負担面積に応じた荷重によって発生する応力が、ある許容値（許容応力度または変形量）以内であるように断面を決定する。

　3) 水平荷重に対しては、壁倍率（→§120）に基づく略算的なものと、一般の応力計算に基づくものの2つの方法がある。前者は各耐力壁の水平力負担能力の和が、荷重より大きくなるように壁の種類と配置を決定するものであり、後者は建物を適切な解析モデルに置き換えて、各種応力を計算するものである。

　4) 耐震計算では以上の1次設計（中小規模の地震によって建物に損傷が生じないようにするため）のほかに、大規模な地震のとき、建物が倒壊しないこと確認するために建物の全体変形や最終的な耐力を計算する2次設計がある。

表1. 許容応力度計算における応力の組み合わせ（令82条）

荷重状態		一般の場合	多雪区域	備考
長期	常時	G+P	G+P	
中長期	積雪時		G+P+0.7S	（積雪継続期間3ヶ月程度）
中短期	積雪時	G+P+S	G+P+S	（積雪継続期間3日程度）
短期	暴風時	G+P+W	G+P+W	建築物の倒壊、柱の引き抜けなどの検討には積載荷重を適宜減少させる
			G+P+0.35S+W	
	地震時	G+P+K	G+P+0.35S+K	

G：固定、P：積載、S：積雪、W：風圧、K：地震

◆限界耐力計算法

　従来の許容応力度計算法に加えて、「限界耐力計算法（令82条の6）」とよばれる新しい計算法によって構造計算してもよいことになった。これは通常の許容応力計算で想定したときより、さらに大きな荷重が負荷した場合の建物の安全性をも検証する方法である。まず地震時以外に関しては、表2の応力の組み合わせを用い、許容応力度計算法と同様の手続きで計

算をすすめることになる。この表を許容応力度計算に用いる表1と見比べていただければ、積雪（S）と風圧（W）の部分の係数が異なっていることがおわかりと思う。これは、各荷重のばらつきから考えて、おおむね500年に1度おこりうる荷重量になるように調整しているためである。地震時に関しては、地震力によって作用する力と変位を建物の固有周期とやや異なった方法によって計算することになっている。

◆許容応力度の関係

表2. 限界耐力計算における応力の組み合わせ（令82条の6）

荷重状態	一般の場合	多雪区域	備考
積雪時	G+P+1.4S	G+P+1.4S	
暴風時	G+P+1.6W	G+P+1.6W	建築物の倒壊、柱の引き抜きなどの検討には積載荷重を適宜減少させる
		G+P+0.35S+1.6W	

G：固定、P：積載、S：積雪、W：風圧、K：地震

木材の許容応力度規定は令89条に示されている。令95条には積雪荷重についての関連規定がある。これらをまとめると、荷重条件に対する許容応力度は表3のようになる。

短期は比較的短い時間（数分以内）の荷重条件（風、地震）を想定したもので、係数の2/3の逆数が安全率に相当する。長期は50年間継続して加わる固定、積載荷重に対応するものである。

このように、荷重の負荷期間によって許容応力度が変わるのは、木材強度は荷重負荷が継続する期間によっても影響（DOL効果という→§99）を受ける、という木材特有の性質に基づいている。たとえば、長期の許容力度＝短期×0.55になるのは、短期荷重に対する強度の55％の応力条件が継続負荷された部材は、50年後には破壊することが予測されることを意味する。また、表3中の「積雪」は、長期と短期の中間的な継続期間となる積雪荷重を、一般地域と多雪地域に分けてそれぞれを3日間（中短期）、3カ月間（中長期）の継続期間と考え、DOL効果を考慮して補間したものである。　　　　　　　　　　　＜飯島泰男＞

表3. 荷重条件に対応した木材の許容応力度

基準強度	限界耐力計算		許容応力度計算			
	積雪	積雪以外	短期	中短期	中長期	長期
				積雪		
				一般地域	多雪区域	
F	4F/5	2F/3	2F/3	1.6F/3	1.43F/3	1.1F/3

120. 木質構造の設計法(3) −壁量計算と壁倍率−

◆壁量計算

　木造建築のうち、階数2まで、延面積500m²までの在来工法と枠組壁工法については、建物に必要な耐震性と耐風性を確保するために、構造計算に代わる簡便な方法として「壁量計算」とよばれる方法を採用している。これは、建物のその階の床面積に一定の値を掛けると、その階に必要な筋かい入軸組や耐力壁の長さが与えられる、というものである。

　床面積に掛ける値は、地震力に対しては図1のようになっている。つまり、「軽い屋根」で平屋建ての場合であれば、床面積1m²に対して、構造物の梁間（小屋梁に平行な方向）・桁行（梁間に直交する方向）の両方向にそれぞれ11cmの長さの壁を入れることとしている。また暴風に対する規定も別に定められている。

　こうして求めた壁量は、耐力性能の標準となる壁に対する量であって、この標準壁の耐力を基にして、これに対する耐力の比を倍率（壁倍率）とよぶ。使用する壁の倍率と長さを乗じたもの（有効壁量）を壁の種類ごとに求め、その総和が先に求めたその建物に必要な壁量を超えるようにすることによって、一定の耐震・耐風性能が満たされるとするのが壁量計算である。

表1. 地震力に対する必要壁率（cm/m²）

建築物の種類				壁 率（cm/m²）					
				平屋建	2階建		3階建		
					1階	2階	1階	2階	3階
枠組壁工法	軸組構法	一般地域	瓦葺きなどの重い屋根の建物	15	33	21	50	39	24
			金属板などの軽い屋根の建物	11	29	15	46	34	18
		多雪区域	積雪1mの地域	25	43	33	60	51	35
			積雪2mの地域	39	57	51	74	68	55

◆壁倍率

　いろいろな壁の倍率は、図1に示したようなせん断加力実験（口絵写真68、69）で求めている。この実験は、長さ1.8m程度、高さ2.7m程度の大きさの耐力壁を試験体とし、土台を加力フレームに固定し、桁をジャッキで押したり引いたりして行う。これから、降伏耐力 P_y、終局耐力 P_u と塑性率 μ、最大耐力 P_{max}、特定変形時耐力（柱脚固定式1/120rad

時、タイロッド式1/150rad時）を考慮して、4つの指標の最小値から基準耐力 P_0 を求める。

$P_0 =$ min. $\{P_y,\ 0.2P_u \cdot \sqrt{2\mu - 1},\ 2/3P_{max},\ P_{120}$ または $P_{150}\}$

P_0 にばらつき係数を乗じた値を、基準耐力 1.96kN/m で除した値が壁倍率である。詳しくは各種文献 [1]を参考にされたい。

◆壁量計算規定の意義

　従来の壁量計算法を満足した建物の耐震性能は、最大耐力が設計荷重の 1.5 倍以上あり、最大耐力に達するまでに設計荷重時変形の 2 倍以上の変形能力があるといえる。実際、阪神大震災ではこの規定に基づいた建物の被害は軽微で、基準が必要な安全性を確保するのに有効であったことを示している。新基準ではこれに加えて Ds を用いた評価法を導入し、建物は標準層せん断係数 1.0 を満足するようになった。すなわち大地震の地震力（＝建物荷重）をねばりに応じて低減し、建物の倒壊を防ぐ、という方式になった。

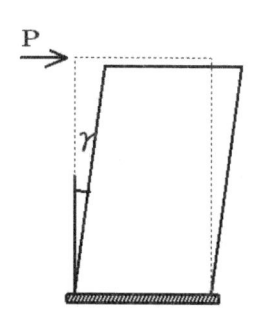

図1. せん断加力試験

　1950（昭和 25）年に初めて建築基準法が制定され、壁量計算規定もこのなかに盛り込まれた。それまでの地震被害調査結果をもとに、壁量確保によって耐震性能を一定水準以上にしようという意図である。基準法にはこのほかにも耐震性に関連して、たとえば従来は束建てであった床下を、布基礎と土台で建物外周を囲むように、と規定している。

　これにより、木造建築の耐震性は従来より向上したといわれている。しかし、この規定は耐震性という特定の機能のみに注目していて、他の機能、たとえば耐久性などを等閑視していること、また従来の伝統的構法（たとえば開放的な建物）を存続不能な状況に追いやるなど、重大な影響を木造建築に与えていることも、また無視できない事実である。筋かい入り軸組は、最終的に壁になることや面材を張った壁を耐力壁と認定するなど、この規定は木造建築を壁式構造に移行させたといってよい。これによって壁式構造は構造躯体が隠れてしまうことや壁内結露を起こしやすくなることなどから、建物の寿命を短くしてしまっている（→§8、9）。また阪神・淡路大震災で、あのように大きな被害を出してしまった一因も、ここにあるようにも思える（→§128）。このようなことを踏まえて、今後は総合的な観点から耐震性について検討していく必要があろう。　　　　　　　　　　＜平嶋義彦／中村　昇＞

【文献】1)たとえば、小松幸平：木質構造の耐力要素，"木質構造"，海青社，(2001)

121. 建築基準法の大幅改正とエネルギー基準

◆耐震偽装事件と基準法の改正

　2005年耐震偽装が発覚し、2007年に建築基準法が大幅に改正された。この改正は、建築確認の厳格化であり、四号建物の構造計算特例の廃止をうたっていた。しかし、この厳格化により、新設着工数の大幅な落ち込み（改正建築基準法不況）があり、四号特例の廃止は平成22年度8月時点でも未だに検討委事項となっている。この耐震偽装事件により、建築基準法の他にも「建設業法と宅建業法」（2006年）、「建築士法」（2008年）が改正され、「瑕疵担保責任履行確保法」が施行（2009年）されている。

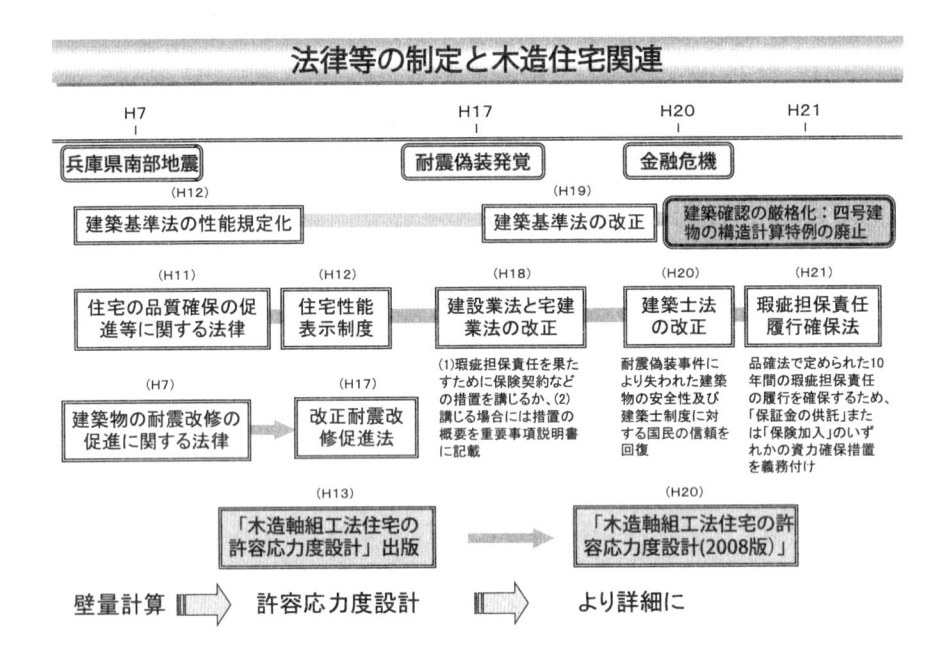

法律等の制定と木造住宅関連

H7	H17	H20	H21
兵庫県南部地震	耐震偽装発覚	金融危機	
(H12) 建築基準法の性能規定化	(H19) 建築基準法の改正		建築確認の厳格化：四号建物の構造計算特例の廃止
(H11) 住宅の品質確保の促進等に関する法律	(H12) 住宅性能表示制度	(H18) 建設業法と宅建業法の改正	(H20) 建築士法の改正	(H21) 瑕疵担保責任履行確保法
(H7) 建築物の耐震改修の促進に関する法律	(H17) 改正耐震改修促進法			
	(H13) 「木造軸組工法住宅の許容応力度設計」出版		(H20) 「木造軸組工法住宅の許容応力度設計(2008版)」	

壁量計算 ⇒ 許容応力度設計 ⇒ より詳細に

◆改正内容

(1) 建設業法、宅建業法改正（平成18年12月施行）：瑕疵保証利用の有無の説明義務化

(2) 建築基準法の改正（平成19年6月施行）：建築確認・検査の厳格化、建築確認申請、中間検査、完了検査の添付図書の追加、建築確認申請時の必要図面の規定（配置図、平面図、

立面図、基礎伏図、床伏図、壁量計算等（4号建築物は特例で下線部分は提出義務なし））
(3) 建築士法の改正（平成20年12月施行）：構造設計一級建築士、設備設計一級建築士の新設、定期講習の義務づけ、4号建築物の特例の見直し、上記構造設計建築士が設計しない場合は、建築確認申請に基礎伏図、壁量計算書等の提出義務化
(4) 住宅瑕疵担保責任の履行の確保法成立（平成21年10月施行）：瑕疵担保責任の義務化「特定住宅瑕疵担保責任の履行の確保に関する法律」（保険または供託制度）

◆エネルギー基準

　省エネ基準は、住宅に使われるエネルギーの中で、暖冷房エネルギーに関する省エネ性について示したもので、断熱・気密・日射遮蔽などの建築的な省エネ手法が中心となった基準である。1970年代の2度のオイルショックを契機に、1979年に「エネルギー使用の合理化に関する法律」が制定され、翌年の1980年に「省エネルギー基準」が定められた。また、1999年には、一段厳しい「次世代省エネルギー基準」が定められている。住宅の省エネはCO_2放出削減に大きく寄与するもので、今後次世代省エネ基準をクリアした木造住宅が増えることが期待される。　　　　　　　　　　　　　　　　　　　　　　　　　＜中村　昇＞

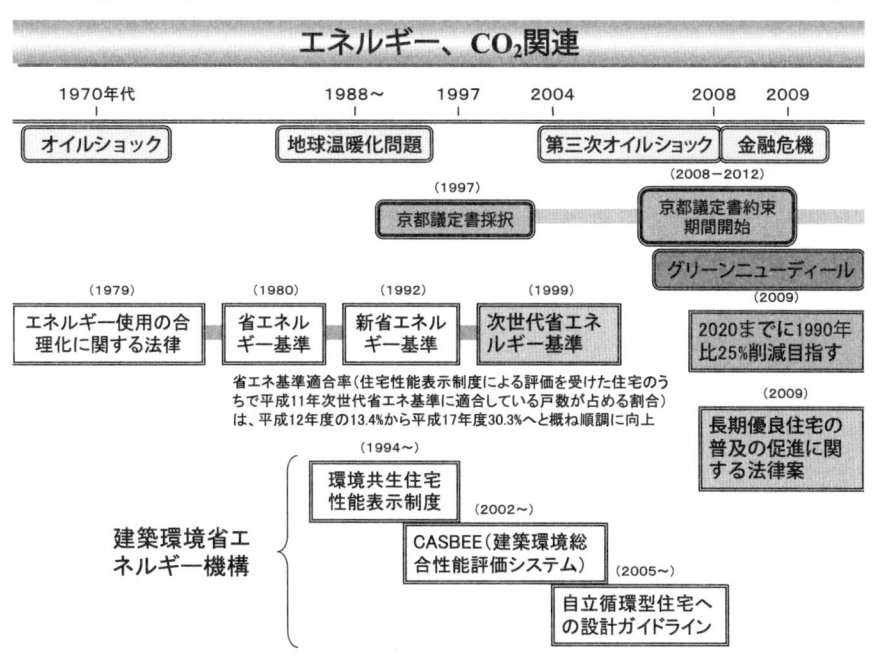

エネルギー、CO_2関連

1970年代	オイルショック
1988～	地球温暖化問題
1997	第三次オイルショック（※原文ママ）
2008	金融危機
1979	エネルギー使用の合理化に関する法律
1980	省エネルギー基準
1992	新省エネルギー基準
1999	次世代省エネルギー基準
1997	京都議定書採択
2008-2012	京都議定書約束期間開始
2009	グリーンニューディール
2009	2020までに1990年比25%削減目指す
2009	長期優良住宅の普及の促進に関する法律案
1994～	環境共生住宅性能表示制度
2002～	CASBEE（建築環境総合性能評価システム）
2005～	自立循環型住宅への設計ガイドライン

省エネ基準適合率（住宅性能表示制度による評価を受けた住宅のうちで平成11年次世代省エネ基準に適合している戸数が占める割合）は、平成12年度の13.4%から平成17年度30.3%へと概ね順調に向上

建築環境省エネルギー機構

122. 住宅の品質確保促進法

◆「品確法」とは

　この法律は、正確には「住宅の品質確保の促進等に関する法律」といい、1999年から2000年にかけて法と制度が整備されたものである。この目的は、欠陥住宅に対する業者責任の明確化、欠陥住宅の追放、長寿命住宅の供給、ということであり、瑕疵担保責任10年義務化と住宅性能の表示基準と評価制度（任意）を設けて、品質評価を受けた住宅のみに限り行われる紛争処理機関の機能、運営方法などが示されている。

◆瑕疵担保責任10年の義務づけ

　法87条では、新築住宅建設工事の請負契約においては、請負人は、注文者に引き渡した時から10年間、住宅のうち構造耐力上主要な部分又は雨水の浸入を防止する部分の瑕疵（かし）について担保責任（無償補修）を負う、としている。ここで「構造耐力上主要な部分」とは、住宅の構造耐力を負担する部分である。なお、瑕疵とは、欠陥とほぼ同じ意味で、引き渡す新築住宅の品質・性能として当初約束されていたものと異なることをいい、設計図書にしたがった施工が行われていない場合や、住宅が最低限有すべき性能が確保されていない場合にも瑕疵として取り扱われる。

◆住宅性能評価制度と基準

　住宅性能評価制度は消費者に対し住宅の性能をわかりやすく示すため、構造的な強さや火災時の安全性、高齢者への配慮などの性能を公的に指定された機関が評価し、それを表示できるようにする制度である。具体的には、国の指定を受けた指定住宅性能評価機関が「日本住宅性能表示規準」に基づいて、設計図面などに対する設計性能評価と施工・完成時の建設性能評価の2段階で評価を行う。手数料金は評価機関によって異なるが、戸建て住宅の場合10万～20万円といわれている。なお、この評価を受けることが義務付けられているわけではない。

　評価項目は、1) 構造の安定：地震や台風などに対する強度、2) 火災時の安全：火災の感知や燃えにくさ、3) 劣化の軽減：防湿、防腐、防蟻処理といった建物の劣化対策、4) 維持管理への配慮：給排水管やガス管の清掃・点検・補修など維持管理のしやすさ、5) 温熱環境：住宅の省エネルギー効果、6) 空気環境：化学物質に対する配慮や換気対策など、7) 光・視環境：室内の明るさを左右する開口部の比率、8) 音環境（選択制）：屋外の騒音に対する

遮音性、9) 高齢者などへの配慮：段差や手すりなどバリアフリーの度合い、の9項目である。等級については、最も低い性能が等級1で、最大等級は2～5と評価項目によって異なる。建築基準法を満たしていれば、自動的に等級1はクリアできる。たとえば「構造の安定」という項目の中の耐震等級は等級1から等級3まであり、等級1は法と同レベル、等級2では法の1.25倍、等級3では1.5倍の耐力が求められる。

◆**長期優良住宅の普及の促進に関する法律**

「つくっては壊す」消費型の社会から、「いいものをつくり、きちんと手入れをして、長く大切に使う」ストック型社会への転換を目指して、2009年6月4日に施行された。この長期優良住宅の認定基準は、前述の「日本住宅性能表示規準」に基づいているが、性能表示以外の要件では、定期的な点検をするための「長期維持管理保全計画」の作成が必須となっている。また、国産材、地域材の利用促進の必要性が盛り込まれていることも特徴的である。

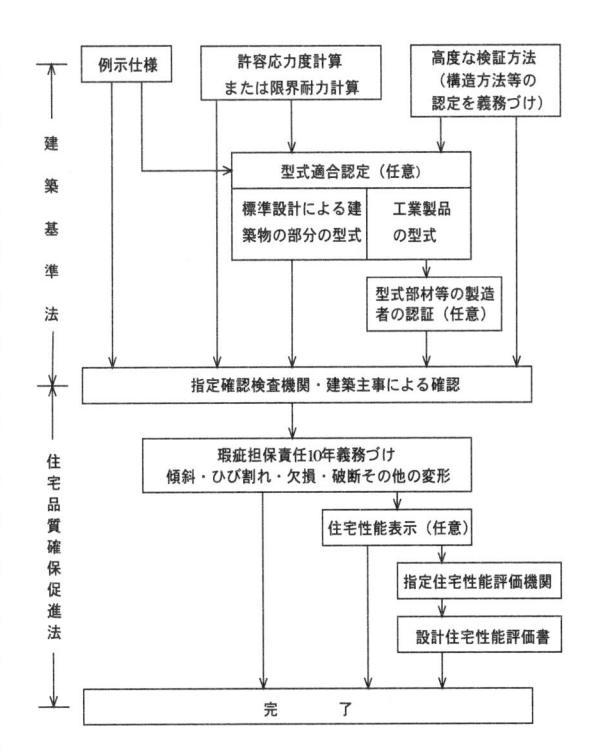

◆**建築基準法との関連**

建築基準法と品確法の関連は図1のようであり、建築物は例示仕様（壁倍率計算）または各種構造計算によって、指定確認検査機関または建築主事によって建築確認を受けたのち、住宅に関しては品確法の規程にしたがって品質を保証していくことになる。なお、品確法での住宅の構造安定性能評価方法は、建築基準法令に記載されるものに加えて、法独自の仕様規定（品確法壁量・耐力壁線間隔・床倍率・接合部倍率）があり、品確法壁量は基準法によるものとは異なっている。

図1. 建築基準法と品確法の関連

<飯島泰男／中村　昇>

123. 木質構造の種類(1) －在来軸組構法－

◆在来軸組構法とは

　わが国の伝統的な木造構法が改良されながらできてきた構法である。耐震要素の貫(ぬき、柱に水平に差し通してくさび留めする幅広で縦使いの厚板)が筋かいに、土塗り壁がボード張りに、梁や桁・太い根太の嵌合（→§110）による水平面の剛性確保が隅角に入れる火打ち依存に、やや太目の材を使用した精巧な木組みの継ぎ手・仕口が細径材で簡略化され金物補強併用に、柱や土台直置きの玉石や布石基礎が土台を緊結する鉄筋コンクリートの連続布基礎に、それぞれ変わるなどして現在の構造形式になった。本来強い地域性をもっていたこの構法も、生産性重視の時代背景の中で均質化が進んだが、このことは木造のもつ地域性を薄めさせた反面、耐力性能の全般的底上げにつながった。

　現在の標準的な構造の形は法規定にも反映している。建築基準法施行令でいう「木造」は主にこの構法が対象で、次の構造要素を持つことを原則とする。1）梁・桁等の横架材と柱からなる軸組構造、2）鉄筋又は無筋コンクリート造の連続布基礎、3）最下階下部に土台、4）法規定の断面寸法を満たす柱、5）2階建以上の隅柱相当に通し柱、6）水平力抵抗要素の壁や筋かい、7）床組と小屋組の隅角に火打ち材、8）小屋組に振れ止め、である。この構法の近年の変化に注目しながら、耐震性に関わる構造上の特徴を以下に要約する。

◆構造優先から間取り優先に→構造計算の厳格化

　施行令中の数量規定は耐力壁の総量と柱の小径だけということからもわかるように、強制力をもつ基準が緩い。加えて、伝統と経験に基づく自在な軸組構成が可能であり、設計の自由度が高い。そのため、施主が希望する間取り優先でも、建設途中の変更もでき、構造が後追いになっていた。しかも、上下階の柱や壁の配置がずれるなど、構造の整合性が取れないままでも建設は可能であり、近年は大工棟梁の構造認識能力も低下して、耐力要素の不足・その配置の不均衡等の構造欠陥が生じやすい。しかし、§122に示した大幅な基準法の改正後、建設途中の変更は不可能となり、また、「木造軸組工法住宅の許容応力度設計」が出版されるなど、厳格化がなされている。

◆真壁から大壁に

　柱や梁を見えがかりにする「真壁つくり」と構造材を面材で隠してしまう「大壁つくり」のどちらも可能であるが、近年、外壁はもちろん、和室内部を除き内壁もすべて大壁とする

住宅が多くなった。間取りが狭く間仕切壁が増える傾向も加わって、大壁の下地や仕上げに面材を多用するようになったため、家全体の剛性が高くなり、耐震性能は向上した。反面、構造材が壁内に閉じ込められて通気性が乏しく、腐朽や蟻害を受けやすくなっている。

◆伝統和風の木組み接合部から金物補強形式に

接合は今も伝統和風の継ぎ手・仕口だが、近年は木組みが簡略化され、接合金物で補強するのが一般的になった（→§111）。接合方法は簡素化されたが、木組みと金物の組み合わせが適切なら、木質構造の要（かなめ）、接合部の剛性と強度は高められる。しかし、乾燥不足の木材が使われた場合では、時間が経つと木の収縮によって金物が緩み緊結力が落ちやすい（→§72、73）。また大壁つくりの通気が確保されない高湿な環境では、鉄の錆化と木材の腐朽という悪循環を生じ、時間とともに接合能力が低下しがちである（→§8、9）。

◆軸組構造から壁式構造へ

各種の面材料の開発と工法の簡略化が進んだ。近年は壁体や床板に、また屋根下地の野地板にも合板やボード類が多く用いられており、筋かいや火打ち入りの構面や製材の板材張り下地に比べると、面材張り構面は柱や梁、胴差しや根太の上に直接、面一（つらいち）に張る工法も普及し、剛性と強度の向上が目覚ましい。随所にみられるこうした面材料の多用によって、在来構法の住宅は「壁式構造」のようになった。構造体としての一体性、力の流れの連続性・円滑性が増し、耐震性能は飛躍的に高まったと考えてよい。大震災の激震地でも、多数の新しい住宅がほとんど無傷で生き残ったのは主にこの理由による。

◆墨付け・刻みからプレカットへ

木造伝統の部材の墨付けや刻みに代わって、継ぎ手・仕口の加工や部材の切削も専用の機械で行う「プレカット」（→§110）が使われ、熟練した大工の不足を補完し生産性をあげて、他構法との競争力を高めている。とくに継ぎ手・仕口の加工精度が上がり、施工現場での接合部の収まりがよく、各接合部と軸組全体の剛性や強度の向上に寄与している。反面、大工が代々受け継いできた伝統の技能を廃れさせ、また個々の木のクセを見分けて適所に使い分け、加工を調整することが、流れ作業の中では難しくなっている。

<鈴木　有／中村　昇>

写真1. 在来軸組構法木造住宅の建設風景

124. 木質構造の種類(2) －木質パネル構法と枠組壁工法－

◆木質パネル構法とは

　木質プレハブ住宅のほとんどは、木質系の材料でできたパネルで壁や床をつくり組み立てていく壁式構造の「木質パネル構法」でつくられている。建築基準法施行令で規定している軸組構法や告示が認めている枠組壁工法による建物が、資格をもつ建築士ならだれでも設計でき、普通に登録した建設業者なら施工できるのに対して、木質パネル構法は国土交通大臣が特別に認める（旧法38条、新法では「型式適合認定」による→§122の図1参照）もので、その材料・方式のみにより特定の業者にしか建設できない。初の認可は1962年のミサワホーム。1973年には「建設大臣工業化住宅性能認定制度」が発足し、住宅の多岐にわたる性能から、生産・販売・施工・保証制度や品質管理まで企業の体制が審査されるようになった。

　この構法で認定された工業化の程度（パネル化の度合い）はさまざまである。軸組構法にパネルをはめ込むだけのものから、柱も横架材もなくすべてパネルで組み立てられる方式、さらには部屋サイズでユニット化し、内外装や配線・配管・設備の一部まで組み込むものまである。

◆木質パネル構法の構造上の特徴

　耐震性と断熱性に関わる面を中心に、その構造上の特徴を要約すると、

　1）認定制度での性能評価の中心は構造耐力で、実験と計算で必要な強度が確認されている。主流をなす接着パネルは、釘打ちよりせん断変形が少なく剛性が高い。また壁と床、天井や屋根により箱型となり一体化するので、大破壊をおこしにくい構造体となる。しかし、まだ建設の歴史が浅く、パネルの接着やパネル間の接合性能の時間経過による劣化、密閉された木材の腐朽、維持管理との関係などに未検証の不安を残している。

　2）木質パネルは断熱性の高い木材を芯材にして、一般に断熱材を充填してつくられるので、断熱性能が高い。さらに、パネル間の接合部が高精度で組み立てられるから、室内空間の熱損失が少なく、省エネルギー性が高い。しかし、断熱材や面材には石油化学製品が、木材には防腐処理剤が、接合には接着剤やコーキング材が使われている。室内空間の気密性が高いので、使用材料の成分や通気・換気に格段の配慮がない限り、建材と室内環境のエコロジー性には問題が多い。

◆枠組壁工法（ツーバイフォー）とは（口絵写真59）

　元は北米で主流の在来構法で、1974年建設省告示で認められ、わが国の一般的な構法のひとつとなった。1997年制定の「枠組壁工法技術基準告示」では「性能規定」への指向が盛り込まれていた（→§116）。「木材で組まれた枠組に構造用合板その他これに類するものを打ち付けた床及び壁により建築物を建築する工法」が法規上の定義で、「枠組壁工法」の由来がわかる。使用製材はJASに規定され、十数種と少ないのが特徴（ディメンション・ランバーとよばれる）。このうち公称2インチ×4インチ（実寸はどの材も1／2インチほど小さく38×89mmである）の製材を最もよく使うので、「ツーバイフォー」が通称になっている。

　日本で用いられる製材は北米規格とまったく同一であり、最近、一般的な目視区分によるものに加えて、いわゆる「MSR材」（→§106）と「枠組壁工法構造用たて継ぎ材」の使用が可能となった。軸材料としては製材以外の集成材、LVL、TJIなどの組み立てばり（→§50）、面材料としては合板、PB、OSB、その他窯業系ボード（→§54）などが使われている。

◆枠組壁工法の構造上の特徴

1）構造部材の継ぎ手・仕口は入りくんだ木組みをせず、原則突き付け。基本的に3種類の釘打ち工法を部位により使い分けて、また一部に補強金物（Cマーク表示品）を使って接合する。接合の中心になる釘は、太目鉄丸釘（通称CN釘、長さ50～90mmの4種類）、各種メッキ釘である。

2）建方は、プラットホーム工法といわれるように、通常、基礎・土台→1階床組→1階壁組→2階床組→2階壁組→小屋組、の順に行われる。材料、施工が単純化されているため、工事に特別の技能を必要とせず、短い工期で施工でき、作業場に床組を利用するなどで生産性も高い。大工技能者の施工水準と現場での施工管理の適否が構造体の耐力性能に直接影響する。

3）内外壁ともに「大壁つくり」となり、床組も含めて箱型に一体化するので、剛性と強度を確保しやすい。また気密性が高いので断熱性能をあげやすい。しかし、構造材の木と接合材の釘や金物を壁体内等に閉じ込めてしまうので、通気の確保が十分でないとここが高湿環境となって結露しやすく、腐朽や錆化が進みやすい。時間経過による耐力性能の劣化とエコロジー性については、木質パネル構法の場合と共通する問題を抱えている。

<鈴木　有／飯島泰男>

125. 木質構造の種類(3) －丸太組構法と集成材構造－

◆丸太組構法とは

「丸太組構法」は、校木（あぜき、図1）とよばれる多角形の断面を持つ木材を横置きにして、井桁のように組みあげ、壁体とする構造（口絵写真60）。壁体の圧縮とせん断で家屋の重さと水平力に抵抗する壁式構造の一種である。

その起源は古く、ヨーロッパやアジアの各地にみられる。日本では5世紀頃の宮殿が「朝倉」とよばれていたと日本書紀の記述にあり、現存する遺構は奈良の正倉院に遡るというように、長い歴史を持つ構造形式である。日本の校倉（あぜくら）の遺構はいずれも寺社のお経や宝物の収蔵庫であるが、中部地方には丸太や押角を使った井楼（せいろう）倉という民家の倉庫がある。

明治以降、校倉はほとんど用いられなかったが、1970年代、北欧や北米から主に別荘用に校倉構法の建物が輸入され、「ログハウス」として親しまれるようになった。当初は建築基準法第38条による建設大臣認定を要したが、需要の伸びを背景に、1986年「丸太組構法」として技術基準の告示（→§116）が公布され、オープンな木造構法の1つとなった。

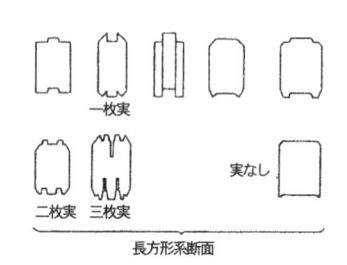

出典：丸太組構法技術基準
日本建築センター

図1. 校木の断面形状

◆丸太組構法の構造的特徴

1) 壁体の一体性を高めるため丸太では下側を円弧状に削り、角材では1～3枚の実矧ぎ（さねはぎ）として安定性と気密性の確保、乾燥による反りの防止を図っている。2) 井桁に校木が交差する部分に力が集中するので、校木を互いにかき込んで噛み合わせるほか、堅木や鋼のダボを差し込んで固めるのが一般的である。3) 壁体がかたくなるほど水平力による校木の浮き上がる力が大きくなる。軸ボルト（通しボルト）やアンカーボルトで壁体を布基礎に緊結する。4) 一般に校木の乾燥収縮により壁の高さは次第に低くなる。軸ボルトの締め直しと建具の枠が壁との間で滑るようにする配慮が欠かせない。使用する木材品質に対する制限はかなり緩く、断面積120cm^{2}以上、1,400cm^{2}以下で、集成材などの利用も可能である。

◆**集成材構造と大断面木造**（口絵写真64）
　「集成材構造」は、「構造用集成材を主要構造材として用いた構造」という意味で一般的に用いられているが法律的な定義はない。最近では、在来軸組や木質系のプレハブ住宅でも、柱用あるいは長尺や大断面を要する部材に構造用集成材がよく使われるようになった。
　「大断面木造」とは、文字通り大きな断面の木質構造材を使った構造で、1987年の法律改正時に防火措置を施すことを条件として、軒高9mまたは最高高さ13mを超える大規模な木造建築物の建設が可能となった。旧法では、「大断面材」の最小断面を短辺15cm以上、断面積300cm^{2}以上の木材として規定していたが、新法では構造耐力上の安全性を構造計算によって確認することが求められることから、この規定は削除された。しかし、実質的には「大断面材＝大断面構造用集成材」であり「大断面木造」のほとんどが大断面構造用集成材（→§43）によって建築されている。

◆**集成材構造の特徴**
　大規模木造建築の構造計算が法的に認められて以来、さまざまな構造形式と新しい施工法が試みられ、多彩な建築物が各地に建設されるようになった。構造形式でとくに好んで用いられるのは、自在に形を造れる集成材の特徴をいかしたアーチやドームのような湾曲材使用の形態であり、湾曲山形ラーメンもしばしば採用される。最近の建築実績も多く、その意味では、以前のような「珍しさ」はなくなった、ともいえる。
　以上のような木造の大規模構造物ができるようになった主な理由は、1) 集成材がEWで、高度な構造計算の俎上にのるようになった、2) 形状と長さが自由であるため意匠的な自由度が大幅に高まる、3) 加熱を受けても炭化速度が安定しているため、大断面材では燃え代を考慮した残存断面による部材設計が可能であり、火災時の倒壊防止が図れるようになった（この場合、燃え代設計といって、防火性を考慮して部材寸法を2.5cm加算することが要求される→§129）、4) 木材は他の構造材料に比べて、酸やアルカリなど化学成分への抵抗力が高いため、こうした環境下での長期の耐久性に優れ、海辺や温泉の建物、プールや化学プラントの上屋にも適している、などである。
　なお、この構造は部材加工と現場施工の精度が格段に要求される。したがって、構造計画は施工計画を下敷きにして立案されねばならない。　　　　　　　＜鈴木　有／飯島泰男＞

126. 木質構造の種類(4) －伝統構法－

◆伝統構法とは

屋根を支える小屋組の合掌（屋根部分の上端に掛け渡された斜め材）を例外として、柱と横架材（梁や桁や貫）など水平と垂直の直線材で構造体をつくる軸組構法。半剛節の接合部をもつ「ラーメン構造」（主に部材の曲げで外力に抵抗する）が構造形態としての基本である。この構造体に、剛性の高い土壁や板壁（主にせん断で抵抗する）を要所に挿入して躯体を固め、変形を抑える。本来はわが国の「在来構法」であったが、大戦後の建築基準法と住宅金融公庫仕様書の制定をきっかけに筋かいや火打ちなどの斜材を取り入れ、接合部の木組みを簡略化して回転を許し、軸組は主に部材の伸びと縮みで抵抗する「トラス構造」に変質した。近年はさらに、合板などの面材が壁にも床にも多用され、「壁式構造」が併存するようにも変化したので、古くから明治期にかけて完成した上記の構法を、今は「伝統構法」とよんでいる。

◆伝統構法の構造的特徴（口絵写真67）

1) 原則は太目の材を用いて、木組みで継ぎ手・仕口とよばれる接合部を固め、部材の再利用を前提にして解体可能なように、堅木の楔・栓（せん）・車知（しゃち）等を差し込んで固着する。2) 柱と梁からなる柔性のラーメン構造を、差し物（背の高い付け梁）や土台を付け足して、あるいは貫（ぬき）という厚板を柱間に何段か差し通して補剛する。3) せん断による抵抗と変形抑止能力の高い土塗り壁を要所に設け、開口部の周囲にも垂れ壁・腰壁・袖壁として挿入し、構造体の剛性と強度を高める。4) 柱や束は自然石でつくった凸状の玉石基礎の上に、土台は平らで細長い布石基礎の上に直置きし、上部構造と基礎は固定しない。

◆伝統構法はねばり強い耐震機構を持つ

戦後普及した在来構法に代表される「現代構法」は、構造力学の論理に基づいて、力には力で抵抗する剛強な構造体をつくろうとする。「垂直材と水平材の間に斜材を入れた軸組」と「厚板の面材を張った壁体や床版」との協働作用で抵抗する耐震機構をもつ。この「力抵抗型」は、一般化した計画・工法・技術に立脚して、基本を忠実に守れば大抵、力の封じ込めに成功し、ほぼ無被害にとどめうる。しかし面材張り構面が破られると、筋かいに地震力が集中し、筋かいが損傷し柱が引き抜けて、一気に大破壊に進みやすい。

これに対して、「伝統構法」は自然体で地震の力をしなやかに受け入れ、各所に分散しなが

ら吸収するねばり強い構造体をつくろうとする。中程度の地震には「堅いが脆い土塗り壁」によって揺れを抑えて無被害に止める。大地震にはこの土壁を先に壊してエネルギーを吸収しつつ「立体格子状の木造軸組」で力を分散し、揺れるほどに「木を噛み合わせ堅木を叩き込んで固めた接合部」で、変形とエネルギーを吸収して耐える。そして、想定外の地震動に対しても、「柱直置き基礎」で上部構造を滑らせる一種の免震的工法によって揺れのエネルギーを遮断し、致命的な被害から免れようという、多段階に備える耐震機構をもっている。この「自然体型」は、無理をせず、地震力が大きくなれば壊れる部分もあらかじめつくっておき、木部のめり込みや擦れ合いではたらくダンパーを、多数の接合部に内蔵して、エネルギーを消散しあるいは遮断する。材料と構造と工法の絶妙な経験的・口伝的バランスの上に成立し、地域の自然外力条件の下で長年にわたって確かめられてきたものではあるが、普遍化するには至っていない。しかし、振動台を用いた実大住宅の実験、接合部などの要素実験などを行ない、普遍化されつつある。

◆伝統構法は「呼吸」する家にこだわる

「現代構法」では、経済性の重視から共通化や規格化が優先する。タフな建築材料と機械設備や薬剤で腐朽に備え、住み手による対処を省けるメンテナンスフリーを目指す。高度に加工された材料が建材にも設備にも使われるので、省エネルギーにはなり難く、環境の破壊や汚染にもつながりやすい。便利さと快適さを求める結果、家全体が気密化して、計画的な通気や換気など機械による対処も借りないと、通気性の乏しい、いわゆる「呼吸」をしていない家、腐朽が進む家になりやすい。これに対し「伝統構法」では、自然の理に逆らわず、これに即した対処をよしとする。本質的にそれぞれの地域の自然環境に拠った構法であり、全国共通の方式を持ちながらも、地域ごとの多彩な対処の方法に特徴がある。雨戸や雪囲いや土縁（どえん－冬には板戸を立てて土間を内部空間に取り込む）のように、住み手がいつも主役で、時刻や季節に応じて家のしつらえを変化させ、環境調節を行う場合が多い。土着の自然材料を、弱いものや半端なものも巧みに用いて、地域の生態系の中で資源の循環・再生を大切にする究極の「エコロジー住宅」である。

＜鈴木　有＞

写真1．木高研構内の伝統構法住宅実験棟

127. 木造住宅は地震に弱いか？(1)

◆軽い建物には少ない作用地震力

　初等力学の基本則「ニュートンの運動法則」によれば、地震の揺れによって建物に働く地震力はその自重に比例する。軽量な構造材からなる木質構造はそれだけ地震に対して有利で、少ない保有耐力で抵抗しうる。とくに、重い葺き土や壁土を使わず、スレートや鋼板のような軽い屋根材、サイディングやボードなどの軽い面材の壁を用いる近年の木造住宅は、往時に比べて自重は半減したといってよい。はたらく地震力も半減するはずである。

◆粘り強い木質構造

　加えて木質構造には、継ぎ手や仕口（→§110）、面材と枠材との固定部分などの接合部をもつ。ここには若干のガタがあり、変形が進むと木がめり込み、揺れのときには擦れ合う。補強金物も引き抜けて構造体に生じたせん断変形（横ずれ）をここで吸収し、揺れのエネルギーを材料の塑性化や摩擦によって消散するダンパーの効果が生まれる。適正につくられた木質構造は耐力要素がともにはたらいて構造体の変形を抑制するように抵抗するが、地震力が大きくなると、上述の接合部の抵抗機構が次第に強く働いて粘り強く耐えてくれる。木質構造は架構のつくり方そのもののなかに、本来優れた耐震性能を保持しているのである。

◆主な耐震要素は「斜材入り構面」と「面材張り構面」

　木質構造が地震力に抵抗する主な構造要素は2種類ある。ひとつは筋かいや火打ちのような斜材を柱や梁の間に入れ、変形し難い三角形状にして壁面や床面を形づくる要素（「構面」）、いまひとつは合板やボードのような面材を柱や梁の間に張り付け、壁面や床面をかたちつくる要素である。壁を形成する垂直な構面は地震の水平力に抵抗して建物がせん断変形するのを抑え、床を形成する水平な構面は建物がねじれるのを抑えながら、地震の力を建物内の抵抗要素にその性能に応じて分散伝達する役割を担っている。現代の木質構造はバランスよく配置されたこの2種類の抵抗要素の協働作用によって、地震力に効果的に抵抗するのである。このうち斜材入り構面に主に期待するのが「在来軸組構法」（→§123）、面材張り構面が主力になるのが「ツーバイフォー工法」と「プレハブ（パネル）工法」（→§124）である。

◆斜材入り構面は「突然破壊型」・面材張り構面は「ずるずる破壊型」（口絵写真68、69）

　斜材入りと面材張りの構面壁の頂部に水平力を加えて破壊に至らしめると、異なった挙動を示す。筋かいは、端部の補強が弱いと、接合金物が破断したり、梁を押しあげて割り裂い

たり、柱を引き抜いたり、さもなくば自身が面外に座屈して折損し、いずれにせよ突然に抵抗力を失う。一方、面材張り壁は、枠組に面材を張り付けている接合部の釘等が次第に緩んで、徐々に抵抗力が落ちてゆく。この2つの耐震要素はかなり対照的な抵抗と破壊の仕方をすることに注意しなければならない。筋かいを用いる「在来軸組構法」では、これに頼り過ぎると、急激な大破をおこしやすい。面材張り壁を適切に補って、抵抗能力を高めながら、緩やかに壊れる部分をつくっておくことが肝要である。

◆優れている構法は何か

§123～126では、わが国の住宅で主流を占める、在来軸組構法、木質プレハブ構法、枠組壁工法を中心に各構法がもつ構造的特徴を主に耐震性の面からまとめ、長所・短所を比較した。そこでの説明からわかるように、「木質パネル構法」も「枠組壁工法」も、さらには「丸太組構法」も、ともに壁式構造であり、地震力には壁体と床構面のもつ面内の剛性とせん断耐力で抵抗する。構造体を箱型に一体化するので、剛性・強度の両面から耐震性能を高めやすい。また水や土を使わない乾式工法でつくられるので躯体が軽く、建物にはたらく地震力が小さくてすむ。一方、近年の「在来軸組構法」も乾式工法が普通で、面材が多用されるようにもなったので、壁式構造に近くなった。

これらに比べると「伝統構法」は異質である。柔構造の木造軸組を基本架構として、高い剛性をもつ土塗り壁を要所に挿入し、足元を固めつつ柱や土台を礎石や布石の基礎の上に直置きする。こうして中地震には剛構造、大地震には柔構造、巨大地震には簡便な免震構造としてふるまう仕組みを、1つの構造体の中に併存させようとする。

いずれの構法の住宅でも、耐震性を高める基本原則は共通している。それは、耐震抵抗要素の量の確保、そのバランスの良い平面配置と上下階の整合性、立体構造としての一体化、である。言い換えると、構造体としての合理性を下敷きにした間取りの計画、構造材生産の品質管理と現場での施工管理の徹底が重要である。おのおのの構法には既述したような特徴があり、施主や住み手のニーズにあわせて選択されるべきだが、長所をいかし、短所を補うべく設計・施工され、そして維持管理がなされて、初めて、耐震性を含めて良質の住宅が実現するといってよい。

◆実大住宅による検証

阪神大震災以後、大都市大震災軽減化特別プロジェクトなど大実大住宅を用いた振動台実験が数多く行なわれてきた。これによれば、建築基準法を遵守した木造住宅はほとんど被害がないことが分っている。

<鈴木 有／中村 昇>

128. 木造住宅は地震に弱いか？(2)

◆在来軸組構法に被害は集中したが（口絵写真 78～82）

　1995年の「阪神・淡路大震災」では、ビルや家屋の損壊や火災による焼失によって、神戸市・芦屋市・西宮市を中心に5,000人を超える死亡者が発生した。倒壊または大破した家屋はおよそ10万棟。そのうちの大部分が在来軸組構法の木造住宅であり、死亡者の90%がその下敷きになった「圧死」であった。マスコミはこの主要原因に「地震に弱い木造住宅、とりわけ在来軸組構法の住宅」をあげ、内容に誤解を招くものも含め、連日のごとく報道をくり返した。しかし、被災地域に建っていたすべての「木造住宅」が全壊したわけではなく、激震地でもほとんど「無傷」のものまで存在していたのはどういうことであろうか。それも、古いものが壊れ、新しいものが大丈夫だった、というわけではない。

　被害が大きかった木造住宅の特徴は、おおむね以下の3点にまとめることができる。

　1）配慮に乏しい設計時の構造計画：構造の強さを構法のみで解釈はできない。確かに枠組壁工法や木質系プレハブの被害は少なかったが、それは構法的な違いではなく、構造計画や施工要領など安全性、耐久性に関する基本的な事項が法的な強制力を持って整えられていたからである。在来軸組の比較的新しい住宅でも被害を被ったものは、もともと「耐震要素」の不足や配置のバランス（「偏心率」で表す）が悪かったからである。

　2）なきに等しい施工時の品質管理：図面上では「構造的」に問題がないものでも、実際に建てられたものでは、あるべきところに「耐震要素」そのものがなかったり、接合部の施工に手抜きがあったりする例が木造住宅では少なくない。建物自体が壊れてしまっている場合、被害との因果関係の立証は難しいものの、『柱と土台のところが、単に短い「ほぞ」が差し込んであるだけ』など、手抜き工事と思われるような報告例が目立っている。

　3）失われた住み手の維持管理：被害の主要原因の1つに木材の「腐朽」と「蟻害」があげられることも多い。比較的新しい被害住宅のなかですら、明らかに腐朽が進行しているものも散見された。これは通気性の確保しにくい構法上の問題もあるが、同時に住み手による日常的な維持管理が行われなくなった近年の住様式にも起因している（→§9）。

　阪神・淡路大震災でのもうひとつの主要被災地、淡路島北部では「しころづくり」とよばれる伝統構法住宅（→§8、126）が多く建てられているが、これらの＜本格的な建物＞は新旧を問わずほとんど被害がなかった。しかし、見かけは同じでも、工法の基本にそぐわず構

造的なバランスを欠いていたもの、維持管理の不足で腐朽が進み耐力性能が低下していたものは、やはり大破壊に至っていた。

このようにみていくと、工法にかかわらず基本に徹した建物は大地震にも十分安全に耐えることができる。狭間にある中途半端な木質構造に著しい被害が集中したといえる。

◆**既存不適格と耐震改修**

1981年改正後の建築基準法では、中程度の地震（震度でいえば5、地表面の揺れの加速度で200gal程度）では「修復可能な」強さをもつように、またその2倍程の破壊力を考えた大地震（震度6程度）でも「倒壊」を免れ、人命には影響しない構造強度をもつように想定されている。その意味では、阪神大震災で観測された最大加速度800galは想定外だった、ということになるが、実際にはこの規定に基づいたときの被害は軽微で、基準が必要な安全性を確保するのに有効であったことを示している。

それ以前の旧基準は、現行のほぼ70％以下の強度しか考えていなかった。しかし、現行法では新基準に変わったため「違法」になってしまった場合でも、その建築物（これを「既存不適格」という）に対して建て替えを命じたりすることはできない。こうした既存の木造住宅の耐震性を診断し、危険と判断された場合にはそれを補強する「耐震改修」を進めるために、各地自治体がマニュアルをつくったり、助成制度を設けたりするようになった。ただし、耐震診断の経験のある戸建て住宅（持ち家）の割合は、全体で10.3％であり、進んでいないのが現状である。

在来軸組構法の木造住宅については、旧建設省が監修した全国共通の簡便な耐震診断の方式（住み手が実施）と建築士や大工が行う精密診断の方式が一般に使われている。また、阪神大震災を経験して、新築住宅の耐震性能の水準を高めようとする新しい基準作りが始まった。住宅金融公庫の高耐久性基準（→§136）と連動する「高耐震住宅基準」がある。これは、従来の公庫基準がすべて全国一律、共通に適用されるのに対して、この基準は都道府県ごとに定めるもので、地域性が反映できるという点で画期的である。阪神大震災以前に東海地震に備える静岡県で初めて制定され、大震災以降は広島・愛知・埼玉・北陸三県・大阪・兵庫などの各府県に広まった。建築基準法で定める必要耐力壁量の1割増と壁の配置や施工要領の規定を設けるのがどこでも標準的になっているなかで、積雪期の地震にも備え、耐震要素配置の適否を数量化して点検し、第三者の公的機関の専門検査員による施工現場の検査方式を制度化した「北陸三県の共通基準」は先駆的内容に富んでいる。

<飯島泰男／鈴木　有／中村　昇>

129. 木質構造物は火災に弱いか？

◆木材燃焼のメカニズムと炭化速度

　木材に熱を徐々に加えていくと、つぎのようなことがおこる。まず、100℃くらいまでは木材中の水分が蒸発し、150℃で木材成分の脱水反応によって表面が黒ずんでくる。200℃になると成分のガス化が始まる。この中には一酸化炭素、メタン、エタンといった可燃性のものが含まれているが、すぐには燃え出すような状態ではない。250℃を超えると熱分解が一層急速になり、なんらかのきっかけ（引火）があると木材の燃焼が始まる。

　木材表面での燃焼は内部へも進行する。これを炭化あるいは火災の貫通といい、その進行速度を炭化速度という。これは方向や材の厚さによっても異なり、空気気流下では繊維方向の速さは半径方向の約2倍である。また、25mmの厚さの板では0.83mm/分、50mmでは0.63mm/分、というように、厚さの増加に伴って炭化速度は低下する。

◆木材の耐火性能

　木材は確かに燃える。しかし木材の炭化速度は遅く、安定しており、その耐火性能を特徴づけている。とくに断面の大きい材では材表面からの火炎は出るが、断面減少速度はかなり遅く、建物の倒壊に要する時間はきわめて長い。大断面木造（→§117）では、出火はしても構造体の倒壊を遅らせる設計が可能である。これらは木材固有の物理的性質、すなわち、1）比熱が高い、2）熱伝導率が低い、3）熱膨張が小さいので加熱による内部応力の発生が少なく、割れや変形がおこりにくい、4）表面の炭化層によって酸素の供給と熱の伝達を阻止できる、などによる。

　内装に木材を用いるときには、燃焼を制御する方法を考えなければならない。建築基準法などの内装制限では、壁・天井を区別せず、用途によって使用できる材料を規定している。防炎合板・難燃合板（→§88）などの「難燃処理木材」は、この規定に適合するように製造されているものである。これには、1）薬剤によって脱水炭化を促す（リン酸系）、2）不燃性ガスを発生させる（アンモニウム系）、3）熱分解の連鎖反応を阻止する（塩素・臭素系）、4）薬剤の熱分解に伴う吸熱反応を利用する（水酸化アルミニウム）、5）木材成分の構成を変える（無機物を細胞壁に含浸・不溶化させて難燃化）、の5つの方法がある。市場には、主として1）2）の薬剤を加圧注入処理したものが流通している。

　また、防火塗料には塗膜自身が燃焼しにくく、かつ内部への熱伝導を抑えるものと、加熱

により発泡して炎、熱、酸素の供給を抑えるものがある。

◆**建築物火災の一般性状と木質構造物の防火区画**

建築物の火災は、出火すると出火室全体に燃焼が拡大するが、ある時期から急に部屋全体が炎で包まれるようになることが多い。この現象をフラッシュオーバーといい、1分前後の間に室温が100℃以下から1,000℃前後に上昇することもある。こののち、火災室内はほぼ一様な高温となり、消火されない限り室内の可燃物が燃え尽きるまで燃焼が続く。

このような火災性状に対処するため、建築物は規模、用途により防火的に重要な部分には、床、壁、および防火戸で防火区画を形成するよう建築基準法令で定められている。

防火区画は火災盛期の高温に耐えられる部材でつくり、無制限な火災拡大を防ぐ方法である。枠組壁工法などの壁では、面材料が燃え抜けると、壁内から上階に炎が広がりやすいので、壁・床の接合部などの隙間を遮断するファイア・ストップが設けられている。また、木造住宅に関する新技術の進展によって、3階建て共同住宅が防火・準防火地区以外の地域に建設可能となった。

また、内装防火に関しては、材料そのものの規制とは別に、設計によって内装防火を図る方法が開発されてきた。その1つが、壁を通常の木造とし天井を不燃化する方法で、旧建設省告示で認められた。もう1つの方法は、天井を火が届かないくらい高くする方法である。熊本県「小国町民体育館（小国ドーム）」ではこの考え方が採用され、部材寸法90〜175mmのスギ角材を格子状に組んだ屋根架構（立体トラス構造）による、面積3,200m^2、高さ17.6mの大空間を構成している。

◆**木製防火戸の性能**

防火区画を形成する防火戸（ドア、窓）では、木製および木質系の開発が盛んである。木製とは木材製品のみで、木質系とは、それ以外の不燃系材料と複合構成されたものである。防火戸には甲種と乙種があり、乙種は耐火加熱20分、甲種は耐火加熱60分の性能をもつものである。乙種防火戸では認定製品全体の実に80%が、甲種でもドアの50%が木製および木質系で占められるようになった。　　　　　　　　　　　　＜飯島泰男／鈴木　有／土居修一＞

【文献】1)斎藤文春・長谷見雄二・菅原信一：防火，"図説木造建築事典基礎編"，学芸出版社，(1995)，2)石原茂久：火と木材，"木材活用事典"，産業調査会，(1994)，3)山田誠：木製防火戸，"同前"，4)上杉三郎："木材保存学入門　改訂版"，日本木材保存協会，(1998)

130. 性能規定化で木造建築に開いた扉

◆ここまで用いられるようになった木材

図1には、外装に木製（カラマツ集成材）のルーバーが使われた「ONE 表参道ビル」の写真を示した。ルーバーとは、薄くて細長い羽根板を平行または格子状に組み、視線や風・光の方向を調節するスクリーンのことである。ビルのファサードに木製のルーバーは打って付けではないだろうか。図2には、鉄骨に木製耐火被覆を施した柱、梁を用いたスケルトンな構造を実現した写真を示した。また、図3には、スギ材を不燃化することによりバルコニーに使用した写真を、図4には、木製ルーバーを主要構造体としないことで不燃化を免れた集合住宅の写真を示した。さらに、法改正後、初の耐火建築物として認定されたスギ材による大加構トラス構造の写真を図.5 に示した。

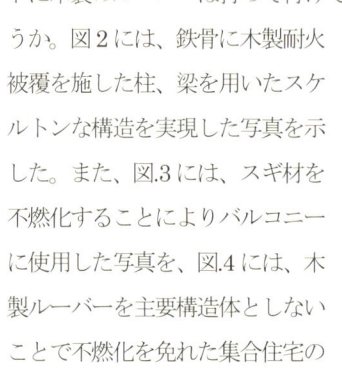

図.1 ONE 表参道ビル[1,2)]

図.2 ジーシー大阪営業所ビル[3)]

図.3 ティエラ祐天寺[4)]

このように、建築基準法防火規定の性能規定化により、使える範囲が規定されていた木造建築物にとって、大きな道が開けたと言えよう。

図.4 富ヶ谷の集合住宅[1)]

図.5 愛媛県武道館[5)]

◆不燃化には木材は似合わない？

　「火事と喧嘩は江戸の華」と言われてきたが、明治以降近代都市を目指してからも、東京は幾度となく大火に見舞われてきた。防災という観点から、都市の不燃化が謳われ、1919年に制定された市街地建築物法では、都市部に防火区域を設定し木造建築物を禁止した。また、大規模な木造建築物は、消火が困難であるということばかりでなく、倒壊した場合の周辺への影響ということから、市街地建築物法では、大規模な木造建築物を禁止した。さらに、学校、集会場、劇場、旅館などの不特定多数の人が利用する建物については、耐火建築物とすることとなり、木造は禁止されてきた。

　しかし、1987年の建築基準法の改正では、木造建築に対する制限の合理化が行われ、1992年の改正では、準耐火構造、準耐火建築物が創設され、一定の耐火性能を有する木造建築物であれば、建築できる範囲が拡大した。さらに、先述した2000年の性能規定化で、防火区域や準防火区域でも木材が使えるようになったのである。

　木材は木本植物(茎や根が肥大成長して多量の木部を形成する多年生植物の総称)であり、水とCO_2から光のエネルギーでできた有機体であるから、燃えることから免れることはできない。しかし、木材を防火区域や準防火区域で用いるためには、燃焼抑制機構を付与したり、木造建築物に対して防耐火機構を組込んだりする必要がある。

◆燃えても耐火構造

　先述したように、耐火実験を行ない、性能を検証することにより、燃えても耐火構造として認定されることになった。例えば、写真4に兵庫県あけのベドームを紹介する。大スパンの屋根架構は3ヒンジ木造トラス工法とし、上弦材としてスギ200mm角材を3段重ね、束には1本の角材を用いている。国土交通省告示の耐火検証法に基づき、

写真4　あけのベドーム[6]

想定される火災に対して、木造の主要構造部が木材の着火点(260℃)まで上昇しないこと、つまり、木材が着火しないことを確認するもので、主に、体育館やドーム建築等の天井の高い建築物の屋根構造や小屋組を木造とする例が多い。この手法は、通常の建築確認申請にて、建築主事が設計・計算内容を確認することとなっている。また、高知駅舎の例もある。

<中村　昇>

131. 世界最大の木造建築物は何か？

「世界最大」は選ぶ基準によってさまざまに変わる。ここでは、木を構造体の主要部分に使った現存する建築物、という条件で考えよう。

◆純木造では「東大寺大仏殿」

面積・高さを総合すると、金物なしの純木造では「東大寺金堂」（通称大仏殿）であろう（図1）。幅57m、奥行50.5m、棟高46.8m。中央に大仏を安置する直径23mの広大な内部空間をもつ。小屋梁に達する30m以上もの長い柱と繋ぎ梁、和小屋に筋かいを組み合わせたような小屋組でこの大空間を支え、大仏様の特長である挿肘木で、9mもの深い軒の出を支持する。建築構造のルネサンス期、鎌倉初期に重源等が創成した構造形態「大仏様」を踏襲する元禄時代（1709年）の建築で、現在は三代目。奈良時代の創建時、鎌倉時代の再建時ともに、建物の幅は今よりさらに広かったという。実は、殿中の長大な柱は一木でなく、複数の材を矧ぎ合わせた、いわば本格的構造用集成材のルーツにあたる。ところでこの大仏殿、明治期の修理で、鉄骨などによる大規模な構造補強が加えられ、厳密には純木造と言い切れなくなってしまった。

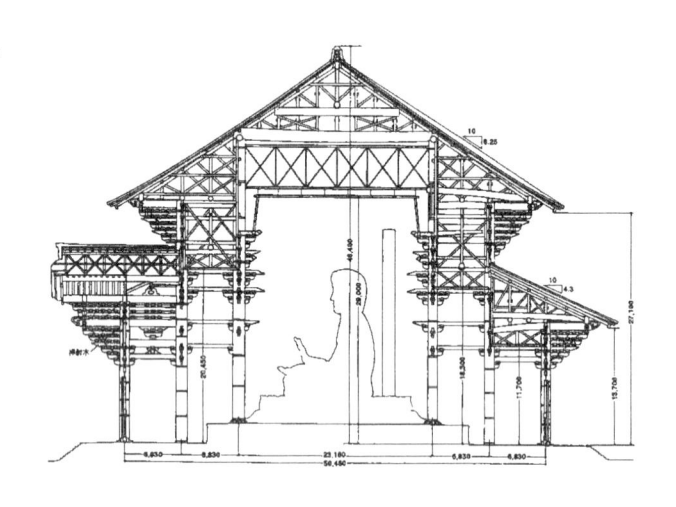

図1. 東大寺大仏殿の断面図

◆接合金物入りは大規模集成材建築

近年、大規模な木造建築が可能になったのは、集成材とその接合金物が登場したことによる。木の組み合わせで、大空間を覆う薄い曲面の形態「ドーム構造」（お椀形）や「シェル構造」（鞍形など）がつくられるようになったからである。その最大規模の建築はアメリカの北ミシガン州立大学体育館（通称タコマドーム）。1983年の建設で、直径162m、高さは46m。

木材を接合した三角形を連続させて球面ドームを形成し、主に構成木材の伸びと縮みで、力を面内に伝え、この大空間を支持している。なおシェル構造では、1988年の「ならシルクロード博」で、奈良公園の飛火野に建設された2,000m²のテーマ館。小断面材で組んだ二重の木造格子を強制的にたわませて曲面を形成する。自重で自然にたわむかたちを逆転したもので、うねった山状。長径は142mに達したが、閉幕後撤去された。

◆ハイブリッド構造なら「大館樹海ドーム」

　圧縮に対して抵抗するアーチや柱、引張に耐えるケーブルや膜などに応じて、異なる抵抗能力をもつ構造部材を使い分け、有効に組み合わせた効率の高い構造システムを「ハイブリッド構造」という。引張にも圧縮にも強い木材と、鋼材や膜材を組み合わせて、さまざまな構造形式の大規模建築物が建設されている。その最大規模のものは、1997年、秋田に建設された「大館樹海ドーム」である（口絵写真61、62）。卵形の曲面をもち、長径は178m、短径157m、最高高さは52m。大仏殿と高さはあまり変わらないが、その面積はおよそ8倍もある。秋田杉の大断面集成材を用いた多数のアーチが格子状に交差して、この巨大な屋根の構造がかたちづくられ、鉄筋コンクリートの周辺リング上に自立する。このうち長辺方向の二重アーチは三角形が連続するトラス構造をなし、アーチ間の束材に鋼管、斜材に鋼棒が使い分けられて、巧みなハイブリッド構造となっている。

◆高さを競う五重塔と無線塔

　高さを尺度に選べば、最大規模は「木塔」である。純木造では、1644年再建の京都「教王護国寺（東寺）五重塔」で、塔長は55m。ちなみに、記録に残るわが国最高の木塔は、奈良時代の東大寺伽藍にそびえ立っていた七重の東塔と西塔で、塔長はともに101m。最近も奈良は飛鳥の百済大寺とみられる寺跡から100m級の木塔の基壇が発掘された。当時の東アジアは「超高層」木塔の建設ブームで、中国では150m前後の塔が競い合って建設されていたそうである。

　接合金物使用では、1934年、経済状態の厳しかったドイツで、鉄塔の代わりに建設された「イマスニングの無線塔」がある。多数の小木材をボルト接合した立体トラス構造で、その高さは何と164m。東寺の塔の3倍もあったが、惜しくも最近解体された。当時は190mもの木造の無線塔も建設されていた。　　　　　　　　　　　　　　　　＜鈴木　有＞

132. 木のもつ調湿作用

◆木の調湿作用

　室内の相対湿度（湿度）は、快適性、結露やカビ、ダニなどの微生物発生の防止、家財道具や書籍類の保存の点から、40〜70%の範囲に保たれることが望ましい。近年、住宅の気密化が進むに伴って、湿度に起因する結露やカビの発生が問題となってきている。

　湿度は、調湿用設備や換気によって制御することができる。しかし、住宅の内装に木材などの吸放湿性に富む材料が多く使われていると、湿度が高くなったとき、材料が吸湿して湿度を低下させ、逆に低くなると、材料が放湿して湿度を高めるため、室内の湿度の変動は、緩和される。このように、湿度は内装材料の吸放湿性を利用しても制御することができる。この湿度を調節するはたらきを材料の調湿作用とよんでいる。エネルギーの節減の点から、住宅は、内装材料によって自然に行われる湿度制御の性能を備えていることが重要である。

　空気中に水蒸気として存在できる最大の水分量（飽和絶対湿度）は、温度の上昇とともに増加する。空気中の水蒸気の量（絶対湿度）が変化しなくても、温度が変化すると、飽和絶対湿度に対する絶対湿度の比である相対湿度（湿度）は変化する。したがって、室内の湿度が変動する原因として、水蒸気の発生や流入による絶対湿度の変化と温度変化が考えられる。前者の原因については、換気扇を回す、あるいは窓の開閉を行う方法で対処することができるので、温度変動が湿度変動の基本的原因とみなすことができる。

　図1に6畳間全体を木材およびビニル壁紙で内装した場合の温度、湿度の変化を比較している。雨天の日に矢印の時点で窓を開けて水蒸気を流入させ、＊印の時点で窓を閉めたあとの温度と湿度の経時変化を示している。木材内装では、窓開放時に湿度は89%に達するが、窓閉鎖後に急激に減衰して、約1日後に55〜60%になる。しかし、ビニル壁紙内装では、窓開放時に湿度は91%に達し、窓閉鎖後に温度の変動に対応して、25〜90%の間を変動する。このことから、木材の吸放湿性によって湿度変動が著しく緩和され得ることが理解できる。

◆調湿性能の評価

　現在、内装に用いられている材料の種類は、膨大な数に上がる。また、内装は、一般に複数の材料の組み合わせで行われる。種々の内装について、調湿性能を簡便に評価する方法があれば便利である。その1つの方法としてつぎのような方法がある。

　すなわち、調査結果をもとに、居住空間における各種材料の使用量を空間容積（気積）に

対する面積の比率で表す。ついでスチール箱（20×20×30cm）の内面に、材料をこの調査結果とほぼ同等の比率となるように張る。そして、温度、湿度センサーを内蔵して密閉し、箱の外周温度を変化させて、箱内部の温度、湿度

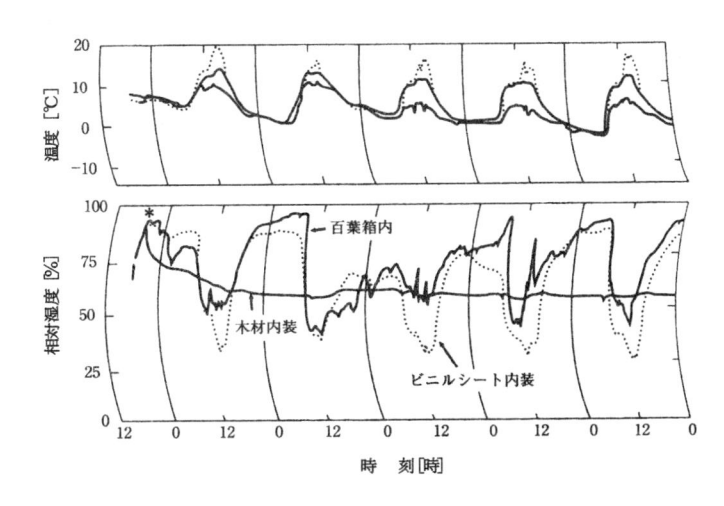

図1. 住宅内の温度・相対湿度の変化（則元　京他、1977）

の変化を測定する。換気の影響を調べる場合には、箱に排気と吸気の管を設け、強制的に排気を行う。この方法を用いれば、湿度の対数と温度の関係を直線で近似して、その勾配によって調湿性能が評価できる。勾配は負の値となるが、値が大きくなり0に近付くほど性能は向上する。

　木材、木質ボード類、珪酸カルシウム板、畳表は、調湿性能に優れた材料であり、ビニル壁紙、ポリエステル化粧合板、プラスチックタイルは、調湿性能に劣る材料である。木材の場合でも、塗装されると性能は低下する。各材料の組み合わせを考えて、内装全体として適当な調湿性能をもたせることが重要である。

◆過信は禁物

　「木材が持つ調湿作用は大変優れており、一般に、10.5ｃm×10.5ｃm、長さが約3mのスギの柱では、ビール瓶にして約0.5〜1本分もの水分を出し入れする」と言われたとき、どのように捉えるであろうか。例えば、一般的な大きさの鍋から通常（さかんに沸騰していない）蒸発する水蒸気の量は、1時間に約500〜700gであり、この量はビール瓶大瓶が633mlなので、ほぼ1本分である。それでは、真壁のスギの柱が鍋から蒸発する水蒸気を吸湿できるかと言えば、できないことは直感的に分かる。このような、急激な湿度の上昇に対しては、木材の吸湿効果だけでは、湿度の上昇を抑えるのは無理であり、十分な換気をしなければならない。

<則元　京／中村　昇>

133 木にはなぜ暖かさと安らぎを感じるか

　木材には暖かみと安らぎが感じられる。それは木材がもっているさまざまな物理的・化学的な性質に関係している。

◆**木材の感触**

　室内に置かれている材料を手で触ると、手の皮膚温度の方が材料の温度より高いので、熱が手から材料に移動する。木材と金属に触ると、木材の方が熱を伝え難い性質をもつため、手から失われる熱が少なく、暖かく感じられる。熱が物質中を移動する速さを表す物理量として、熱伝導率が用いられる。熱伝導率は、1℃の温度差あたり、1秒あたり、1m^{2}の物質の面積を1mの距離にわたって流れる熱量で表す。木材の熱伝導率は、0.1W/m^2℃程度である。アルミニウム、鋼材、モルタル、ガラスの熱伝導率は、それぞれ、木材の1,600倍、450倍、13倍、8倍もある。室温が低いと、コンクリートやプラスチックタイルの床に比べ、木材床では足甲の温度低下が少ない。足甲の温度低下は、疲労と関係する。

　床、壁、家具に用いる材料の硬さは、人が転倒・衝突したときの安全性、歩行感、触感と深くかかわる。木材は、適度な硬さと粗滑感をもち、衝撃力を比較的吸収する性質をもつ。木材の床や家具類だと、転倒して打撲した場合の怪我が少ない。体育館床に木材が用いられていて、弾力性が適当であるとき、障害発生率はきわめて少ない。親が子供の生活環境を形づくる材料としてどのようなイメージをもっているかについてのアンケート調査によると、使いたい材料として、木材をトップに、布、紙が、使いたくない材料として、コンクリート、鉄、プラスチック、アルミニウムがあげられている。

◆**見た目の柔らかさと香り**

　赤みや青みの色の感じを色相という。木材の色相は、赤から黄までの範囲にある。種々の色相の紙に木目模様を印刷し、暖かみについてアンケート調査した結果によると、色相が青から黄赤に変化するにつれて、心理的に暖かく感じられる程度が増す。ワインレッドの色相をもつ木材は、豪華な感じを、明度の高い木材は、明るく、美しく、すっきりした、派手な感じを、明度の低い木材は、深みのある、重厚な、落ち着きのある、渋い、豪華な感じを与える。彩度の高い木材は、派手な、刺激的な、豪華な感じを、彩度の低い木材は、渋い、重厚な、深みのある、落ち着いた感じを与える。室内で、木材色の占める割合が増すと、暖かいイメージの程度が増し、コンクリートの占める割合が増すと、冷たい、暗い、感じがよく

表1. 木材と他材料との視覚特性の比較
(増田稔：「木材活用事典」より抜粋)

	木材	布	プラスチック	大理石	石膏ボード	ステンレス
紫外線吸収	○	○	△	×	×	×
光沢異方性	○	△	×	△	×	×
パターンの多相性	○	△	×	×	×	×
暖色度	○	△	△	×	×	×
色彩の自由度	△	○	○	×	×	×

○：優れている、△：やや劣る、×：劣る

ないイメージの程度が増す。

木材の表面には、細胞が切断されてできた凹凸がある。木材に入射した光は、この凹凸によって散乱され、その程度が光の入射した方向によって異なるため、木材特有の質感が現れる。また、木材特有の光沢は、切断された細胞の内側の小さな凹面からの光の反射によって生じる。木材からの反射光には紫外線が少なく、赤外線がかなり多いので、木材からの反射光は目に優しい。木材の色には濃淡があり、木目模様には微細なオーダーから巨視的オーダーに至る種々のパターンが含まれる。木目の幅や色の濃淡はまったく規則的でもなく、不規則的でもなく、適当にゆらいでいる。このゆらぎが、自然で快い感じを与える。このように、住宅の快適性は、室内気候のみで決まるものではなく、内装に使われる材料によって大きく影響を受ける。内装材料としての木材は、居住者に自然で快い感じを与える。木造住宅では、躯体のみならず、内装においても木材を積極的に使用する工夫が必要である。

◆火の着きやすさと暖か味

図は、熱伝導率・密度・比熱に比例する、物質固有の値Xと着火温度の関係を表わしている。木材など「暖かみを感じる」とか「肌触りが良い」と思っている材料ほどXの値が小さく、着火温度が低い、つまり、火が着きやすいことが分る。

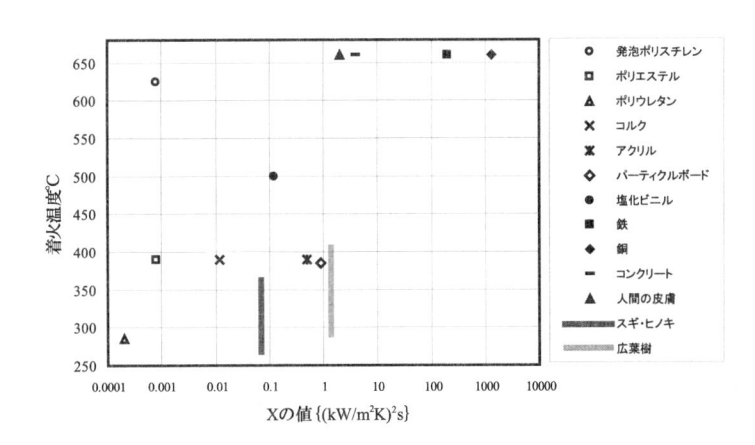

<則元 京／中村 昇>

134. 建築物の断熱と木製サッシ

◆断熱材としての木材

　建築物を断熱する目的の1つは快適な室内温度環境をつくること、すなわち、夏に涼しく、冬に暖かい、すごしやすい室内をつくることである。もう1つはエネルギーの節約である。断熱をすることによって建築物の内外部間の熱移動が少なくなるので、効率のよい冷暖房を行うことができる。

　熱伝導率については§136で示したが、木材（乾燥状態）、コンクリートおよび空気の熱伝導率の比は、0.14〜0.18：1：0.02で、空気の断熱性が非常によいことがわかる。すなわち、断熱材といわれる材料は空気を多く含み、空気の熱伝導率に近い値をとるようにしている。ただし、空気は気体なので、対流をおこさないように静止している状態でなければならない。しかし、建築物の壁体がもつ熱の通しやすさは熱伝導率だけでなく、壁体の厚さも関係する。熱伝導率と厚さで決定される熱の通しやすさを熱コンダクタンスといい、$C=\lambda/d$（C：熱コンダクタンス、λ：熱伝導率、d：壁体の厚さ）で表される。木材はコンクリートより熱伝導率は低いので材料としての断熱性は優れているが、壁体が薄いので建築物としてみると「断熱性が大きい」とはいいにくい。それを解決するために断熱材を併用するのである。断熱材の1つであるグラスウールの熱伝導率は木材の約$1/3$である。このことからもわかるように、建築物の種類を問わず、断熱性の高い建築物をつくるには断熱材が必須である。

　スギは軽い。しかし、軽いということは、それだけ内部に空隙が多いと言うことであり、断熱性が良いということでもある。例えば、45mm厚のスギ板を120mmの正角材を用いた軸組壁の両側に用いることにより、かなりの断熱性が得られ、しかも結露もしないという結果が得られている。

◆断熱材の種類と使用上の注意点

　断熱材は大きく分けて3種類ある。すなわち、1) 無機繊維系：グラスウール、ロックウールなどで、ガラスや岩石を繊維状にしたものを成形したもの。繊維間に多数の空気層を含むため、防音性も優れている。2) 発泡プラスチック系：スチレンフォーム、ウレタンフォームなどで、プラスチックを発泡させて材料中に無数の気泡を発生させたもの。3) 木質繊維系：インシュレーションボード、セルロースファイバー（パルプ、新聞紙および木材を解繊し、綿状にしたもの）。断熱材には室内表面に生じる結露を生じにくくする効果がある。し

かし、断熱材の反対側では逆に結露を生じやすくなるため、間違った断熱は内部結露を生じさせ、カビの温床をつくる危険性がある。内部結露を防ぐには、壁体の外側に断熱材を配置する外側断熱という断熱方法や壁体の内側に防湿シートを設ける方法がある。建築物を断熱する際に、部分的に断熱性能をあげても、熱は出入りしやすいところを通って移動するので、あまり効果はない。たとえば、壁、床および天井を断熱するとサッシやドアなどの開口部で熱が移動しやすくなるのでこの部分の断熱も忘れてはならない。効果的な断熱には適切な設計が必要である。

◆アルミサッシ vs 木製サッシ

　サッシに求められる最も基本的な性能は水密性と気密性、すなわち雨風を防ぐことである。以前使われていた木製サッシはこれらの性能が十分になかったため、雨戸によってこれを補っていた。1960年代になるとアルミサッシが急激に普及し、現在ではほとんどの新築住宅に使われている。これはアルミニウムの加工性・耐食性がよく、軽いことによる。加工性がよいので精度の高い加工ができ、水密性・気密性・断熱性と防音性も向上する。また軽いので操作性もよい。さらに過酷な条件にさらされるサッシに必要な耐食性があってさびにくい。

　しかし問題もある。アルミニウム製造時には非常に大きなエネルギーが必要（→§7）である。また、アルミニウムは非常に熱伝導率が大きいため、同程度の気密性の木製サッシと比較すると断熱性が低い。住宅の内部と外部の温度差が大きいと結露を生じやすく、カビが発生しやすく衛生的でない。さらに、寒冷地においては凍結した結露水によって、サッシの開閉ができなくなることがある。そのため、北海道ではアルミサッシは使われず、PVC（ポリ塩化ビニル）製の樹脂サッシが普及している。しかし、PVCはプラスチック材料であるので石油が枯渇すれば生産できず、また塩素を含んでいるので、焼却時のダイオキシンの問題がある。現在の木製サッシはアルミサッシや樹脂サッシと比べて劣るものではない。それどころか優れた性能と高級感さえある。現在の木製サッシに不安があるとすれば耐久性の問題である。木製サッシの劣化には、太陽光に含まれる紫外線による劣化と結露水による腐朽の2つがある。木材自体は結露しにくいが、ガラス部分でどうしても結露が生じる。木製サッシではこうした劣化を防ぐため、塗装をほどこすのが一般的である。しかし塗装面は3年程度しかもたないので、定期的に塗装し直す必要がある。木製サッシの維持には、こうしたメンテナンスが必要である。最近では木材またはPVCをアルミニウムではさむことによって、木材やPVCの断熱性とアルミニウムの耐食性をもたせた複合サッシも開発されている。

<川井安生／中村　昇>

135. 木質フロアで遮音性を確保できるか？

◆床衝撃音とは―遮音等級L値

上階の床に衝撃が与えられて、その振動が下階で音として放射される騒音を床衝撃音という。床衝撃音は、その特性によって2種類に分類される。1つは、イスの移動やスプーンの落下など、比較的軽くて硬いものによって生じる床衝撃音で軽量床衝撃音LLという。もう1つは、子供が走り回ったり、飛び跳ねたりするときなど、重くて柔らかいものによって生じる床衝撃音で重量床衝撃音LHという。

遮音等級	床衝撃音としての生活実感		
	走りまわり、足音など	椅子、物の落下音など	その他の例
L-40	遠くから聞こえる感じ	殆ど聞こえない	気がねなく生活ができる
L-45	聞こえるが気にならない	サンダル音は聞こえる	少し気をつける
L-50	ほとんど気にならない	ナイフなどは聞こえる	やや注意して生活する
L-55	少し気になる	スリッパでも聞こえる	注意すれば問題ない
L-60	やや気になる	はしを落とすと聞こえる	お互いに我慢できる限度

共同住宅の床の遮音性能基準		
5等級	LH-50	LL-45
4等級	LH-55	LL-50
3等級	LH-60	LL-55
2等級	LH-65	LL-60

◆床衝撃音を低減する方法

床衝撃音を低減するには、基本的に4つの方法がある。すなわち、1)衝撃源の特性を変化させる、2.)衝撃エネルギーを構造体に伝えにくくする、3)衝撃に対して床を振動させにくくする、4.)床スラブから放射される音を遮断する、の4つである。このうち、木質フロア自体に主として関連するのは最初の2つである。3番目は床スラブを厚くする、あるいは高剛性化する方法であり、4番目は下階の天井を遮音構造にする方法である。

◆木質フロアの遮音性をあげるには

木質フロアは床表面が比較的硬いので、床衝撃音の対策を行わないと軽量床衝撃音が大きくなる傾向がある。これを防ぐ最も簡単な方法は、木質フロアの上にじゅうたんを引き、床の表面を柔らかくすることである。しかし、じゅうたんによる床表面仕上げでは、ダニが繁殖しやすく、木質フロアの質感も失われてしまう。こ

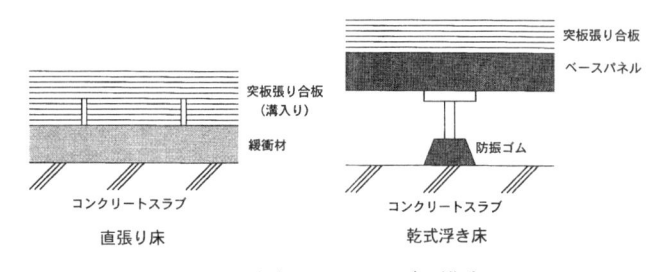

図1. 防音フローリングの構造

れらの問題を避けるため、図1に示すような直張り床あるいは乾式浮き床（置き床）タイプの木質フロアが防音フローリングとして市販されている。直張り床タイプは、フローリングの裏側に発泡体材料等の緩衝材を貼り付ける方法が取られている。このタイプは、じゅうたんを引くのと原理は同じで、衝撃源の特性を変化させる方法に分類される。すなわち、表面仕上げあるいは緩衝材によって床が柔らかくなると、衝撃が与えられる時間が長くなり、衝撃力を分散することができる。したがって衝撃力のピークが下がり、「うるさい」という感じが少なくなる。

図2にこの方法の重量および図軽量床衝撃音に対する効果を示す。この方法は、軽量床衝撃音に対しては非常に効果があるが、重量床衝撃音に対してはほとんど効果がないことがわかる。乾式浮き床（置き床）タイプは、木質フロアを支持脚で浮かし、床スラブに振動が伝わらないようにしている。このタイプは、衝撃エネルギーを構造体に伝えにくくする方法に分類される。コンクリートを使う湿式浮

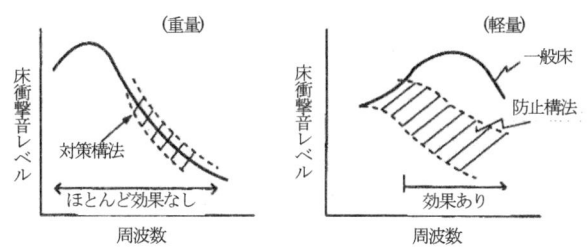

図2. 直張り防音フローリング・じゅうたん仕上げの性能[1]

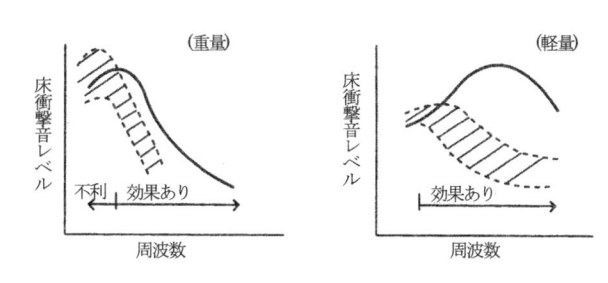

図3. 乾式浮き床・湿式浮き床の性能[1]

き床に対して、置き床であるので施工性がよいという利点がある。図3に示すように、軽量床衝撃音および重量床衝撃音の中・高周波数帯に対しては効果があるが、低い周波数の音に対しては元々の性能より悪化することがある。これは、浮き床上部で十分な重量および剛性が確保できないためである。重量床衝撃音を低減するには、湿式床で十分な浮き床層を確保するか、床スラブを重量化・高剛性化しなければならない。逆に言えば、床の表面仕上げは重量床衝撃音に影響しないので、木質フロアであるか否かは、重量床衝撃音の遮音に関しては関係がない。　　　　　　　　　　　　　　　　　　　　　　　＜川井安生／中村　昇＞

【文献】1)古宇田潔、麦倉畜次：建物の遮音と防振、鹿島出版会、1993

136. 良質な木造住宅をつくるには

◆いろいろな提案

　高度経済成長期の頃、日本ではたくさんの住宅がつくられた。年間100万棟以上である。しかし、これらのすべてが良質な住宅ストックになったかどうか疑わしい。数年前から住宅用人工建材や施工用薬剤に含まれる有害の揮発性有機化合物（VOC）が室内環境を汚染して、アレルギーなどの健康障害を生じる「シックハウス症候群」が社会的に大きな問題になったのである。この反省のもとに、良質な木造住宅をつくるためのさまざまな提案が行われている。ただ、その大部分が品確法（→§122）の各項目に含まれている。すなわち「劣化の軽減＝高耐久性」、「温熱環境＝省エネ化」、「空気環境＝シックハウス症候群対策」、「高齢者などへの配慮＝バリアフリー住宅」である。これらを含め、提案されたもののいくつかをひろっておこう。

◆高耐久性住宅

　2000年改定で住宅金融公庫の融資の要件になった「耐久性基準」によるものでは、構造耐力上また耐久性確保の上でとくに重要な部分について、一般より高水準の設計・施工基準を規定している。その要点は①背の高い丈夫な基礎、②一回り太い隅柱、③湿気のある木部への防腐・防蟻措置、④湿気のこもりやすい床下全体の防湿工事、⑤床下と小屋裏換気の確保、の5つである。品確法では「通常想定される自然条件および維持管理の条件下で」との注釈つきで、等級3では3世代（おおむね75～90年）、等級2では2世代（おおむね50～60年）にわたって大規模改修を必要としない水準、と規定されている。いずれにしろ、木造の耐久性はメンテナンスフリーでは実現し難く、住み手による日常点検や専門業者による定期改修などの維持管理が欠かせないことを忘れてはならない。

◆省エネルギー住宅

　木造住宅の省エネルギーは、冷暖房負荷を少なくするために外界との遮断を強化し、高断熱・高気密化して実現しようとする傾向が強い。たとえば、住宅金融公庫の「省エネルギータイプの基準」では、外気と接する面を中心に、断熱工事の施工部位を指定し、各部位に応じて断熱材の種類と厚さ、開口部建具の構造と性能を地域区分に応じて定めている。品確法でもおおむね同様であるが、地域区分は6つになっている（Ⅰ：北海道、Ⅱ：北東北、Ⅲ：南東北、Ⅳ：関東から四国・北九州、Ⅴ：南九州、Ⅵ：沖縄）。自然エネルギーの利用では、

冷暖房のエネルギー源を太陽に求める「アクティブソーラーシステム」、建築物の間取りや要素の配置、その工法や機能によって自然エネルギーを活用し、自然環境と調和する住居の実現を目指した「パッシブソーラーシステム」がある。

◆バリアフリー住宅・ユニバーサルデザイン

身体障害者や高齢者などなんらかのハンディキャップを負っている人のために、住居内外での移動障害物をできるだけ省いた住宅である。住宅金融公庫「バリアフリータイプ基準」では、①寝室のある階の全居室と便所・洗面所・脱衣所・玄関の床をつなぐ廊下の段差を解消、②廊下と出入口の幅を広く、③浴室の面積と出入口の幅を大きく、④階段を緩やかに、⑤浴室と階段には手摺りを設置、するように定めている。

一方、バリアフリーは行き過ぎると身体機能の衰えを加速することになりかねない。そこでトレーニングとリハビリの機能をあわせもつ建物として、「ユニバーサルデザイン」が提案された。たとえば、住宅内に床が半階ずれている空間（スキップフロア）をつくり、これを足腰の強化や機能回復訓練の場にしよう、というわけである。また、これによって子供にも体力がつく。過度のバリアフリーや快適な居住性はむしろ子育てには有害、との意見もある。

◆エコ住宅・エコロジー建築・バウビオロギー・健康住宅

たとえばエコマーク商品（→§16）のように、「エコ」はいまや日本語である。この語源には「環境意識材料 Environmental Conscious Material 」からの造語で、再生可能、生分解性、長寿命、非毒性などの性質をもつ材料をイメージしたもの、および「エコロジーEcology」－生物集団間およびびそれを取り巻く無機的環境との関連を研究する学問、「生態学」－から由来する、との2説がある。

エコ住宅・エコロジー建築・バウビオロギー建築・健康住宅は、いずれも「地球環境に調和し人間にも負荷をかけない住宅」を目指しているが、それぞれ、力点の置き方には若干に異なりがある。「エコ住宅」は住宅生産や省エネに関係する商品的イメージが強い。「エコロジー建築」とはドイツで提唱されたもので「環境共生建築」と訳されている。「バウビオロギー」は「人に負荷をかけない」というテーマをもつドイツの建築分野である。日本の「健康住宅」は有害物質などによる健康阻害への対処だけでなく、バリアフリー、快適な居住環境確保のための高断熱・高気密化も含んでいる。近視眼的に健康住宅にこだわると、快適さや便利さを追求するあまりに、地域や地球環境への負荷を強いる結果になりがちで、エコロジー建築の目標と対立する場合がある。　　　　　　　　　　　　＜飯島泰男／鈴木　有＞

137. これからの木造住宅(1)

◆これからの住宅政策は、住生活基本法に基づく

　昭和41年度より8次にわたり実施してきた「住宅建設計画法」に替わり、平成18年6月「住生活基本法」が制定され、全国計画が策定された。これにより、10年先の住生活に関する目標値を定め、5年ごとに内容が見直されることになった。住生活基本法は、4つの柱、「良質な住宅ストックの形成及び将来世代への継承」、「良好な居住環境の形成」、「国民の多様な居住ニーズが実現される住宅市場の環境整備」、「住宅の確保に特に配慮を要する者の居住の安定の確保」からなり、良質な住宅と環境を創出し、消費者のニーズに合った住宅が市場に供給されることを目指している。これまでの「住宅建設計画法」は「国」が中心になって進めてきたが、「住生活基本法」では、3つの主体である「地方公共団体」、「民間供給事業者」、「消費者」で担っていくことを目指している。

　図1には全国の総戸数と総世帯数の推移を示したが、すべての都道府県で住宅の総戸数は総世帯数を上回り、平成20年における住宅・土地統計調査では空き家率は13.1%に上って

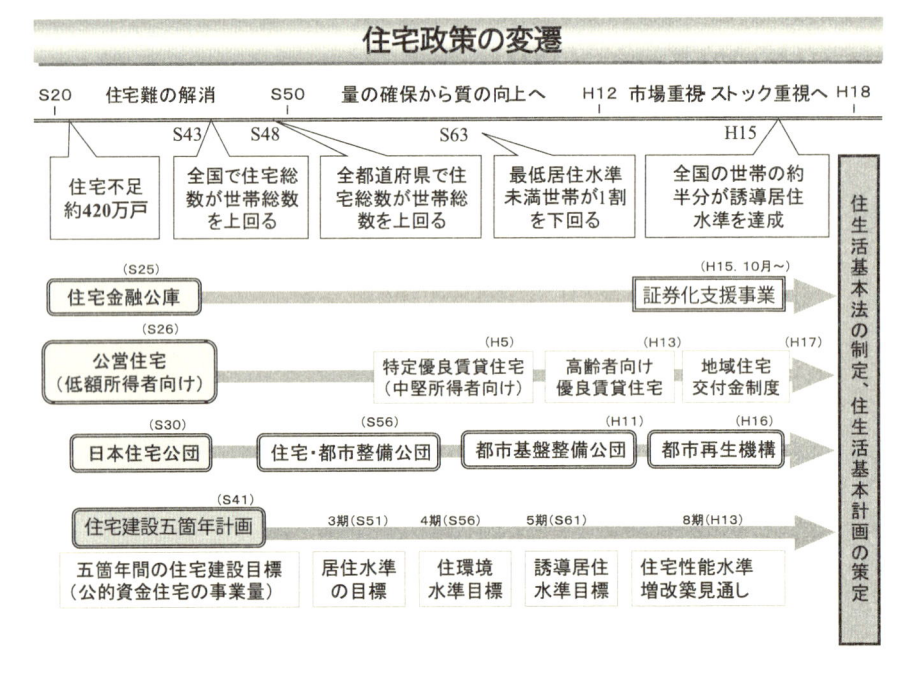

住宅政策の変遷

S20	住宅不足 約420万戸
S43	全国で住宅総数が世帯総数を上回る
S48	全都道府県で住宅総数が世帯総数を上回る
S50	量の確保から質の向上へ
S63	最低居住水準未満世帯が1割を下回る
H12	市場重視 ストック重視へ
H15	全国の世帯の約半分が誘導居住水準を達成
H18	住生活基本法の制定、住生活基本計画の策定

住宅金融公庫	(S25)
証券化支援事業	(H15.10月〜)
公営住宅(低額所得者向け)	(S26)
特定優良賃貸住宅(中堅所得者向け)	(H5)
高齢者向け優良賃貸住宅	(H13)
地域住宅交付金制度	(H17)
日本住宅公団	(S30)
住宅・都市整備公団	(S56)
都市基盤整備公団	(H11)
都市再生機構	(H16)
住宅建設五箇年計画	(S41)
五箇年間の住宅建設目標(公的資金住宅の事業量)	
3期居住水準の目標	(S51)
4期住環境水準目標	(S56)
5期誘導居住水準目標	(S61)
8期住宅性能水準増改築見通し	(H13)

いる。このことは、住宅ストック量は充足され、少子高齢化と人口・世帯減少等により、まさに『量』から『質』への移行していかなければならないことを表わしている。

住生活基本計画は、住生活の安定の確保および向上の促進に関する成果目標として、「耐震化率」、「バリアフリー化率」、「省エネ化率」、「性能表示制度実施率」などを設定している。したがって、これからの木造住宅も、これらの目標の成果を求められることになる。

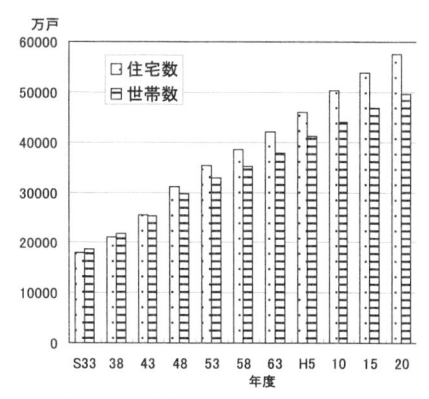

図1 新設住宅着工数の長期予測

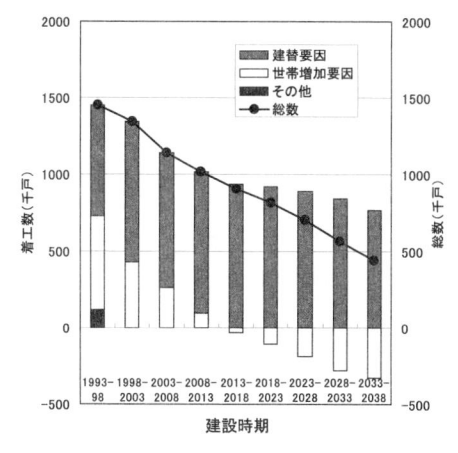

◆**新設住宅着工数の長期予測**

最近の新設住宅着工数の推移を図2に示した。2007年の建築基準法の厳格化および2008年のリーマンショックにより着工数は大幅に落ち込み、2009年には78万8410戸と80万戸を割っている。この数字は、高度成長期にあたる1964年年（75万1429戸）以来の80万戸割れ、1967年（99万1158戸）以来の100万戸割れとなったのである。さらに、図3に示すように、長期的には総数としては40万戸を下回る予測もある。このように、今後木造住宅に関しても新設着工数は減少していくものと考えられる。それでは、木造住宅に関連した産業はどうなるのか、それは次節で紹介しよう。　　　　　　　＜中村　昇＞

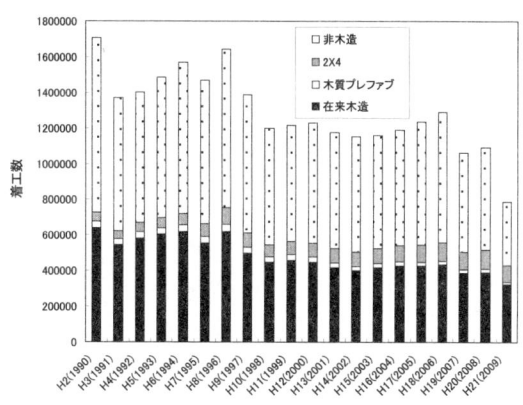

図2 新設住宅着工数の推移

図3 新設住宅着工数の長期予測

138. これからの木造住宅(2)

◆木造住宅と木材産業

　日本でどのくらいの住宅が必要であるか、考えてみたことがあるだろうか。少し計算してみよう。

　人口は約1億2千万人、1世帯あたり3人とすれば、4,000万棟あればよい。実際、1994年のデータによれば現在の住宅数は人口1,000人あたり342戸であるから、4,100万棟となり、飽和状態にある。一方、ここ数十年間の新築住宅数を眺めてみると、おおむね年間130万戸であるから、1戸あたり約30年で回転していることになり、§13で触れた25年解体説と符合する。換言すればこのサイクルで住宅が建てられてきたことによって「木材産業」と「住宅産業」が維持されてきたことになる。

　ところが、最近、社会情勢が変わり、地球環境保全の立場からも住宅の耐用年数をのばしていこう、という声がおこってきている。単純に計算すると、耐用年数を50年にすると新築住宅数は年間80万戸、100年なら40万戸で十分、ということになる。

　さて、50年住宅が標準になったとすれば、木材はどのくらい消費されることになるのだろうか。木造住宅1棟あたりの木材使用量は製材で20m^3くらい(→§11)、丸太換算で約50m^3とすると、木造率(床面積比)を現在の55%の場合、80万×0.55×50 = 2,200万m^3の丸太が必要、と概算できる。現在の住宅用としての丸太消費量は約3,600万m^3であるから、住宅の耐用年数が30年から50年に延びれば、木材使用量は現在の60%で十分である、ということになる。このような状況になるのは少し先のことではあろうが、このことは「木材」および「住宅」産業にとっては死活問題である。

　一方、林野庁は国内の「資源の循環利用林」を660万haとして計算している。ここから伐期50年、ヘクタールあたり200m^3の木材が生産されると仮定すると1年で2640万m^3、そのうちの40%の製品が建築用製材として流通すれば、木造50万棟分くらいになる。つまり、50年耐用年数の住宅が標準となったとき、国産材だけでも日本で必要な住宅の60%以上がまかなえる、という数字である。

　また同時に、一般住宅以外の建築物や土木構造物への適用もさまざまな角度から再検討し、鉄やコンクリートの構造物を木材で置き換える方法(→§143)を考えていくことも重要である。そう考えれば、木材産業の未来は決して暗黒ではない。

◆わが国の住宅問題

「日本の住宅を救え！」（佐久田・樫野両氏著、技術書院刊）という本では、わが国のとくに都市部の住宅問題について、「狭い」「耐用年数（新築から廃棄まで時間）が短い」「価格が高い」「中古住宅システムが活性化されていない」「街並みが全体として調和していない」の5つの観点から、住宅が「粗大ごみ」にならない方法を述べている。一読されるとよい。

さて、ここでの最も重要なテーマの1つは「住宅はだれのものか」である。ある資料によれば、現在の持ち家率は60%程度である。また、借家に住んでいる残りの40%の人たちも、その大部分は、いずれ自分の住宅を建てたい、あるいは購入したいと思っている。つまり「住宅は個人で所有するものである」というのが、大半の日本人の考えなのである。

しかし、このような状況になったの比較的最近のことだという。理由は簡単、高度経済成長期のとき、住宅が「産業」として目を付けられたからである。売る側にとってこれは「商品」であり、消費者の「夢」を養いつつ、その「夢」に対する商品的価値の優位性を示すことによって、消費者に選択してもらわなければならない。そして住宅は、生産性が問われる一方、見てくれがよく、数十年ももてばよい「耐久消費財」と化した。消費者は自分の「夢」に近い住宅に住みたいため、いろいろな情報を集め、経済的な努力をし、そのような住宅を購入した。結果として、消費者自身（あるいは、売る側）が個性を表現した住宅にしようとしたためであろう、調和のない街並みが日本中につくり出された。「耐用年数の短さ」の原因として、前掲書では「住宅自体の資産価値が土地価格に比べて低いため、耐用期間を長くすることを考えない風潮が定着した」ことを強調しているが、まったくそのとおりである。

しかし、もし都市部にある個人所有の住宅でも、所有者は一時的なものであって、住宅自体は住み手を変えながらも、長い間使い続けられる状況をつくり出すことができれば、局面は変わる。「住宅はすべて社会資産である」と考えるのである。つまり、まず「良質な」わが家を建て、維持管理を行いながら自分の居住条件に合わなくなるまで住む。そうなれば状態のよい中古住宅が市場に出回る。つぎにそれを必要とする人が買い、維持管理を引き続き行いながら住む。この繰り返しによって、住宅の耐用年数はずっと長くなる。これは地球環境保全の面から非常に有益なことである。同時に、「街並み」を形づくる「構成要素」としての住宅に対する見方も変わっていくに違いない。　　　　　　　　　　　＜飯島泰男＞

139. これからの木造住宅(3)

◆住宅工法の規定要因

　木造住宅、とくに在来工法住宅は、それが建築されている地域の性格をよく反映していることは、直感的に理解できる。こうした住宅工法を規定する要因の分類方法がいくつかある。ここでは少し古い文献であるが、渡辺一正ら（建築技術、1978.1）の分類法にしたがい、以下の4条件でこれからの展開を考えてみよう。

・自然条件－気候・気象条件、地形・地盤、生物（腐朽菌・蟻害など）、塩害・硫害：これらは長期的にみれば、時系列的な変動はきわめて少ない。荷重外力としての「雪」「風」や省エネ基準策定のための諸資料は、過去数十年間の気象観測データをもとに作成されている。しかし、もともと各地域ではこうした条件づけを過去から受け継ぎ、「自然と共生」しながら対応してきたことを忘れてはなるまい。

・社会条件－風俗・習慣、（建築業以外の）産業・生業、住環境・都市形態：この変化は、とくに1970年代後半以降、大都市およびその周辺部において著しい。土地の価格は常に上昇し続ける、という土地神話とその崩壊が卑近な例である。要求される住宅および住宅群の形式・様式は防災上の観点（→§130）も含めると、こうした大都市圏と地方都市およびそれら以外では当然異なるはずである。しかし、「木造3階建て」など新構法住宅開発方向の大部分や、耐震および防火性能規定が、消費者が最も密集する都市圏を想定したものであったことは否めない。そしてこれらが、行政的な指導力と情報伝達によって急速に地方都市、さらには町村まで届き、全国画一化の方向に向かったといえる。

・生産条件－建築技術・伝統技術、職人事情・諸別職人数、建材事情・地方産材：これも、前項の社会条件同様、変化は著しい。このうち材料問題についてはいくつかの項ですでに触れた。そのほかではとくに技能者（職人）問題が重要と考える。技能者は伝統技術継承型と工業型（単機能工・多機能工）に分類できよう。現在の木造在来工法住宅では、プレカット材（→§110）と接合部への金物（→§111）の使用が標準的──見方によっては、法令上「強制的」──で、いまや伝統技術は不要になりつつある。確かに、住宅の生産性のみを優先するならば、工程を簡略化し、その工程に見合った技能者を短期間で養成できる方がよい。しかし、ここ数十年の住宅産業の動向（→§137）からみると、これが大工の技能と意識の改善、さらには住宅性能向上に寄与できたとは到底考えられない。

一方、本書のいくつかの項で述べたように、現代の金物を重視した工法には耐久性と構造的安全性さらには地球環境問題の点から、いくつかの基本的矛盾点がある。これからの転換または回帰は十分に予想され、伝統工法がもっていた体系・技術観の再評価が必要される時期は意外に早くくるだろう。事実、最近では、伝統的な構法（たとえば土塗り壁、落とし込み壁、木栓を使った接合部など）を現代的な科学の目で、耐力や振動特性を再評価しようという動きが各地方でおこっている。そして、現行の法令上の基準に照らし合わせても十分である、という実験結果がではじめている。しかし、この方向は「そうした工法を実現できる技術者集団があってのことである」ことを忘れてはならない。

・行政政策－国家行政、地方行政：行政政策とそれに基づく「指導」の評価は見方によって大きく変わる。建築関連法令、住宅金融公庫共通仕様書、品確法（→§122）などは、消費者へ最低水準が保持された住宅提供をした点では効果的であったし、基準法の性能規定化（→§116）も設計の自由度をあげる方向を提示している。しかし反面、これを「規制の網」と考え、全国画一化・伝統技能軽視の傾向を促したとみることもできるからである。

◆地産地消

　地元で産出した材料はできるだけ地元で使おう、という考えかたである。もともと農水産物に対して使われた言葉であるが、木材、土、鉱物材料もその対象として考える人が増えてきている。対象を木材に限定してみても、生産地と消費地が近接しているということは、地元産業の活性化ばかりでなく、その輸送に要するエネルギー量が減ることになり、地球環境の面からもプラスの要因になることは確かである。全世界から木材を輸入するより、積極的に地場産材・国産材を使おう、というのは、非常に理にかなった主張である。

　しかし「貿易国際化への対応」と「国内資源の偏在」の問題には留意しておく必要がある。たとえば最近、官庁の産業育成施策では「地域材」——ある地域で「伐採」または「製材」された木材——という曖昧な言葉を使う。これは「国産材／県産材」というと国内産業（林業）保護になるという観点から、WTO（世界貿易機構）協定違反になってしまうためである。また将来的には、世界のFSC認証木材（→§16）の流入という事態も想定される。したがって、地元に建てる公共建築物といえども、原則的には、他地域・他国の製品との競合が要求されることになる。また、供給と需要のバランスがとれている地域はむしろ少ない。このとき「地域」をかなり狭い行政単位を基礎にして限定的かつ拙速に考えると、産業政策上の方向性を誤る可能性がある。外国産材の取り扱いの問題なども含め、「地域材」をフレキシブルに考えた方がよいかもしれない。

<飯島泰男>

140. 木質橋梁の話(1) -伝統的木橋-

◆日本の伝統的木橋

　わが国では1950年代まで、木材輸送に利用されていた森林鉄道や林道を中心に多くの木橋（もっきょう）が架かっていた。1960年代になると鉄道橋としての木橋は姿を消すことになり、林道に架かっていた木橋も耐久性の問題から永久橋と言われたコンクリート橋や鋼橋に架け替えられていった。一方で古来よりとだえることなく架け継がれている伝統的な木橋も存在している。1673（延宝元）年に岩国藩三代藩主吉川広嘉によって創建された錦帯橋（山口県岩国市錦川）は、5連のアーチから構成される橋長210m、幅員5mの木造橋で、300年以上の古い歴史と構造美、精巧な木組みの技術は世界的にも有名である。この橋は創建翌年の洪水と、1950年の台風により流失しているが、そのたびに再建されている。この間、何回か桁の架け替えや橋板の張り替えが行われてきたが、2001年度より3年間の工事で5橋すべての架け替え（「平成の架け替え」）が岩国市により行われた。錦帯橋は地元の人々の手によってつくられ、守られてきた歴史があり、平成の架け替えにおいてもアカマツ、ケヤキ、ヒノキなど合計410m³の用材の調達から掛け替え工事まで地元業者の手に委ねられている。

　錦帯橋のように古くから地域の生活道として使われてきた木橋は各地に残っているが、愛媛県の内子町や大洲市（旧河辺村）には、明治から昭和20年代に架けられた屋根付きの木橋がいくつか残っており、今なお住民のに利用されている。このような農村地帯の屋根付き橋は、渡るためだけでなく、農作業中の雨露や暑さをしのぐ休息の場であったり、米や農作物の倉庫として利用されたりしていたと言われている。

写真1. 錦帯橋「平成の架け替え」　　写真2. 愛媛県大洲市の屋根付き橋

◆各国の屋根付き橋

　ヨーロッパ起源と言われる屋根付き橋は、カバードブリッジとよばれ、ヨーロッパや北米を中心に19世紀から20世紀にかけて多く架設されている。橋に屋根を付ける理由は、橋を風雨に曝さず、木材を腐朽から守り、寿命を延ばすためであるが、さらに適切な維持管理によって長期の耐用年数を期待することができる。1333年に建設されたスイス・ルツェルンのカペル橋（写真3,4）は、現存するヨーロッパ最古の木橋であり、7世紀以上の歴史を持つ（1993年の火災後に復元）。映画マディソン郡の橋でも有名になったアメリカのカバードブリッジは、19世紀中頃にアメリカ東部、中西部を中心に数多く建設され、今なお供用中の橋も多い。中国では貴州省トン族の風雨橋など、歴史と特徴のある屋根付き橋が多い。写真5,6は、浙江省永庚市に架かる西津橋であり、1648年に建設された橋長171mの屋根付き歩道橋である。この橋の途中には、ベンチやテーブルが設けられていたり、出店があったりと、地域住人の交流の場としても利用されている。これらの国内外の歴史的木橋から、木橋の耐久性を向上させるための先人の多くの知恵を学ぶことができる。　　　　　　　　＜佐々木貴信＞

写真3. カペル橋（スイス・ルツェルン）　　写真4. カペル橋の内部

写真5. 西津橋（中国・浙江省）　　写真6. 西津橋の内部

141. 木質橋梁の話(2) －近代木橋－

◆日本の近代木橋

　わが国で木橋が再び建設されるようになったのは 1987 年頃からであり、この年に秋田県北秋田市（旧鷹巣町）に完成した坊川林道 2 号橋は近代木橋の草分け的存在であり、秋田大学や旧秋田営林局との連携により国有林道に架設された国内ではじめてのスギ集成材を用いた車道橋（橋長 6.0m、幅員 4m）である。同じ年に長野県軽井沢町に建設された矢ヶ崎大橋はカラマツ集成材を使用した橋長 168.5m（最大支間 59.5m）、幅員 3m の歩道橋である。これらの橋は、架設後 20 年以上を経過して今なお供用されており、近代木橋の耐用年数を裏付ける事例といえる。

写真 1. 坊川林道 2 号橋（北秋田市）　　写真 2. 矢ヶ崎大橋（軽井沢町）

　木材利用の拡大や林業振興を目的に、平成 15 年ころまでに各地の民有林道内に大規模な木橋が多数建設されている。大型車の通行に対応した現行の設計荷重に耐えられる木橋を実現するために、コンクリート橋や鋼橋の橋梁技術や、建築分野の集成材構造の技術を応用したハイブリット化の技術開発が盛んに行われ、この時期に近代木橋の技術が急速に発展したと言える。秋田県藤里町に 2001 年に完成した坊中橋（写真 3）は集成材と鋼製床組（鋼床版）を組み合わせてハイブリッド橋であり、橋長 55m、車道幅員 7m、歩道幅員 2m の大型車道橋である。新潟県村上市（旧山北町）の町道に架かる八幡橋（写真 4、2002 年）は、橋長 42.4m の 2 連のスギ集成材のアーチ橋であるが、床版にプレキャストコンクリートが用いられている。長野県箕輪町の林道橋であるさくら橋（写真 4、2003 年）もカラマツ集成材の主桁に C 床版が合成されている集成材とコンクリートのハイブリッド構造である。この橋は橋長 20m であるが、3 分割された主桁を現地で縦接合するために、PC 鋼材を緊張する工法

(NSP工法)で一体化されている。このようなコンクリート橋の技術が活かされたハイブリッド木橋は長野県の林道橋の標準設計にも組み入れられ同種の木橋が普及している。ほかにも宮崎県西米良村の林道にスギ集成材による橋長140mのわが国最大の車道橋かりこぼうず大橋(写真6、2003年)が建設されるなど、わが国の近代木橋の技術は世界的にもトップレベルに達したといえる。

写真3.坊中橋(秋田県藤里町) 　写真4.八幡橋(新潟県村上市)

写真5.さくら橋(長野県箕輪町) 　写真6.かりこぼうず大橋(宮崎県西米良村)

◆各国の近代木橋

1948年に架設の米国オレゴン州ローンレイク橋は最も古い集成材木橋といわれる、ベイマツ湾曲集成材を使用したアーチ橋である。その後も北米やヨーロッパ諸国の道路橋を中心に多くの木橋が建設されてきたが、近年、木橋建設が盛んなのは北欧で、1994年から始まったデンマーク、フィンランド、ノルウェー、スウェーデンの4カ国による北欧木橋プロジェクトを中心に数百の木橋が建設されている。1999年に完成したフィンランドのビハンタサルミ橋は橋長182m、車道幅員11mのトラス構造で、世界最長の木車道橋である。この橋は、高速道路に架かる木橋であり、1日に最大1万台以上の通過交通のある主要幹線の道路橋を木橋とするのは世界でも珍しい。

<佐々木貴信>

142. 木質橋梁の話(3) －現状と課題－

わが国の近代木橋に関する建設技術は、世界でもトップレベルにあるが、その歴史は20年あまりであり（→§141）、欧米諸国と比べると実績と経験が十分ではなく、解決すべき検討課題が未だ残っている。設計基準、耐久性向上、信頼性、建設費用、施工・品質管理、健全度評価などの課題に対してのいくつかの取り組みをここで紹介する。

◆国土交通省モデル木橋

木橋の技術基準を整備するために、1994年から旧建設省と林野庁の共同で設置された技術基準検討委員会のもとで国土交通省のモデル木橋事業が実施され、実験による安全性の確認や、実橋の設計、施工、維持管理のデータ収集を行い木橋の課題解決を進めるためのモデル橋の建設が行われた。モデル木橋はいずれも歩道橋であるが、全国に5橋、建設されている。このうちの一つである高知県檮原町の神幸橋（写真1、2001年）は、屋根付き木橋（→§140）であるが、トラス構造を用いることで風荷重の軽減を図りながら雨水の影響を抑え耐久性を向上させようとする工夫が見られる。5橋目のモデル木橋として広島県に架設された、いきいき橋（写真2、2004年）はこれまでに蓄積された近代木橋の耐久性付与技術の推移を集めた木橋であり、桁隠しや銅板による木口等の保護など細部に亘って配慮が施されている。このモデル木橋事業において木橋の設計・施工、点検・管理などの多くの成果が得られているが、それらは木歩道橋設計・施工に関する技術資料[1]として取りまとめられている。

写真1. 神幸橋（高知県檮原町）　　写真2. いきいき橋（広島県尾道市）

◆近代木橋の維持管理技術

木材は適当な環境条件（→§83）が揃うと腐朽し、木材強度に決定的なダメージを与えるため、木橋設計の際にはとくに注意を払う必要がある。高強度で耐朽性にも優れているとさ

れて欧州各国で実績のあるボンゴシ材を使用した木橋も、国内に数多く建設されているが、耐久性については必ずしも期待どおりの結果となっておらず、わが国の高温多湿な環境条件は木材にとって非常に厳しいものであるといえる。どのような材料であっても耐久性向上策と適切な維持管理が必要であると考えるべきである。

木橋の耐久性は環境条件に大きく左右されるために、明確な耐用年数の設定は難しい。しかしながら、耐久性向上のための対策と架設後の維持管理を実施することで、鋼橋やコンクリート橋と同等の耐用年数を期待することは十分可能であろう。では、木橋の耐久性を向上させる具体的な方法には、まず、木材防腐剤による防腐処理することによって木材を腐りにくくすることが考えられる。防腐処理の方法には、塗布、浸漬、吹付けといった処理もあるが、最も防腐効果の高いのは加圧注入処理である。しかし、適切に防腐処理された材であっても、常に水が滞留するような状態では、長期の耐久性は期待できないので、できるだけ主構造部材に雨のかからないような止水、排水といった水仕舞いの工夫を同時に講じることが不可欠である。数百年前の屋根付き木橋が数多く現存していることからも、水仕舞いの効果は明らかである。モデル木橋の神幸橋（写真1）は屋根付き橋であり、いきいき橋（写真2）では集成材の主桁にブラインドを設置して主桁を保護した例であり、耐久性向上のために参考になる事例は多い。木橋に多いアーチ橋の場合には、アーチ部材全長を銅板で保護したり、上路形式として床版をアーチ部材の屋根として機能させるなどの工夫が考えられる（口絵写真73）。20年あまりの木橋の歴史ではあるが、これまでに健全度調査（写真3）や補修事例などの貴重な情報や耐久性に関する研究資料（写真4）が多数蓄積され、メンテナンスのノウハウがマニュアルとしても整備されている[2]。　　　　　　　　　　　　　　＜佐々木貴信＞

写真3．木橋の健全度調査　　　写真4　森林総合研究所による耐荷力試験

【文献】　1）財団法人国土技術研究センター：木歩道橋設計・施工に関する技術指針,(2003)
　　　　2）木橋技術協会：木橋の点検マニュアル（第2版）,(2009).

143. 土木構造物への木材利用

　土木構造物にも機能性や経済性のみの追求でなく、さまざまな表現と価値観が求められるようになり、木の持つ温かさや自然との調和といった特徴が、社会的ニーズに合致し木材が利用されるようになった。公園内の歩道橋などに木橋が多数建設されているのもこうしたニーズによるものである。土木分野における木材利用のもう1つの大きな目的には、間伐材等の有効利用と用途創出があり、温暖化防止の観点からも関心が持たれている。道路、河川、海岸、治山、砂防といった各事業における施設に対して木材利用の用途を開発することで、間伐材等の利用拡大が期待できることから、さまざまな取り組みがなされている。

◆木製防護柵・防風柵

　スギやカラマツなどの間伐材を活用した防護柵（ガードレール）が全国各地で増え始めている。1998年に「防護柵の設置基準」が改定され、改定以前は構造や材料（金属またはコンクリートに限られていた）などの仕様が具体的に規定されていたが、改定後は必要とする性能が規定される「性能規定化」によって、要求性能（強度や耐久性）を満たせば木材を用いたガードレール（車両用防護柵）の採用も可能になった。宮崎県や長野県のメーカーが中心となって開発され、車両衝突試験をクリアしたいくつかのタイプの木製ガードレールが林道を中心に設置延長を延ばし一部の国道での設置も行われている（写真1）。

　東北や北海道地域では冬期間の地吹雪を防ぎ視界確保のために、道路沿いに防風柵が設置される。また、海岸沿いでは、防砂林の生長保護を目的にも用いられる。写真2は秋田県内に試験施工された木製防風・防雪柵であり、鋼製枠に幅10cm、厚さ×2.4cm断面のスギ板を張ったシンプルな構造となっている。昨今のマツ枯れにより防砂林の再生が必要になった

写真1. 国道218号に設置された防護柵　　写真2. 木製防風柵（秋田県秋田市）

箇所などにも景観性に優れた木製防風柵の設置機会が増え、間伐材の利用が進むものと期待されている。

◆木製ダム工（口絵写真77）

　林野、土木の公共事業において、治山、砂防事業の占める割合は大きく土木構造物の施工件数も多いが、とくにダム工は構造物の規模も大きく、工事費中に占める割合も高い。土砂の流出を防ぎ、渓流の縦侵食を防止する目的で施工されるのが治山ダムであり、堤体は高さ5m以下のものが多い。一般に木製ダムと呼ばれているものの多くはこの床固工（写真3）であるが、これは、流れに沿って複数基配置されるので、大量の使用材積が期待できる。ダムの構造形式のなかで最も一般的なのは、外力に対してダムの自重で抵抗する重力式ダムであり、木製ダムもほとんどが重力式であるが、比重が1より小さい木材は、重力式の構造上、きわめて不利であり、軽いという長所が欠点となってしまう。そこで、木製ダムの多くは、木製枠の中に、中詰材として砕石や砂利を詰めた構造にしたり、背面土砂の重量を利用したり工夫して、全体の重量を補い外力に対しての安全率を確保している。

◆地中構造

　堤防盛土などの際に、底部軟弱地盤に杭体を打ち込むことにより締め固められ、せん断強度が増加し、粘土層などからの排水・圧密促進効果により軟弱地盤の安定化や支持力強化が期待される。この杭体として木材を使用する工法（写真4、パイルネット工法）や、基礎杭として木ぐいを利用するなど地盤改良の分野でも木材利用が提案されている。地中で木材を大量に長く使うことで炭素貯蔵効果が生まれ、樹木が成長過程で吸収したCO_2を地中に固定することができる。建設工事で排出するCO_2を考慮しても工事全体での排出量はマイナスとなるといった実証実験も行われており、関心が集まっている。　　　　　　　＜佐々木貴信＞

写真3.　木製ダム（京都府京丹後市）　　　写真4.　木杭による軟弱地盤改良工法

住宅会社が全面的に敗訴！

 在来木造住宅の新築工事に未乾燥のグリーン材を納入され、完成後に梁が大きくひび割れて補修を余儀なくされたとして住宅会社が木材業者を訴えていた裁判（東京高等裁判所）で、住宅会社が全面的に敗訴した。

1．本件は木造住宅新築工事において、工事完成後、木材（グリーン材）に割れ、ねじれ、ボルトの弛み等が生じたことにより、施主からのクレームを受けた住宅会社が、大規模な補強工事を実施した上で、木材に瑕疵があったとして、木材を納品した建材業者に対し、同補強工事費用の支払を請求した事案である。

2．本件において争点となったのは、主に以下の点である。
 (1) 本件木材（グリーン材）の割れは瑕疵であるか。
 (2) 建材業者に説明義務違反が存在するか。

3． 裁判所は以下のとおりに判断し、住宅会社の請求を全面的に棄却した。
 (1) 建材業者作成の見積書には、「ＧＲＮ」（グリーン材を意味する表記）が多数記載され、住宅会社において同内容を確認して契約がなされている。そして、グリーン材は、乾燥材と比べて安価だが含水率が高く、一般的に木材に生じる干割れ等が生じやすいものの、一般的に使用されている建材であり、構造材としても広く使用されている。 したがって、グリーン材は構造材として適切であり、本件木材の提供にあたり、瑕疵や債務不履行を認めることはできない。
 (2) グリーン材は安価ではあるが未だ十分に乾燥していない含水率の高い木材であることは建築業界の一般常識であり、木材業者が住宅会社に対してこれらの事実を説明する義務はない。 また、木材業者は直接契約関係のない施主に対して説明すべき義務はなく、むしろ住宅会社をさしおいて直接施主に説明することは相当ではない。

4．その後、住宅会社は控訴を提起したが、控訴審においても第一審と同様の判断がなされ、住宅会社の控訴は全面的に棄却された。住宅会社は上告をせず、本件は、建材業者側の全面勝訴にて終了した。

 また、木材が割れることで接合部に取り付ける建築金物が緩む可能性については一審で争われた。住宅会社は「木材の乾燥収縮でナットやネジが緩んだ」ことが木材を原因とする瑕疵であると主張したが、判決は認めなかった。木材業者側は「金物は通常、木材の接合部分の強度を増すために使用するに過ぎず、木材の仕口接合だけでも構造耐力を有している」、「木材の乾燥収縮によりボルトなどが多少緩むことは通常ありえることで、瑕疵には当たらない」と主張していた。

 さて、皆さんはどのような感想をお持ちでしょうか？　　　　　＜中村　昇＞

参考文献リスト

<海青社・木材科学講座シリーズ>

1 概論―森林資源とその利用 1996／2 組織と材質 1994／3 物理 1995／4 化学 1992／5 環境 1995／6 切削加工 1992／7 乾燥（近刊）／8 木質資源材料 1993／9 木質構造 2001／10 バイオマス（近刊）／11 バイオテクノロジー 2002／12 保存・耐久性 1997

<文永堂・木材科学シリーズ>

木材の構造 1985／木材の物理 1985／木材の化学 1985／木材の加工 1991／木材の工学 1991／パルプおよび紙 1991／木質バイオマスの利用技術 1991／木質生化学 1993

<全般的知識・森林資源>

上村　武：木材の実際知識〔第3版〕東洋経済新報社 1988
日本木材学会編：もくざいと科学　海青社 1989
佐道　健：木を学び木に学ぶ　海青社 1992
日本木材加工技術協会関西支部編 木材の基礎科学　海青社 1992
宮島　寛：木材を知る本　北方林業会 1992
日本材料学会木質材料部門委員会編 木材科学略語辞典 海青社 1992
安藤嘉友：木材市場論 日本林業調査会 1992
松永勝彦：森が消えれば海も死ぬ 講談社ブルーバックス 1993
森林・林業・木材辞典編集委員会編：森林・林業・木材辞典 日本林業調査会 1993
日本木材学会編：変わる木材〔増補版〕海青社 1993
有馬孝禮：エコマテリアルとしての木材 全国建築士会 1994

桑原正章編：もくざいと環境 海青社 1994
岩井吉弥編著：新・木材消費論 日本林業調査会 1994
上村　武：棟梁も学ぶ　木材のはなし　丸善 1994
京都大学木質科学研究所編：木のひみつ 東京書籍 1994
産業調査会編：木材活用事典 産業調査会 1994
加藤滋雄：林業・木材産業の情報ネットワークシステム 日本林業調査会 1994
日本木材学会編：すばらしい木の世界 海青社 1995
牛丸幸也ほか編：転換期のスギ材問題 日本林業調査会 1996
平井信二：木の大百科 朝倉書店 1996
宮坂公啓・宮越喜彦・小林一元：木造用語辞典 井上書院 1997
竹内敬二：地球温暖化の政治学 朝日選書 1998
最新木材工学事典出版委員会編：最新木材工学事典　木材加工技術協会 1999
日本林業施術協会編：ウッディライフを楽しむ101のヒント 日本林業施術協会 2001
木質科学研究所編：木材なんでも小事典 講談社ブルーバックス 2001
梶田　煕ほか編：木材・木質材料用語集 東洋書店 2002
林産行政研究会：木材需給と木材工業の現況（逐次刊行物）

<組織・構造・物理>

島地　謙・伊東隆夫：図説木材組織 地球社 1982
佐伯　浩：木材の構造 日本林業技術協会 1982

中戸莞二ほか著：新編　木材工学　養賢堂 1985
佐伯　浩解説：スライド　木材の組織・構造（解説書付き・再版）　中外産業調査 1987
須藤彰司：北米の木材　日本木材加工技術協会 1987
佐伯　浩：この木なんの木　海青社 1993
深津　正・小林義雄：木の名の由来　東京書籍 1993
須藤彰司：カラーで見る世界の木材200種　産調出版 1996
深沢和三：樹体の解剖　海青社 1997
C. マテック・H. クーブラー：材―樹木のかたちの謎　青空計画研究所 1999

<切削・加工・乾燥・木質材料>

今里　隆：建築用木材の知識　鹿島出版会 1985
寺澤　眞・筒本卓造：木材の人工乾燥〔改訂版〕　日本木材加工技術協会 1988
木材加工教育研究会・宮崎擴道ほか編：新訂　木材加工　開隆堂出版 1991
鷲見博史編著：産地の木材乾燥　全国林業改良普及協会 1992
木材切削加工用語辞典編集委員会編：木材切削加工用語辞典　文永堂出版 1993
山下晃功編：木材の性質と加工　開隆堂出版 1994
寺澤　眞：木材乾燥のすべて　海青社 1994
日刊木材新聞社編：新しい木質建材　日刊木材新聞社 1995
今村祐嗣ほか編著：建築に役立つ木材・木質材料学　東洋書店 1997
林　知行編：エンジニアードウッド　日刊木材新聞社 1998

<化学・接着・生物>

小西　信：木材の接着　日本木材加工技術協会 1982
西本孝一・原口隆英・神山幸弘ほか著：木材保存学　文教出版 1982
中野凖三・樋口隆昌・住本昌之：木材化学　ユニ出版 1983
善本知孝ほか編：木材利用の化学　共立出版 1983
谷田貝光克・竹下隆裕・小林隆弘訳：木材の化学成分とアレルギー　学会出版センター 1987
高橋旨象：きのこと木材　築地書館 1989
E.スヨストローム／近藤民雄監訳：木材化学　講談社サイエンティフィク 1989
中野凖三：リグニンの化学　ユニ出版 1990
日本木材加工技術協会編：木材の接着・接着剤　産調出版 1996
日本木材保存協会編：木材保存学入門〔改訂版〕　日本木材保存協会 1998
磯貝　明：セルロースの材料科学、東京大学出版会、2001
樹木の顔―抽出成分の効用とその利用
日本木材学会抽出成分と木材利用研究会編：樹木の顔―抽出成分の効用とその利用　海青社　2002

<木造住宅・木質構造>

西岡常一・小原二郎：法隆寺を支えた木　NHKブックス 1978
杉山英男・浅野猪久夫・岡野健ほか：木材と住宅　学会出版センター 1979
木質構造研究会編：木質構造建築読本　井上書院 1988
日本住宅・木材技術センター編：木造住宅設計・施工のQ&A　丸善 1988
阿部正行：改訂　木造住宅の見積り　経済調査会 1991
内田青藏：日本の近代住宅　鹿島出版会 1992
上村　武：木づくりの常識非常識　学芸出版社 1992
日本木材学会編：住まいと木材〔増補版〕　海

青社 1993
エコテスト・マガジン編・高橋元訳：エコロジー建築 青土社 1995
日本住宅・木材技術センター編：木橋づくり新時代 ぎょうせい 1995
薄木征三編：近代木橋の時代 龍原社 1995
安藤邦廣：現代木造住宅論 INAX出版 1995
木造建築研究フォーラム編：図説木造建築辞典［基礎編］［実例編］学芸出版社 1995
原田紀子：西岡常一と語る 木の家は三百年 農山漁村文化協会 1995
岡野健ほか編：木材居住環境ハンドブック 朝倉書店 1995
建築思潮研究所：集成材建築―木造建築の新しい潮流― 建築資料研究社 1995
日本建築学会編：構造用教材 丸善 1995
安藤邦廣・乾 尚彦・山下浩一：住まいの伝統技術 建築資料研究社 1995
杉山英男：地震と木造住宅 丸善 1996
上田 篤編著：法隆寺はなぜ倒れないか 新潮選書 1996
日本木材学会編：木造住宅の耐震 日本木材学会 1996
吉田桂二：からだによい家100の知恵 講談社 1997
小若順一・高橋元編著：健康な住まいを手に入れる本 コモンズ 1997
龍原社編：大館樹海ドーム 龍原社 1997
坂本 功：地震に強い木造住宅 工業調査会 1997
地域住宅産業研究会編：木造住宅産業―その未来戦略 彰国社 1997
今川憲英・岡田 章：木による空間構造へのアプローチ 建築技術 1997
松井郁夫・小林一元・宮越喜彦：木造住宅［私家版］仕様書・架構編 建築知識 1998
増田一眞：建築構法の変革 建築資料研究社 1998
木村建一編：民家の自然エネルギー技術 彰国社 1999
佐久田昌治・樫野紀元：日本の住宅を救え！ 技術書院 1999
坂本 功：木造建築を見直す 岩波書店（新書）2000
緑の列島ネットワーク：近くの山の木で家をつくる運動宣言 農文協 2001
「木の家」プロジェクト編：木の家に住むことを勉強する本 農文協 2001
杉本賢司：「千年住宅」を建てる ベスト新書 2001
(財)日本住宅木材技術センター：木造軸組工法住宅の許容応力度設計 (財)日本住宅木材技術センター 2001
田處博昭：木造建築の木取りと墨付け 井上書院 2001
菊地重昭編著：建築木質構造 オーム社 2001
林業科学技術振興所編：木の家づくり 海青社 2002

索　引

<あ行>

I型ビーム I-beam　105, 110
赤心材 red heartwood　46, 172
秋田スギ Akita sugi　83, 237, 238
校倉造 azekura construction　246
圧縮 compression　199, 200, 201, 203, 204, 205, 206, 210, 212, 217, 220, 226, 227, 230, 232, 235, 237, 262, 275
圧縮整形 compression moulding　124
圧縮あて材 compression wood　51
圧縮応力 compression stress　51, 111, 155, 200, 204, 206
圧縮強さ compression strength　51, 204, 205, 203, 213, 214, 215
あて材 reaction wood　35, 50, 51, 53
アレルギー allergy　120, 284
維管束形成層 vascular cambium　39, 40
維管束植物 vascular plant　38, 39, 76
生節 sound knot　45, 214
移行材 intermediate wood　46
維持管理 maintenance　18, 19, 28, 256, 257, 260, 267, 268, 269, 284, 289, 293, 296, 297
イソシアネート樹脂 isocyanate resin　108
板目 tangential section　45, 48, 52, 53, 58, 61, 62, 63, 66, 68, 136, 201, 214
遺伝 heredity, inheritance　8, 11
遺伝子 gene　8, 9, 10, 11, 12, 13
異方性 anisotropy　52, 53, 96, 97, 102, 163, 200, 202, 203, 214, 228, 279
エコマーク eco-mark　32, 33, 285
エコロジー建築 ecology architecture　285
枝打ち pruning　30, 45
枝下材 stem-formed wood　45
エマルジョン emulsion　114, 118
エンジニアードウッド engineered wood　238, 263
円筒LVL cylindrical LVL　106
大壁造り ohkabe construction　17,
屋外暴露 outdoor exposure　99, 133

<か行>

解体 demolition　18, 264, 288
化学加工 chemical processing　24, 178
化学処理 chemical treatment　173
拡散 diffusion　143
荷重 load　198, 200
可塑性 plasticity　124
価値歩留り value-added yield　85
褐色腐朽 brown rot　175
仮道管 tracheid　42, 44, 46, 58
壁式構造 wall type structure　253, 259, 267
壁倍率 wall area index　252
換気 ventilation　29, 121, 256, 260, 265, 276
環境条件 environmental condition　149, 195, 208, 296
環境負荷 limits to growth　14, 69, 226
環孔材 ring-porous wood　41, 62, 64, 66
含水率 moisture content　130, 132
乾燥 drying　134, 136, 138, 140, 142
乾燥コスト drying cost　141, 146
乾燥スケジュール drying schedule　136
乾燥応力 drying stress　150
乾燥割れ drying check　154, 156
乾燥性 drying property　47, 55, 135
乾燥前処理 pre-drying treatment　134, 146
間伐材 thinning wood　30
顔料 pigment　114
木裏 bark side　48
木表 pith side　48
機械等級区分 mechanical stress grading　222
基準材料強度 basic stress　218
キノコ fungus　192
揮発性有機化合物 volatile organic com-

pounds 284
吸放湿 hygroscopicity 276
強度等級区分 stress grading 218, 220, 222
許容応力度 allowable stress 217, 250
許容応力度設計法 allowable stress design method 250
クリープ creep 208
クリープ限界 creep limit 208
グルーラム glulam 88
グレーディングマシーン grading machine 222
黒心 black heartwood 46, 172
形成層 cambium 42
結合水 bound water 128, 182
欠点 defect 214, 220
結露 condensation 19, 276, 280
健康住宅 healthy house 285
高温乾燥 high temperature drying 139
高断熱・高気密 well heat-insulated/ air-tight 284
光合成 photosynthesis 14, 162
高周波加熱 high frequency wave heating 142
高周波式含水率計 radio frequency type moisture meter 55, 131
構造計画 structural planning 268
構造部材 structural member 231, 242
構造用LVL structural LVL 104
構造用合板 structural plywood 100
構造用集成材 structural glulam 88, 90
構造用製材 structural lumber 80
高耐久性基準 high durability standard 269
高耐震住宅基準 high seismic-proof house standard 269
工法 construction method 242
構法 building construction 242
広葉樹 hardwood 35, 38, 56, 62, 64, 66, 68
香料 aromatic substance 165, 171
木口割れ end split 158
コロニー colony 177

<さ行>

細菌 bacteria 174
材質改良 quality improvement 124
細胞壁 cell wall 38, 41, 58, 162, 164
在来軸組構法 conventional construction method 230, 233, 258
座屈 buckling 204
サッシ window sash 280
散孔材 diffused porous wood 62, 64, 66, 68
シェル構造 shell structure 274
シロアリ termite 176
色相 hue 278
仕口 joint, connection 228, 230
地震力 seismic force 198, 248, 252, 264, 266
下地用製材 underlayments 80
質的形質 qualitative trait 9
シックハウス症候群 sick-house syndrome 171, 284
死節 dead knot 45
遮音 sound insulation 55, 257, 282
収縮 shrinkage 52, 154
収縮異方性 shrinkage anisotropy 52
収縮率 shrinkage coefficient 52
集成材 glulam, laminated wood 88, 90, 92, 94, 237, 238
集成材構造 glulam structure 262
重量減少 weight loss 135, 180
自由水 free water 128
樹冠材 crown-formed wood 45
樹脂道 resin canal 59
樹皮 bark 186
樹木 tree 40
省エネルギー energy economization 30, 255, 284
仕様規定 specification code 244
蒸気圧 steam pressure 142
蒸気噴射プレス steam injection press 111
真壁つくり shinkabe construction 258
人工乾燥 kiln drying 136, 138, 140, 142
人工林 plantation forest 4, 6, 11, 70

心去り材 pithless lumber　48
心材 heartwood　46
伸長成長 length growth　40
心持ち材 boxed heart lumber　48
針葉樹 softwood　38
信頼性 reliability　218
髄 pith　48
水酸基 hydrophilic group　116, 163, 182
水質浄化 water purification　188
水素結合 hydrogen bond　117, 163, 164
水中細菌 aquatic bacteria　135
水中貯木 log ponding　135
水分傾斜 moisture gradient　153
筋かい brace　266
スパイラルワインディング法 spiral winding method　106
スパン span　207
スベリン suberin　186
寸法安定化 dimensional stabilization　182
寸法安定性 dimensional stability　182
整形 moulding　113, 124
製材 dimension lumber　78, 80, 82, 84
製材工場 wood factory　84
制震構造 seismic control structure　16
成熟材 adult wood　44
成長・生長 growth　40
成長輪 growth ring　40
性能規定 performance code　244
性能保証 performance guarantee　89
精油 essential oil　170
生理活性 biological activity　166, 186
施工管理 execution management　261, 267
接合 joint　92, 228, 230, 232, 234
接合具 jointer　229, 232
接着 adhesion　116
接着剤 adhesive　91, 96, 99, 118
接着耐久性 adhesive durability　123
セルロース cellulose　162
繊維飽和点 fiber saturation point　128
全乾法 oven-dry method　131
せん断 shear　210
染料 dye　114

早材 early wood　41
造作用集成材 furnishing glulam　90, 94
造作用製材 furnishing lumber　80
相対湿度 relative humidity　137, 188, 276
ソーラーシステム solar system　285

＜た行＞

ダイオキシン dioxin　24
耐久性 durability　18, 115, 122, 181, 283
耐震改修 earthquake-damage repair　269
耐震性能 earthquake-proof　253
耐震要素 earthquake-resisting element　258, 266
大断面木造 heavy timber construction　263
耐摩耗性 anti-abrasion property　125
太陽熱 solar heat　140, 141
耐力 strength　88, 203, 234, 252
打撃音法 acoustic grading method　224
たて継ぎ jointing　92, 228
たて継ぎ材 jointed lumber　81, 92
ダボ dowel　234
たわみ deflection　206
炭化 carbonization　184, 188, 270
炭酸ガス carbon dioxide　4, 162
担子菌 Basidiomycetes　174, 192
弾性 elasticity　202, 210
炭素放出量 carbon dioxide emission　14
タンニン tannin　166
断熱 heat insulation　280
断熱材 heat insulating material　280
単板 veneer　96, 98
断面係数 section modulus　206
断面設計 design of section　209
断面二次モーメント moment of inertia　207
抽出成分 extractives　166, 172
調湿作用 humidity control　276
調湿処理 conditioning treatment　138
ツーバイフォー工法 wood frame construction　266
継ぎ手 joint, connection　228, 230

テルペノイド terpenoid　166
電気抵抗式含水率計 electrical resistance moisture meter　131
伝統構法 traditional construction method　264, 267
天然乾燥 air drying, seasoning　134
道管 vessel　42, 46, 57, 58, 61, 62, 64, 66
等級区分 grading　218, 220, 222
ドーム構造 dome structure　274
特殊合板 special plywood　100
土壌改良材 soil conditioner　113, 187, 191
塗装 coating　114
トラス構造 truss structure　264, 275, 295
ドラムフレーカ drum flaker　110
塗料 paint　114

<な行>

内装材 interior materials　276
内部割れ internal crack　139, 142, 144, 150, 158
生ゴミ処理 garbage treatment　194
生材含水率 green moisture content　47, 134
軟化 softening　124, 139, 155
難燃処理 fire-retardant treatment　270
二次肥大成長 secondary thickening growth　35, 38
貫 nuki　258, 264
熱可塑性樹脂 thermoplastic resin　118
熱硬化性樹脂 thermosetting resin　118
熱処理 heat treatment　155, 158, 179, 180, 183
熱伝導率 heat conductivity　278
熱容量 heat capacity　55
年輪 annual ring　40
農産廃棄物 agricultural residues　113

<は行>

パーティクルボード particleboard　78, 108, 114, 118
ハードボード hardboard　108
廃棄物処理 waste treatment　24, 31, 194

ハイブリッド構造 hybrid structure　275, 294
バイオレメディエーション bio-remediation　193
白色腐朽 white rot　175
バリアフリー barrier-free　257, 284
晩材 late wood　41
ヒート・ブリッジ heat bridge　19
光変色 photo-discoloration　172
ひき板 lamina　88
非結晶領域 amorphous region　182
被子植物 angiosperms　38
ヒステリシス hysteresis　129, 136, 158
ひずみ strain　198
微生物 micro-organism　174, 192
肥大成長 thickening growth　38, 40
被着材 adherent　116, 122
引張 tension　198, 200
引張あて材 tension wood　51
引張応力 tensile stress　200, 206
引張強さ tensile strength　202, 205, 214
表面割れ surface crack　155, 156
品種 cultivar　70
ファイバーボード fiberboard　78, 108
フィンガージョイント finger joint　92
フェノール樹脂 phenol resin　97, 99, 114, 118, 122
フェノール性成分 phenolic compound　47, 172
複合乾燥 combination drying　143
腐朽 decay　174
節 knot　80, 201, 202, 214
普通合板 ordinary plywood　100
プラスチック plastic　24
フラッシュ・オーバー flash over　271
プルーフローディング proof loading　93
フレーカー flaker　110
プレカット pre-cut　230
平衡含水率 equilibrium moisture content　128, 132
壁孔 pit　47, 59, 135
ヘミセルロース hemicellulose　164

307

変形 deformation 199, 205
辺材 sapwood 46
変色 discoloration 139, 165, 172
偏心率 ratio of eccentricity 268
放射組織 ray 42, 46, 52, 57, 59, 63, 65, 66, 68
防腐 preservation 178
保存薬剤 preservative 180
ポリフェノール polyphenol 166
ホルマリン formalin 25
ホルムアルデヒド formaldehyde 99, 100, 108, 120, 171

<ま行>

マイクロラム microlam 103, 105
曲げ bending 200, 206, 210
曲げヤング係数 Young's modulus of bending 206
曲げ強さ bending strength 206, 211, 213, 214
柾目 radial section 48, 52
マトリックス matrix 124, 139
幹 trunk 40
ミクロフィブリル傾角 microfibril angle 51, 53, 58
未成熟材 juvenile wood 44
無孔材 non-pored wood 58, 66
銘木 fancy wood 50, 83
メラミン樹脂 melamine resin 25, 97, 99, 108, 118, 120, 122
免震構造 earthquake-proof construction 267
メンデルの法則 Mendel's law 8
モーメント moment 199
木化 lignification 43
木材使用量 quantity of wood usage 22
木質パネル構法 wooden panel construction 260
木質プレハブ住宅 wooden pre-fabricated house 101, 260
木質構造 wood construction 242
木質材料 wood composite 78

目視等級区分 visual grading 220
木造住宅工事費 wooden house construction cost 22
木炭 wood charcoal 184, 188
木部細胞 wood cell 38, 40, 42
木部繊維 wood fiber 62, 63
木本植物 arbor 38
木目 wood grain 48, 278
木橋 wooden bridge 292, 294

<や・ら・わ行>

ヤング係数 Young's modulus 199, 204
有害物質 harmful substance 24, 171, 191, 285
有孔材 pored wood 62
誘電率 dielectric constant 55, 142
床衝撃音 floor impact sound 282
ユリア樹脂 urea resin 97, 99, 108, 117
裸子植物 gymnosperms 38, 39
ラジカル radical 173
リグニン lignin 164
リサイクル recycling 15, 32, 108, 119
量的形質 quantitative trait 9
劣化 deterioration 174
老化 aging 174
枠組壁工法 wood frame construction 260

<英文略語>

EMC Equilibrium Moisture Content:平衡含水率 128
EW Engineered Wood: エンジニアードウッド 238, 263
FSP Fiber Saturation Point: 繊維飽和点 52, 128
LCA Life Cycle Assessment: ライフサイクルアセスメント 14, 33, 227
LVL Laminated Veneer Lumber: 単板積層材 79, 86, 102, 104, 106, 182
MC Moisture Content: 含水率 52, 130
MDF Medium Density Fiber Board: 中密度繊維板 108, 182
OSB Oriented Strand Board: 配向性ストラ

ンドボード　30, 75, 79, 105, 110, 182
OSL Oriented Strand Lumber：配向性ストランドランバー　110, 182
PSL Parallel Strand Lumber：パラレルストランドランバー　79, 110, 239
VOC Volatile Organic Compounds：揮発性有機化合物　284
WPC Wood Plastic Composite：木材・プラスチック複合材　179, 183

あ と が き

　「コンサイス木材百科」の初版は、秋田県内で行われる各種研修会や林業改良普及員の指導用資料として本研究所が取りまとめ、(財)秋田県木材加工推進機構が1998年3月発行した「木材利用ハンドブック」が基礎となって同年9月に一般向けに再編成されたものである。その後、1998年に建築基準法が、2001年に林業基本法が大きく改正され、さらに2002年5月には日本が正式に京都議定書の批准国になるなど、森林・林業および木材・住宅産業をとりまく情勢の変化が相次ぎ、それらの変化に即した形で2002年9月に改訂版を刊行した。「コンサイス木材百科」は時代の流れに取り残されることがないようにその内容を変化させてきている。

　2010年10月、秋田県立大学・木材高度加工研究所が開所15周年を迎えたことを機に「コンサイス木材百科」の再改訂を企画した。前回の改訂以来、8年の歳月が過ぎ、再び時代の流れに取り残される危険を感じたからである。2005年の耐震偽装の発覚に端を発した建築業界の激震は、建築業法と宅建業法の改正（2006年）、建築基準法の大幅改定（2007年）、建築士法の改正（2008年）と続き、瑕疵担保責任履行確保法の施行（2009年）に至っている。また、2009年の暮れには森林・林業再生プランが作成・公表されている。森林・林業および木材・住宅産業は平成の大改革の様相を呈している。

　改訂版ではこのような重大な変化の詳細を出来る限り盛り込むとともに、最新データの更新、構成の変更、重複内容の整理を行った。また、秋田県立大学・木材高度加工研究所において学位を取得して教育・研究の現場に飛び込んだ新進気鋭の研究者にも新たに執筆をお願いした。森林・木材研究の最前線を走る若き研究者の息吹を感じていただければ幸いである。

　前回の改訂の時もそうであったように今回の改訂においても当初考えた以上に大幅な改定になってしまった。本書の作製に多大なご協力をしていただいた方々、とくに編集委員諸氏には心からの謝意と敬意を表します。

2011年2月

編集委員会を代表して　高田克彦

この本についてのお問い合わせは
下記までご連絡ください

●編集内容についての問い合わせ先
秋田県立大学木材高度加工研究所
FAX. 0185-52-6924

●販売についての問い合わせ先
秋田文化出版株式会社
〒010-0951 秋田市山王七丁目5番10号
TEL. 018-864-3322 FAX. 018-864-3323
E-mail:akitabunka@yahoo.co.jp

書名中「コンサイス」は（株）三省堂の
登録商標で、許諾を得て使用しています。

コンサイス木材百科

2011年2月15日　改訂2版

定価(2,600円＋税)

編　集	秋田県立大学木材高度加工研究所
発　行	有限会社パレア
	〒010-0951 秋田市山王七丁目5番10号
編集協力	
販　売	秋田文化出版株式会社

不許複製・禁無断転載
ISBN978-4-87022-540-4
地方・小出版流通センター扱い

表紙写真／上大内沢自然観察教育林(秋田県上小阿仁村・㈲パレア提供)